彩图 1-4　苹果斑点落叶病后期症状

彩图 1-5　急性型苹果斑点落叶病症状

彩图 1-6　溃疡型苹果树腐烂病症状

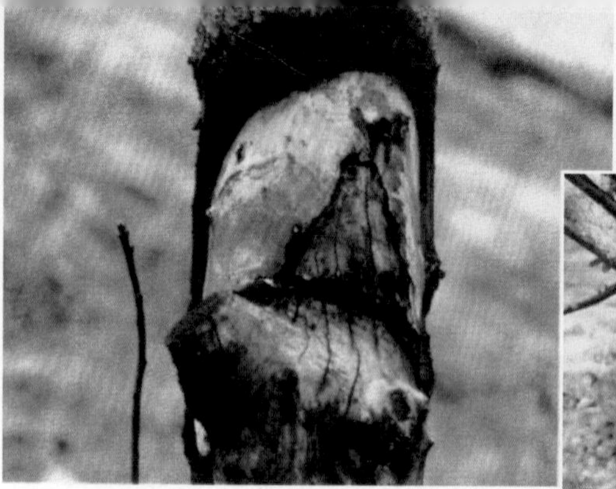

彩图 1–7　苹果树腐烂病木质带菌引起病疤重犯（白点为旧病疤木质部菌丝团）

彩图 1–8　苹果树腐烂病疤桥接状

彩图 1–9　苹果树腐烂病疤脚接状

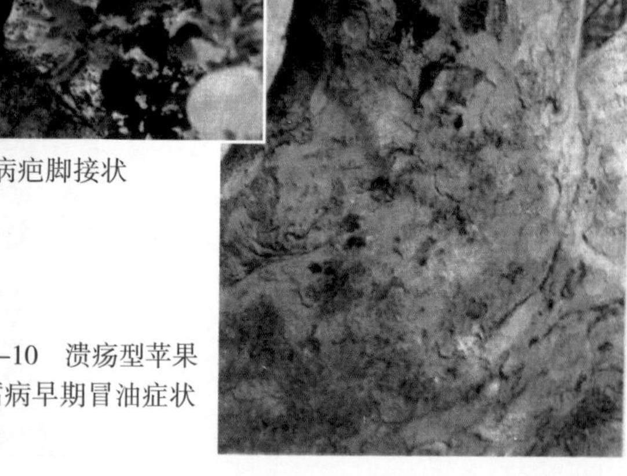

彩图 1–10　溃疡型苹果树干腐病早期冒油症状

彩图 1-11　枝枯型苹果树干腐病症状

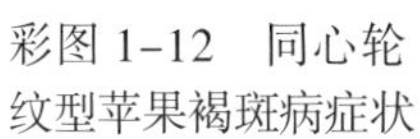

彩图 1-12　同心轮纹型苹果褐斑病症状

彩图 1-13　苹果树枝枯病症状

彩图 1-14　苹果树木腐病症状

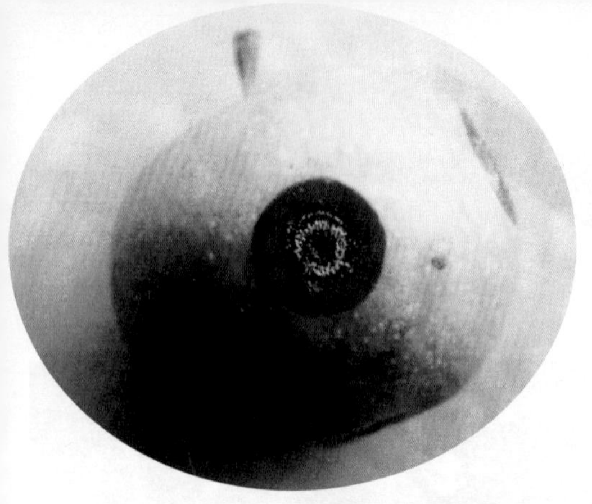

彩图1-15　病斑上有粉红色分生孢子团的苹果炭疽病症状

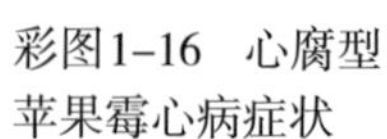

彩图1-16　心腐型苹果霉心病症状

彩图1-17　叶片正面的苹果锈病症状

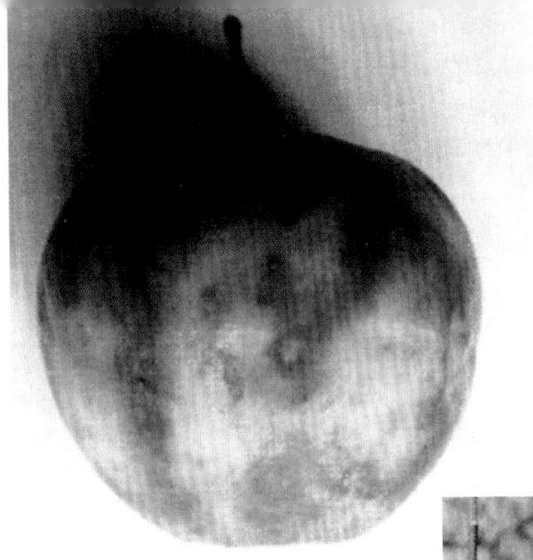

彩图1-18　患苹果疫腐病的果实

彩图1-19　患苹果白粉病的枝梢

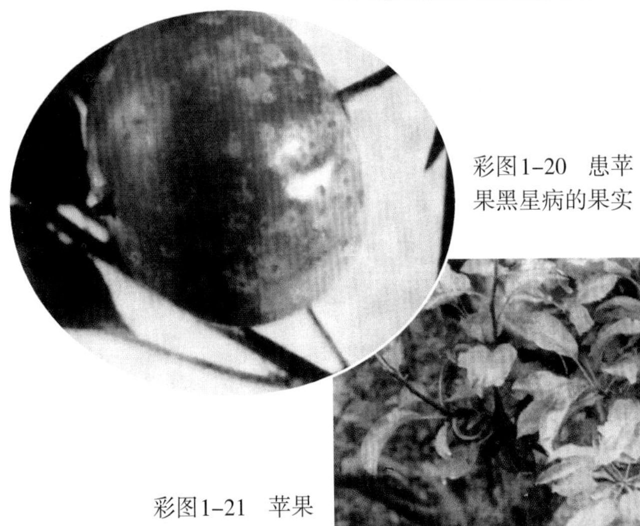

彩图1-20　患苹果黑星病的果实

彩图1-21　苹果树银叶病症状

彩图1–22　套袋苹果黑点病症状

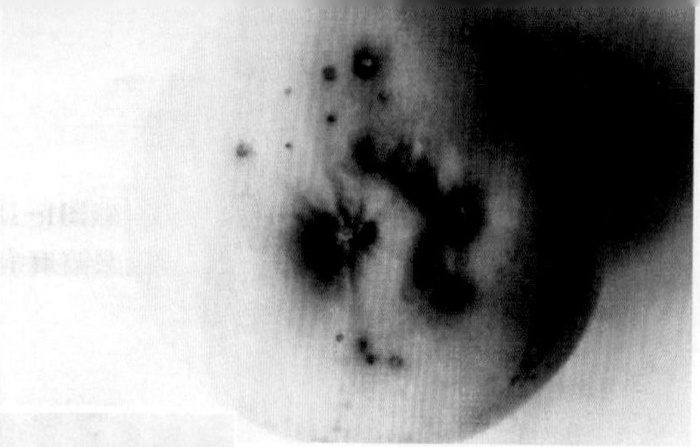

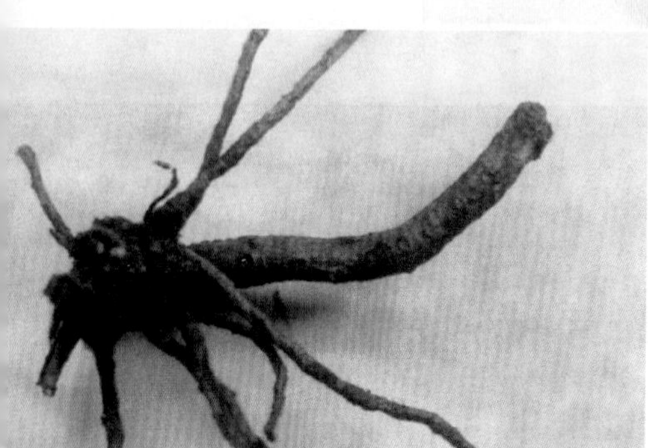

彩图1–23　患圆斑根腐病的苹果树根

彩图1–24　苹果树紫纹羽病症状

彩图1–25　苹果树白纹羽病症状

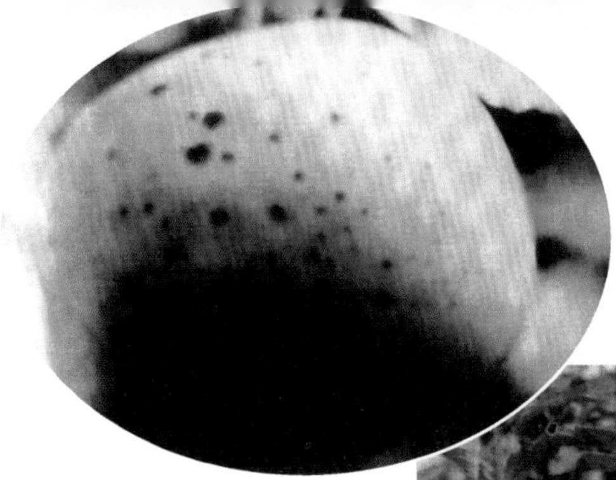

彩图1–26　苹果泡斑病症状

彩图1–27　锈果型
苹果锈果病症状

彩图1–28　苹果
苦痘病症状

彩图 1–29　苹果果锈状

彩图1-30　苹果日烧病症状

彩图1-31　苹果树春季干旱症状

彩图1-32　苹果树水涝烂根后皮孔增大状

彩图 1-33　苹果树化肥害烂根状

彩图1-34　苹果树盐碱害烂根后表现的叶片症状

彩图1-35　二氧化硫伤害苹果叶片状

彩图1-36　波尔多液药害苹果果实状

彩图1-37　有机磷农药药害苹果嫩叶状

彩图1-38　除草剂草甘膦飘移药害苹果树嫩梢状

彩图 1-39　苹果雹伤状

彩图1-40　苹果青霉病症状

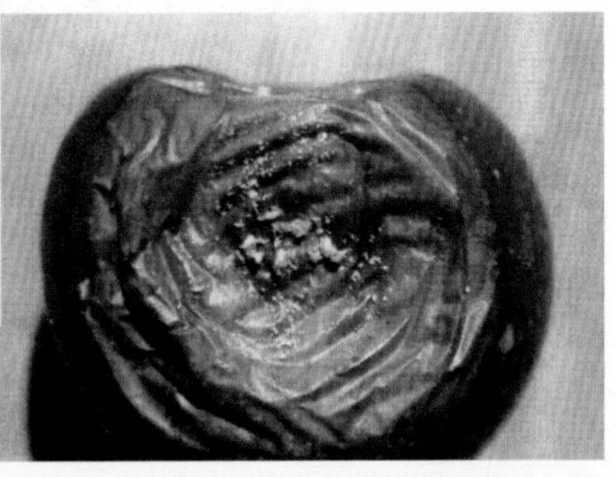

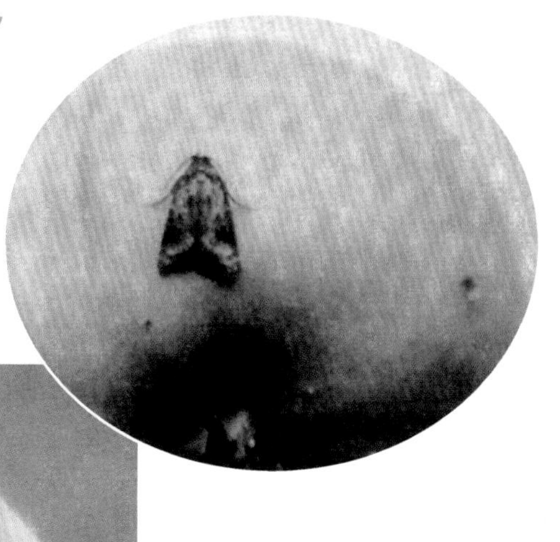

彩图2-1　桃蛀果蛾成虫

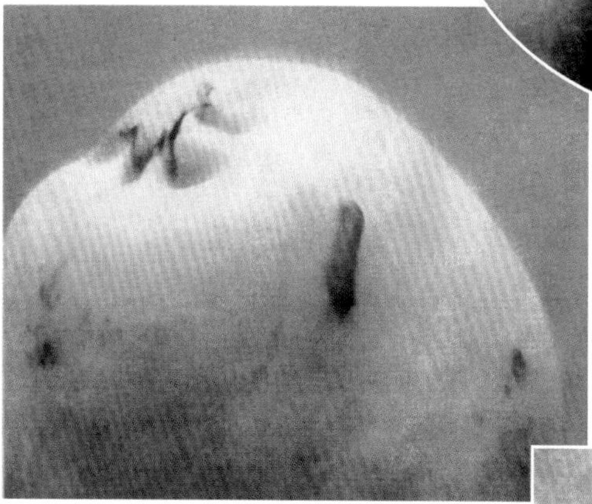

彩图 2-2　桃蛀果蛾幼虫

彩图 2-3　梨小食心虫成虫

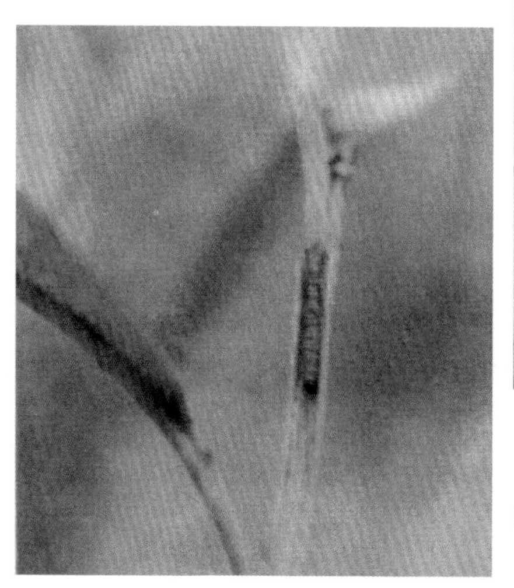

彩图 2-4　梨小食心虫幼虫

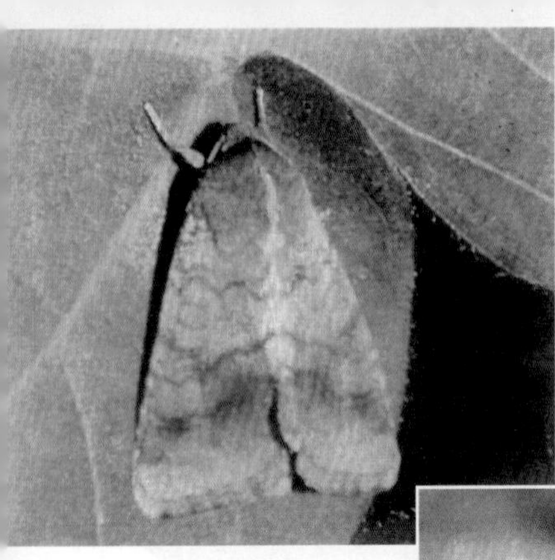

彩图 2-5　棉铃实夜蛾成虫

彩图 2-6　棉铃实夜蛾幼虫危害苹果幼果状

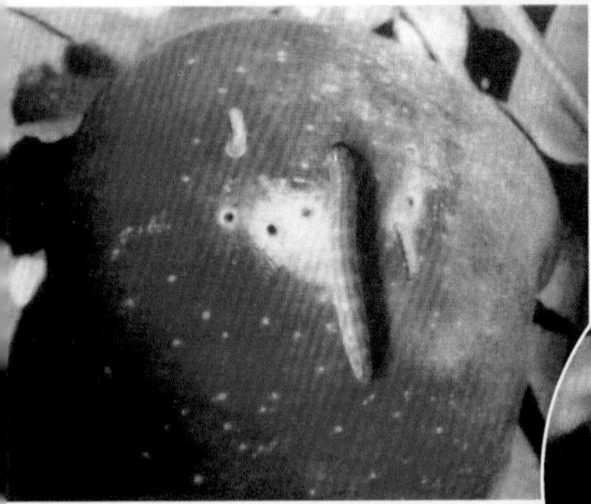

彩图 2-7　危害苹果的玉米螟老熟幼虫

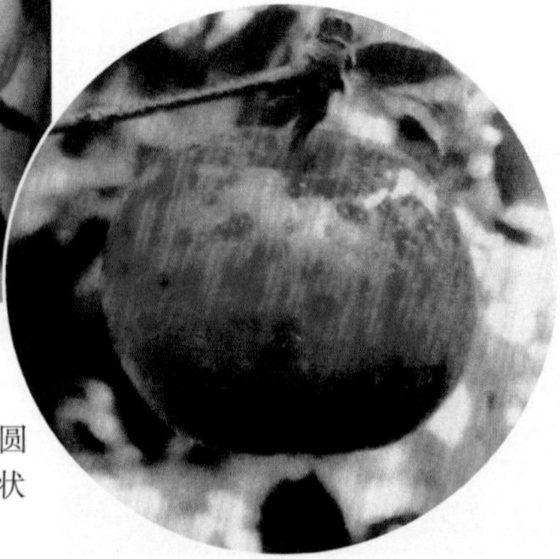

彩图 2-8　梨笠圆盾蚧危害的苹果状

彩图 2-9　茶翅蝽成虫

彩图 2-10　白星花金龟成虫

彩图2-11　绣线菊蚜
危害苹果新梢状

彩图2-12　绣线菊蚜
危害苹果果实状

彩图 2-13　苹果瘤蚜危害状

彩图 2-14　小青花金龟成虫危害状

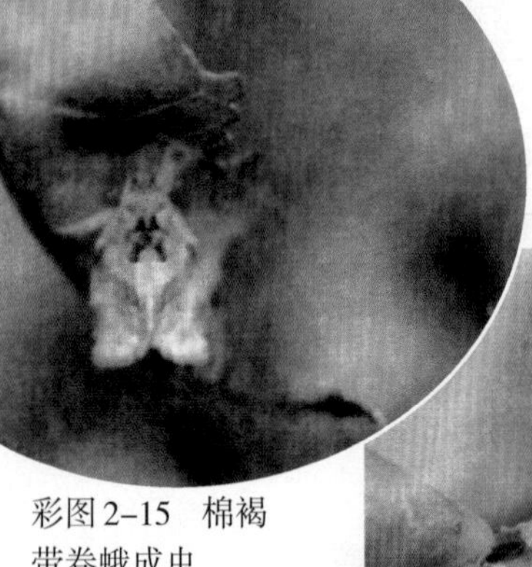

彩图 2-15　棉褐带卷蛾成虫

彩图 2-16　棉褐带卷蛾幼虫

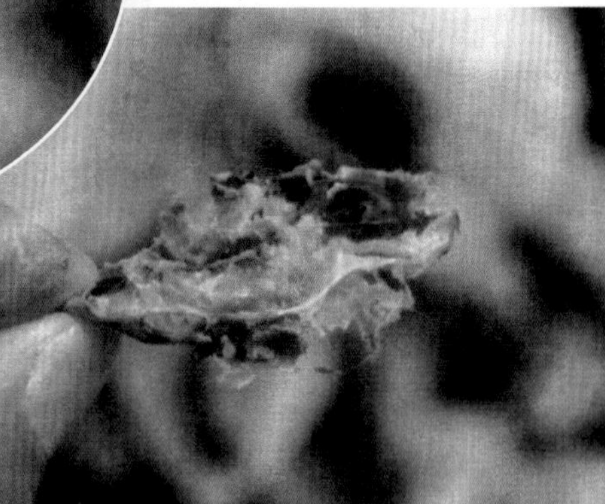

彩图 2–17　芽白小卷蛾危害状

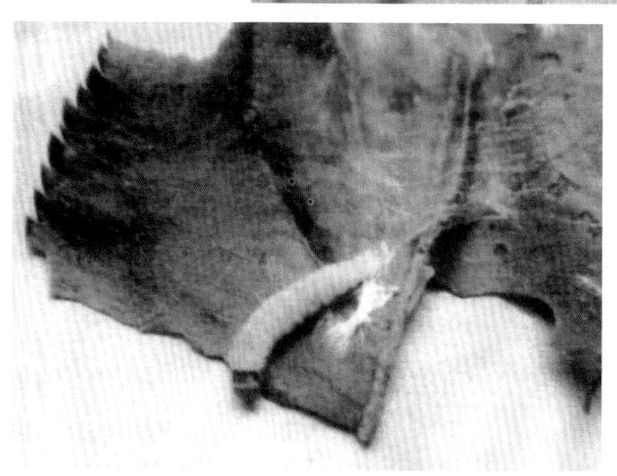

彩图 2–18　黄色卷蛾幼虫危害状

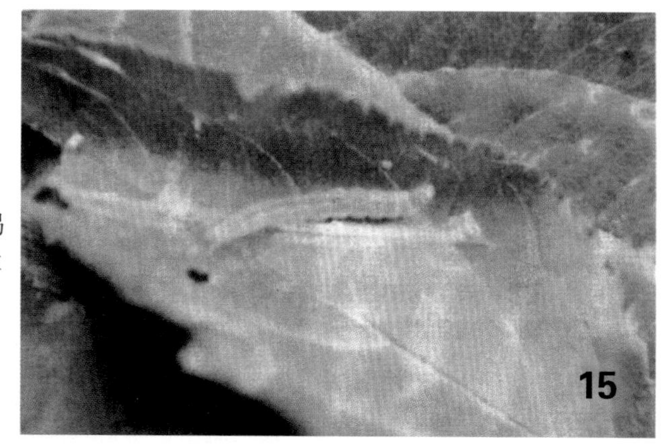

彩图 2–19　苹褐卷蛾幼虫危害状

彩图 2-20　黄刺蛾茧

彩图 2-21　苹掌舟蛾低龄幼虫危害状

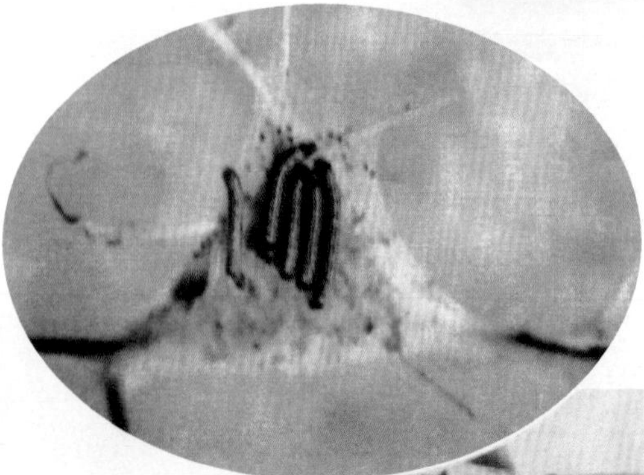

彩图 2-22　黄褐天幕毛虫幼虫危害状

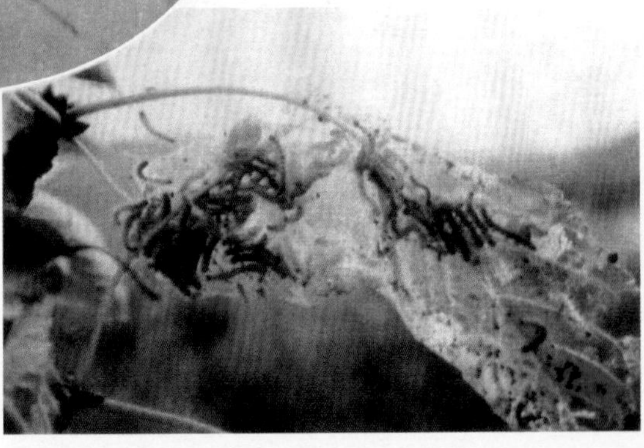

彩图 2-23　美国白蛾低龄幼虫危害状

彩图 2-25　金纹细蛾危害状（左为叶片背面状，右为叶片正面状）

彩图 2-24　黑星麦蛾危害状

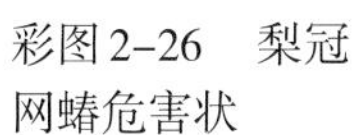

彩图 2-26　梨冠网蝽危害状

彩图 2-27　苹果全爪螨雌成螨及夏卵

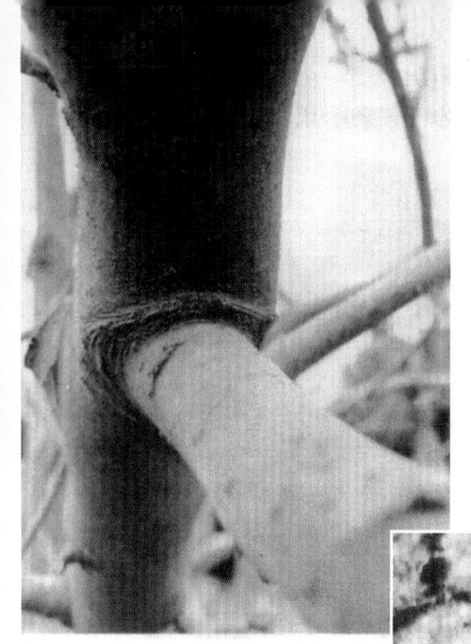

彩图 2-28　苹果全爪螨越冬卵

彩图 2-29　山楂叶螨雌成螨

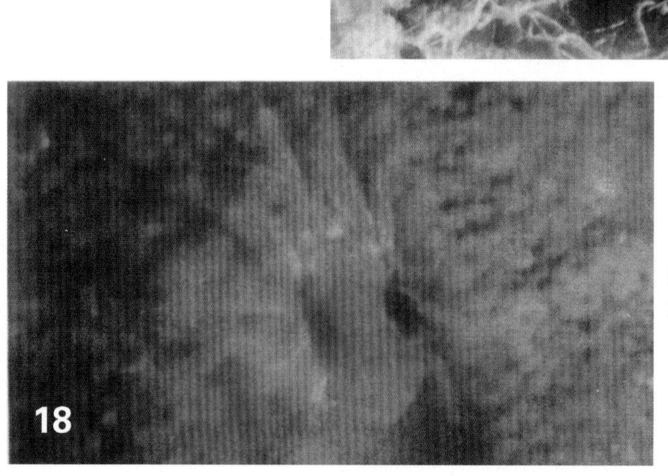

彩图 2-30　二斑叶螨雌成螨

彩图2-32　苹果绵蚜越冬状

彩图 2-31　苹果绵蚜夏季危害状

彩图 2-34　草履硕蚧若虫危害状

彩图 2-33　朝鲜球坚蜡蚧

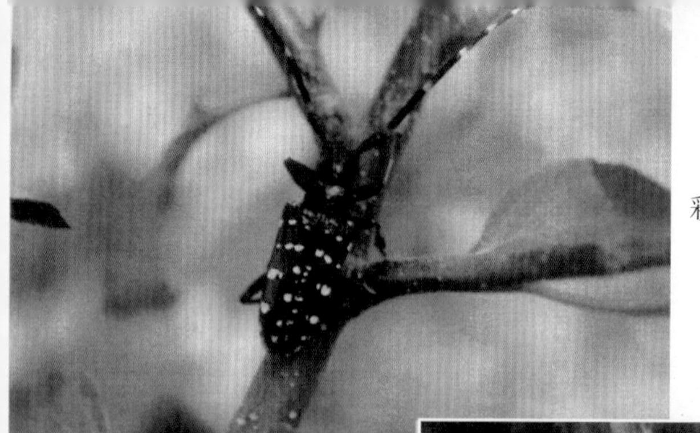

彩图 2-35　星天牛成虫

彩图 2-36　星天牛幼虫

彩图 2-37　粒肩天牛成虫

新编苹果病虫害防治技术

主　编

王金友　冯明祥

编著者

（按姓氏笔画为序）

王金友　冯明祥　邸叔艳

张子维　金文明　赵风玉

姜瑞德

金盾出版社

内 容 提 要

本书由中国农业科学院果树研究所王金友研究员和青岛市农业科学研究院植保所冯明祥研究员主编。全书共分四章，分别介绍了苹果60种病害、79种虫害的分布情况、危害特点、诊断识别方法、发生规律和最新防治技术，以及苹果重要病虫害的预测预报方法与防治指标，苹果病虫害综合防治的目标、特点和无公害要求。本书紧密结合生产实际，内容翔实，技术先进，方法实用，图文并茂，语言通俗，可操作性强，可供广大果农和农技推广人员学习使用，农业院校师生阅读参考。

图书在版编目(CIP)数据

新编苹果病虫害防治技术/王金友，冯明祥主编.— 北京 ：金盾出版社，2004.9(2017.8 重印)

ISBN 978-7-5082-3192-1

Ⅰ.①新… Ⅱ.①王…②冯… Ⅲ.①苹果—病虫害防治方法 Ⅳ.①S436.611

中国版本图书馆 CIP 数据核字(2004)第 082116 号

金盾出版社出版、总发行

北京太平路5号(地铁万寿路站往南)

邮政编码:100036 电话:68214039 83219215

传真:68276683 网址:www.jdcbs.cn

北京军迪印刷有限责任公司印刷、装订

各地新华书店经销

开本:787×1092 1/32 印张:10.875 彩页:20 字数:228千字

2017年8月第1版第7次印刷

印数:51 001～54 000册 定价:25.00元

目　　录

第一章　苹果树病害及其防治

一、真菌病害

（一）苹果轮纹病

苹果轮纹病（彩图 1-1，2，3），严重危害苹果树的枝干和果实。树干上的轮纹病，俗称粗皮病。果实上的轮纹病称苹果果实轮纹病。因与苹果干腐病菌、杨树干腐病菌和刺槐枝枯病菌等引起的苹果烂果，在发病症状上难以区分，所以统称为苹果轮纹烂果病。通常提到的苹果轮纹病，包括苹果枝干轮纹病和苹果果实轮纹病。

苹果轮纹病在我国各苹果产区均有发生。其中以山东、河南、河北、辽宁、安徽、江苏、北京和天津等省（市）及陕西、甘肃、四川、新疆等省、自治区的部分果园，发生严重。富士、金冠等感病品种，在无袋栽培情况下，常年采收时的烂果率多在10%以上，多雨年份或防治不当时烂果率常达 20%～30%，少数果园采收时甚至没有好果，全被烂掉。果实采收后的运输贮藏期，轮纹病也使大量果实被烂掉。轮纹病是当前对我国苹果生产造成损失最大的一种病害，常年经济损失达数十亿元。此外，在大部分苹果产区，当前该病对富士等苹果树枝干的危害，已远远大于苹果树腐烂病，感病树枝干上病瘤累累，严重影响树势、产量和果品质量。轮纹病除造成重大损失外，还普遍加大了果农的生产投入。在苹果园全年的喷药次数中，有一半以上的次数是防治果实轮纹病的；在全年用药有效成分中，用于防治轮纹烂果病的药剂约占70%以上。为了防治苹果轮纹烂果病，提高果实外观品质，近些年各苹果主产区大力推广苹果有袋栽培。2003年，全国所套的纸袋、膜袋约有400亿个左右，不仅进一步加大人工和成本投入，而且套袋后又出现了许多新的问题，需要解决。

苹果轮纹病除危害苹果外，还危害梨、海棠、花红、桃、李、杏、板栗和枣等多种果树。本病在国外也有发生，其中以日本、朝鲜半岛、澳洲、北美及阿根廷等较重。

鉴于该病是目前国内苹果生产上的第一大病，防治上存在问题也较多，因此，本章就该病的发生与防治作较详细的介绍。

【症状诊断】

1. 枝干上的症状 秋天，最先在当年生枝条上，皮孔稍微膨大和隆起。第二年春季，以膨大隆起的皮孔为中心，开始扩大，树皮下产生近圆形或不规则形红褐色小斑点，稍深入白色树皮中，直径约2～3毫米，病斑中心逐渐隆起成瘤状。进入夏季高温期，病瘤周围逐渐失水，凹陷，颜色变深，质地变硬，停止扩展。秋季再继续扩展，病瘤周围表层和浅层变为褐色，坏死范围扩大，往往二三个病瘤连生。凹陷部位树皮表层散生出稀疏的突起小粒点，为轮纹病菌的分生孢子器。冬季温暖潮湿，或第三年春天降水时，从分生孢子器中涌出白色的分生孢子团。枝条长到四五年生后，病瘤仍继续扩大，周围病死皮范围也在增大和加深，少数可达木质部，树上病瘤密密麻麻，随着树龄增长，病瘤和周围干死树皮相互连接结合，极为粗糙，故称为粗皮病。同时，随着枝干的加粗和树体抗病能力的加强，病斑边缘逐渐形成木栓化组织，病健交界处产生裂缝，翘起，在树势强壮的枝干上，病瘤和部分病死树皮可被翘离，下面长出好皮，而在过分环剥、栽培管理水平低下或冬季冻害严重的树上，轮纹病常扩展到木质部，阻断枝干树皮上下水分、养分的输导和贮存，严重削弱树势，造成枝条枯死，甚至死树、毁园。

在苹果树枝干轮纹病的发病症状诊断中，有人将轮纹病误诊为高锰引起的粗皮病。高锰引起的粗皮病，在幼树阶段一般从枝干的顶端开始，树皮表层形成小疱疹，逐渐向主枝的中部和基部发展。疱疹多发生在皮孔周围，外表灰白色或黄褐色，扁平，坚硬。用刀片削去表层，里面有棕黄或深棕色小粒点，为锰的氧化物沉积，有的在韧皮上发生，有的深达木质部。疱疹发育到一定阶段，韧皮部输导组织开始坏死、变黑，疱疹表面变大，凹陷，产生以纵向为主的裂纹，随着枝龄增大，裂纹加深加大，表面凹凸不平，呈粗皮状。发生严重时，韧皮部干缩坚硬，影响光合产物向根部运输，使根量减少，树势衰弱，从小枝往下逐渐枯死。病树秋天落叶早，春天发芽晚，叶小，花期前后叶脉间叶肉失绿，似缺铁症，叶缘失绿重，中脉附近轻。由于雨季时土壤的氧化还原电位高，有效锰含量最多，所以雨季韧皮部中锰沉积多，形成的疱疹也多。由上所述，病原真菌所致的苹果枝干轮纹病和由高锰引起的枝干粗皮病，在症状上是有明显区别的，轮纹病是以枝条的皮孔为中心，造成皮孔增生、粗糙，形成病瘤，周围树皮死亡、凹陷，凹陷死树皮表层长出稀疏小粒点(病菌的分生孢子器)。而高锰所致的粗皮病是韧皮部一些部位产生锰的沉淀，形成棕褐、棕黑色斑点，树皮表层在皮孔附近形成疱疹，其表面或周围无着生物(无分生孢子器)。随着发病时间的推移，轮纹病瘤及周围死树皮的边缘，产生木栓组织，形成翘起，呈粗皮状。而高锰引起的粗皮病，一般都从病斑(疱疹年份多时演变的)中间纵向龟裂。另外，7月份进行叶片分析，苹果叶片中锰的含量超过150毫克/千克，或土壤中还原锰大于100毫克/千克，才易发生锰过剩症。

2. 果实上的症状 果实上的轮纹病，多在近成熟期或贮藏期出现发病症状。刚开始发病时，果实皮孔稍许增大，皮孔周围形成褐色或黄褐色小斑点，略微凹陷，有的短时间周围有红晕，下面浅层果肉稍微变褐、湿腐。病斑扩大后，常发展成三种症状类型：

(1)**轮纹型** 病斑表面形成黄褐色与深褐色相间的圆形或近圆形同心轮纹，烂果肉褐色，果酱状，外表渗出黄褐色黏液，烂得快，腐烂时果形不变。整个果烂完后，表面长出粒状小黑点(分生孢子器)，散状排列。烂果失水干燥后，变成黑褐色多角形僵果。

(2)**云斑型** 果面病斑形状不规整，成黄褐与深褐色交错的云形斑纹。果肉烂的范围大，往往从里往外烂，流出茶褐色黏液。果实烂的速度很快，整个果实几天就烂完，成为一堆烂果泥。

(3)**硬痂型** 果面病斑的原发点周围形成暗褐色硬痂，硬痂周围稍凹陷。外围病皮暗褐色，无明显同心轮纹，病斑易形成分生孢子器。在这些烂果中，有一部分是轮纹病菌引起的，还有很大一部分是干腐病和其他林木病害的枝枯病菌引起的。作者等人曾于20世纪90年代中期，采集辽宁绥中、兴城和熊岳，山东烟台和日照，河北廊坊和保定，以及北京郊区等地苹果轮纹烂果病的样本，利用苹果树皮选择性培养基进行病原菌区别鉴定，其中日照、廊坊、石家庄和北京郊区所采集样本，60%左右烂果为干腐病菌侵染所致。

苹果轮纹病菌也偶尔危害叶片。在叶片上产生圆形或不规则形褐色病斑，大小为0.5～1.5厘米，后期变为灰白色，上面散生黑色小粒点(分生孢子器)。

【病原菌鉴定】

1. 病原菌的形态和种类 在田间经常见到的苹果轮纹病菌为病菌的无性阶段。属半知菌真菌,大茎点属(*Macrophom kawatsukai* Haru)。切取枝干轮纹病瘤边缘带黑色小粒点的病皮,或切取果实轮纹病上的小黑点,做纵向徒手切片,厚度为20～30微米。在显微镜下观察,可见病树皮细胞间隙有病菌菌丝(1%绵兰染色后看得更清晰),有分隔。病菌的分生孢子器扁球形或椭圆形,大小为283～425微米,有乳突状孔口,器壁黑色,炭质,内壁色浅,密生分生孢子梗。分生孢子梗无色,单胞,丝状,顶端着生分生孢子。分生孢子瓜子形至长椭圆形,单胞,无色,大小为24～30微米×6～8微米(图1)。

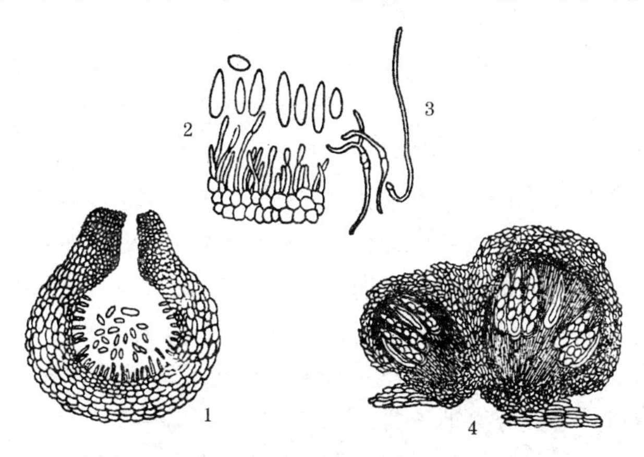

图1 苹果轮纹病病菌

1. 分生孢子器 2. 分生孢子 3. 分生孢子萌发 4. 子囊壳

苹果轮纹病菌的有性世代,属子囊菌真菌的贝伦格葡萄座腔菌梨生专化型〔*Botryospharia berengeriana* de Not. f. sp.

Piricola (Nise) Koganezawa et sakuma〕。在田间很少见到。其子囊壳生于树皮表皮下，黑褐色，球形或扁球形，壳壁薄，炭质，顶端有孔口，底部生有许多子囊和侧丝，大小为170～310微米×230～310微米。子囊棍棒状，无色，顶端肥厚，侧壁薄，基部较窄，大小为110～130微米×17.5～22微米，内含8个子囊孢子。子囊孢子单胞，无色至淡黄色，椭圆形，大小为24.5～26微米×9.5～10.5微米。

2. 病原菌的培养性状与病菌变异　苹果轮纹病病菌，在PSA（马铃薯、蔗糖、洋菜）培养基上生长良好，菌落开始为白色，较茂密，边缘较整齐，气生菌丝中等，生长较快，3天左右底层出现色素沉积。病菌生育温度为7℃～36℃，最适为27℃；pH值为4.4～9.0，最适为5.5～6.6。病菌孢子萌发温度范围为15℃～30℃，最适为27℃～28℃，在清水中即可发芽。如果温度适宜，在4小时内它的发芽率可达60%以上，在1%葡萄糖或果实组织液中，发芽率可明显提高。孢子液干燥后发芽率随之下降，干燥6小时后发芽率下降50%左右。在日光照射下，1小时约下降30%。在燕麦粉、洋菜培养基（2.5%燕麦粉浸煮液中加2%洋菜）上，或在PSA培养基上，25℃的温度下培养7天，菌丝丰满后，移到360～400纳米短光波的荧光灯下连续照射，经15天左右，可大量产生分生孢子器和分生孢子，而在PSA培养基恒温箱中无光照条件下，病菌很难形成分生孢子器。

在苹果的幼果期，往田间果实上分别接种柳树枝枯病菌（*Macrophoma salicina* Sacc）、刺槐枝枯病菌（*M. sophorae*）、杨树溃疡病菌（*M. tumefociens*），接种后套袋、保湿，隔离外来菌的侵染。苹果果实成熟后也能发病，其发病症状与苹果轮纹病和干腐病引起的烂果相似，不易区分。所以，这三种林木枝干病害病菌，也可以成为苹果轮纹烂果病菌的侵染来源。

最近研究，利用RAPD分子扩增技术，研究明确苹果轮纹病菌存在遗传变异，得到的指纹图谱可区分不同症状类型的基因（遗传）变种，其中云斑型和硬痂型的致病性，比轮纹型（原始型）更强。这种变化可能是生产上轮纹烂果病危害越来越重的原因之一。

【发病规律】

1. 病原菌的越冬部位和形态 苹果轮纹病菌，主要来自枝干上病组织的菌丝和分生孢子器中的分生孢子。秋季病果落地腐烂或掩埋土中，在翌年初侵染中不起重要作用。田间果实发病很晚，病组织上形成分生孢子器。产生分生孢子时，树上苹果已经采收，加之气温很低，所以对果实和树体不能再侵染。

春天，当气温稳定在10℃以上时，病树枝干上愈伤不好的树皮病组织，其中的病菌又突破周围的愈伤组织，往边缘的健康树皮上缓慢扩展，在白色树皮上出现黄褐色至红褐色病斑，呈湿润状蔓延。进入夏季，树皮愈伤能力增强，周围被愈伤组织包围。秋季愈伤不好的病斑，又继续扩展，直到天冷时停止。所以枝干上的轮纹病，一年中也有春、秋季两次扩展高峰期。

2. 病菌的释放和传播 在苹果树生长期，当降雨或雾露将树皮淋湿，并保持2～3个小时以上时，树皮病斑的分生孢子器，可陆续张开顶部孔口，渗入的水分逐渐融化孢子器腔内的胶质类物质，使体积增大，压力增加，将腔内的分生孢子连同融化的胶质类物质，从上面孔口挤出，在分生孢子器外融化或附着在水滴中，随着风雨传播。其向下传播较多，横向传播距离多在10米之内，少数可达20米以上。当雨、露停止，树皮干燥后，分生孢子器的开口逐渐收缩，最后关闭，停止向外产生病菌孢子。不同枝龄上的病斑，以3～6年生枝的产孢量最多，8年生枝的病斑，仍有一定的产孢能力。

根据田间孢子捕捉结果，一年中病菌孢子数量的实际变化情况，在不同的季节中是不同的。如河北昌黎地区5～6月份孢子增多，6月下旬至8月上旬为田间孢子最多时期，8月下旬至9月份减少，10月上旬以后产生的很少。在山东泰安地区，5～6月份田间孢子较多，7～8月份为高峰期，8月份以后明显减少。在河南郑州地区3～11月份田间均有病菌孢子散发，4月下旬至5月中旬形成第一次高峰期。之后数量减少，七八月份又大量产生分生孢子，形成第二次高峰期。在辽宁兴城地区田间每旬捕捉到的病菌孢子数量与降水量和降水频次成显著正相关。不降雨时田间基本捕捉不到病菌孢子。

3. 枝条和果实的发育阶段与侵染的关系 苹果枝干和果实上的轮纹病，也同其他许多果树病害一样，是病原物和寄主在一定环境条件下相互作用的结果。轮纹病的侵染，除需要满足病菌方面的条件之外，尚需寄主处于容易被病菌侵染的发育阶段。春天苹果树的新梢长出10天左右，枝条的表皮上开始出现气孔，随着枝条延长生长的逐渐停止和茎的次生长，表皮下面形成周皮，气孔演变成皮孔，轮纹病菌以气孔和皮孔的孔口作为门户侵入树皮组织；当枝条逐渐木质化时，树皮上的皮孔也同时逐渐木栓化，被填充组织堵塞和封严，病菌不能再侵入树皮。侵入气孔或皮孔的病菌有些在当年秋天可表现出发病症状，有些第二年春天才开始发病，表现出症状。

1997～1998年，作者等在辽宁兴城地区对金冠苹果的果实气孔和皮孔的发育过程，进行全程解剖观察。幼果在落花后10天左右的绒毛期，在绒毛丛中即开始大量出现由两个较大相对的肾脏形细胞构成的气孔，20多天后，幼果绒毛逐渐脱落，气孔细胞壁纤维化，逐渐转化为皮孔，从7月上旬左右开始，皮孔腔底层细胞不断隆起，形成栓质化的木栓填充组织。到7月中旬完全木栓化的皮孔，已占皮孔总数的13%，7月下旬占27%，8月上旬占53%，8月中旬占77%，8月下旬占90%。果实轮纹病菌侵入果实的门户，是果实上的气孔和皮孔，侵染门户皮孔被木栓组织封严后病菌再不能侵入。所以，从落花后10天左右幼果果面上开始出现气孔开始，到果面皮孔基本木栓化（约在采收前1个月）的120多天，是果实可以被轮纹病菌侵染的时期。

4. 果实轮纹病菌的田间自然侵染时期 轮纹病菌从分生孢子器中涌出后，借风雨传播，其中极少量落到幼果的气孔、皮孔上或者附近。落到这些部位的病菌，需要在水膜中经数小时发芽，长出菌丝，再从气孔或从没有木栓化的皮孔侵入。侵入果实中的病菌，在皮孔部位经过几十天至200多天的潜伏，于果实快成熟或贮藏期才开始发病。

明确病菌的田间主要侵染时期，可以为药剂防治提供可靠的依据。在辽宁省兴城对金冠苹果，从落花后至果实采收时全程套袋，然后每10天暴露一批果实，再套上袋，采收后调查全部套袋果的烂果率。从分析情况看，其病菌在田间自然条件下侵染果实的时期及侵染率如表1-1所示。

表1-1 田间自然条件下苹果轮纹病病菌侵染金冠品种果实的时期及侵染率 （李美娜 王金友）

年 份	果实暴露时间（月/旬）及旬侵染占总侵染的百分率（%）										
	5/下	6/上	6/中	6/下	7/上	7/中	7/下	8/上	8/中	8/下	9/上
1997年	0	0	6.67	13.34	20.00	13.34	6.67	20.00	13.34	6.67	0
1998年	0	4.76	3.57	5.93	11.90	23.81	16.67	14.29	11.90	5.95	1.19

在田间自然条件下，辽宁兴城地区的苹果轮纹病菌开始侵染果实的时期，是落花10天以后的6月上旬，侵染盛期基本集中在6月下旬至8月中旬。侵染高峰期在7月上旬至8月中旬，这50天的侵染率占全部侵染率的78%左右。之后，逐渐减少，至9月上旬侵染基本结束。上述侵染情况，显然与果实暴露期间的病菌密度及降水量情况是密切相关的。不同时期接种套袋采收后调查烂果的情况表明，在病原菌密度(100万个孢子/毫升)和环境可以充分满足侵染的条件下(接种后放湿棉球套袋保湿)，金冠品种落花以后7天左右的幼果，至采收前1个月，均可被侵染，而且侵染率可达30%～56.67%。采收前1个月，侵染率明显减少(表1-2)。

表1-2 不同时期果实接种轮纹病菌的侵染率 (%)

(李美娜 王金友)

年 份	接 种 时 期 (月/旬)									
	5/下	6/上	6/中	6/下	7/上	7/中	7/下	8/上	8/中	8/下
1997年	30.00	33.33	40.00	60.00	63.33	71.43	73.33	55.00	50.00	16.67
1998年	56.67	66.67	66.67	80.00	76.67	66.67	63.33	53.33	43.33	26.67

5. 影响果实轮纹病菌侵染的相关因素 分析轮纹病菌侵染果实的时期与相关条件的关系，可以看出：

①1997～1998年6月上旬至8月下旬，各旬人工接种病菌对果实的侵染率(y)与同期未完全木栓化皮孔及气孔数量占总孔口数量的比例(x)之间，成显著正相关，其相关系数$r=0.7205(r_{0.05}=0.6664)$。

②田间各旬的孢子捕捉量(x)与自然暴露条件下果实每旬的侵染率(y)的关系，1997年6月上旬至8月上旬，呈显著正相关，相关系数$r=0.8603(r_{0.05}=0.7545)$。1998年同期，为

极显著正相关，相关系数 $r=0.8780(r_{0.01}=0.8745)$。8 月中旬以后，相关则不显著，这可能与果实皮孔大部分已木栓化有关。

③旬降水量(x)与自然条件下果实旬侵染率(y)之间的关系：1997 年 6 月上旬至 8 月上旬两者之间呈极显著正相关，$r=0.9293(r_{0.01}=0.8745)$。1998 年同期，两者之间为显著相关，$r=0.8141(r_{0.05}=0.7545)$。降水不仅影响病菌孢子的释放，而且影响到果面的结水和孢子在水膜中存在时间的长短、发芽率和芽管侵入的时间。但是到 8 月中旬以后，果实皮孔多已木栓化，所以两者的相关性不显著。

④排除 8 月中下旬皮孔木栓化因素的干扰，分析兴城地区果实生长期的旬气温(x)与田间果实自然侵染率(y)的关系，其中 1997 年 6 月上旬至 8 月上旬，两者之间相关不明显，而 1998 年则呈显著正相关($r=0.7718$，$r_{0.05}=0.7543$)。表明在辽宁兴城地区，6 月上旬至 8 月上旬的旬平均气温，对病菌的侵染有一定影响，但不一定呈显著性相关。在春天降雨早、阴雨天多、同期气温较低时，侵染率也会受到显著影响。相反，在春天气温较高、夏季气温相对较冷凉时，则总平均气温对果实的侵染率，没有明显的影响。

6. 果实上潜伏侵染的轮纹病菌活化扩展时期及条件

苹果轮纹病菌具有潜伏侵染的特点，已经侵入的病菌只有在枝干或果实的抗病能力降低时，侵入的病菌才能扩展发病。否则，病菌在寄主内以潜伏状态进行宿存。所以病菌的侵染和扩展发病，是两个明显不同的阶段，其侵染和扩展发病要求的条件明显不同。据朱世宏等 1995～1997 年研究，在河北唐山市用轮纹病菌孢子液对金冠苹果接种之后套袋，定期分析皮孔下不同深度果肉的带菌情况，明确病菌扩展到皮孔下 0.1 厘米深的时间，为7月26～30日；扩展到皮下0.5厘米深的时间，为8月15～19日。各年份之间差别不大。至8月31日，接种病菌能扩展到皮孔下0.1厘米果肉深处的，占发病数的30.2%～46.7%；扩展到皮孔下0.5厘米果肉深处的，只占发病数的4.7%～11.1%。表明唐山地区侵染金冠苹果的轮纹病菌，开始扩展时期约为7月下旬，外观上能明显看出发病症状的时间，约在8月初（皮孔下0.5厘米深果肉腐烂）。关于果实内潜伏病菌的活化扩展条件，现在已知与果肉内的糖/酸比及含酚量变化有关，幼果期果肉含酸量和含酚量高，含糖量低，所以侵染的病菌不能往果肉内扩展，病菌处于潜伏状态。当果肉中的可溶性固形物含量达到10%以上，酚类化合物（儿茶酚）含量低于0.04%时，病菌则易于扩展，使果实发病。在田间，树冠外围的果实，及光照好的山坡地苹果树的果实，发病早；树冠内膛果，光照不好的果园，果实发病相对较晚。这可能与果实糖分上来的早晚和糖/酸的比值变大有关。

7. 品种与发病关系及不同地域、地形发病差别的原因 不同的苹果品种，其发病差别明显。金冠、富士、珊夏、金矮生、千秋、津轻、新乔纳金、王林、元帅系和华冠等发病重；国光、印度、玫瑰红、北斗、祝光和红玉等品种，发病较轻或很少发病。果实轮纹病在我国东部沿海和中部黄河故道地区，发病较重；西北黄土高原果区发病较轻，这除了与降水量多少有关外，还与空气湿度大小，雾露造成树体结水时间的长短有关。山间窝风、空气湿度大、夜间易结露的果园，较坡地向阳、通风透光好的果园发病多。新建果园在病重老果园的下风向，离得越近，发病越多。

8. 枝干轮纹病发生与栽培管理的关系 枝干上轮纹病的发生情况，与树势强弱有直接关系。果园土壤瘠薄，黏重，板结，有机质少，根系发育不良，枝干环剥过重过勤，负载量过高，以及偏施氮肥和受冻害等，均可造成树体愈伤能力降低，抗病力下降，导致枝干轮纹病大发生。

【防治方法】

1. 清除病原 清除病原应进行以下几方面的工作：

(1)**刮除病部或对病部直接涂药** 春季果树萌动至春梢停止生长期，随时刮除树体主干和大枝上的轮纹病瘤、病斑及干腐病病皮，刮到露白程度。为防止刮得过深部位出现药害，刮后最好不涂药。也可不刮皮，对病瘤群的部位直接涂抹10%果康宝15～25倍液，进行杀菌消毒。经过2～3年用药防治，使树皮产生诱导抗性，促进病组织翘离和脱落。也可以在果树发芽前，不刮除轮纹病皮，直接涂抹对1倍水的石硫合剂渣滓，也有一定防治效果，且能防止涂药部位病组织往外散布轮纹病的病菌孢子。

(2)**剪除病枝** 及时剪除树上患轮纹病和干腐病的枯枝、干桩及轮纹病瘤较多的细弱枝。

(3)**刮除支棍外皮** 将为果树开张角度和撑顶下垂结果枝用的苹果树、杨树和刺槐树支棍的树皮刮除后再用，以免其病原传染附近的苹果果实。

(4)**妥善处理冬剪枝条** 将冬剪下来的苹果枝条，运到距果园30米以外处堆放，并最好在果树落花后烧完，以防止其干枯后产生干腐病菌传染给苹果。

(5)**防止产生新侵染源** 在苹果园周围20～30米距离内，最好不栽杨、柳、刺槐等林木，也不要与桃树、核桃树混栽，以防止这些果木上的干腐病菌、枝枯病菌侵染苹果，成为新的侵染源。同时，不要用这些树枝和苹果树枝做果园的防护篱笆围墙。如果已经将其用作篱笆围墙，则应在果园每次喷药时也一同喷洒。

2. 加强栽培管理 苹果轮纹病菌和干腐病菌均为弱寄生菌，只有在树体较弱时，枝干发病才较重。所以，要加强栽培管理，增强苹果树势，提高树体抗病能力。具体应实施以下措施：

（1）**改善土壤通透性** 对土层浅、土壤黏重板结的果园，要有计划地进行放树窝子，深翻改土。在果树进入盛果期，树干周围2米多范围内的80厘米左右深土层，应进行深翻挖透，使之变为活土层，以改善土壤的通透性，促进根系的生长发育。

（2）**增施有机肥** 提高土壤有机质、矿质营养和水分的贮存和供应能力。每结1千克苹果，应施1千克腐熟羊粪或鸡粪，或2千克土粪。秋季苹果采收后或春季土壤化冻后，将肥料撒施于放射状沟或树冠投影处的环状沟内，再覆土填平。施肥后，最好及时灌水，以发挥肥效。不要将粪肥直接撒在树盘地表面，以防肥料中有效成分挥发散失和根系上引，使抗性降低。

（3）**在果园行间种草** 及时刈割，将草覆盖在树盘上。这样做，有利于冬季提高树根上面的地温，夏季降低根系范围的地温，以利于根系生长，同时能增加土壤的有机质和团粒结构，增强土壤通透性和保水保肥能力，同时减少干旱时果园地面的浮尘，并便于雨后人和喷药机具及时进入果园，按时喷药，防治病虫害。另外，种草还有利于招引和保护利用果树害虫的天敌，使其在喷药时有躲避的地方。在我国北方地区，大多数苹果园可选种白三叶、紫花苜蓿和苕子等豆科植物，或早熟禾和多年生黑麦草等禾本科植物。种草方法是，当地温达到15℃以上时，雨后开沟播种，深度为1.5厘米，行距25厘米，两行树间种3～4行，幼苗期及时清除杂草。草长到20～30厘米时，即进行刈割和覆盖。每年割2～3次。在生草的前几年，每年春季雨后，应给草撒施2～3次氮素化肥。生长5～7年后，及时翻压，休闲1～2年后，再重新生草。

(4)**防止偏施氮肥**　当前我国大部分苹果园有机肥施用不足，主要靠施用化肥来满足苹果树生长发育的需要。在化肥中又以氮肥为主，造成树体旺长"虚胖"，不充实，抗病能力很低。随着国家化肥生产的发展和品种的多样化，应逐步做到科学施用化肥。在果树生长前期追肥，应以氮素化肥为主，同时配合施用磷、钾肥和多种微量元素的复合肥。果树生长中后期，追肥应以磷、钾肥为主，混加其他微量元素肥。

(5)**培养合理树形**　冬剪时，要注意疏枝，培养合理树形。要充分重视夏剪，及时剪除过密枝、直立枝和徒长枝，拉平外围延长枝，以保持树冠内通风透光良好，降低树冠内的空气湿度，减少树体枝条、果面结水和结露的时间，创造不利于枝干上病菌释放、传播和在果面发芽的条件，从而减少果实轮纹病菌的数量及其对果实的侵染。

当前，我国苹果产区的盛果期树，大多是在20世纪80年代中后期、90年代前期果价较高时栽种的高度感染轮纹病的富士品种(为55%左右)。为了追求早期产量、实现"三早"(早开花、早结果、早丰产)，普遍推广"三密"(栽植密、留枝密、结果密)和主干、大枝连年环剥的栽培技术，致使果园郁闭，通风透光不好，湿度过大，树体和叶果在夏、秋季易结水及树体早衰，这不仅影响果实品质，同时也容易发生枝干和果实轮纹病。对这批树，目前应实行控冠改形的修剪技术，使上述问题得以解决。

(6)**疏花疏果**　按丰产、优质、高效益的生产要求，认真疏花疏果，达到合理留果、留单果，大量生产优质果的目的，同时还能起到防止树体营养消耗过大、树体早衰和抗枝干轮纹病能力降低的作用。留单果还可以减少果面的结水时间，并有利于果面喷药均匀和周到，提高药剂防治效果。

3. 药剂防治 药剂防治现在仍然是轮纹病防治的主要方法。在药剂防治中，应注意以下一些事项：

(1)**枝干轮纹病的药剂防治** 于春天果树芽露绿前，喷洒10%果康宝100～150倍液，重点喷洒3～4年生之内的细枝，喷到滴水程度，可将其上病组织中的多数病菌杀死，防止小病瘤以后变成大病瘤，加重危害。对于5年生以上大枝的轮纹病瘤及病皮，应按刮皮或涂抹高浓度药液的方法进行防治〔参见本病防治方法1-(1)〕。也可以在果树休眠期喷洒3～5波美度石硫合剂，但效果较差。以往提倡在这个时间喷洒高浓度的福美胂(40%含量的，喷100倍液)，防治腐烂病和轮纹病，效果不错。但因其高残留，分解慢，所以不能在果树生长期将其直接喷到果实上。经20世纪80年代后期研究，这种用法对果园土壤有一定的污染，应积极开发药效高的非胂杀菌剂和减少胂制剂用量的方法。

(2)**果实轮纹病的药剂防治** 在药剂防治果实轮纹病措施中，应注意以下三个方面：

①确定药剂防治时期 要根据果实在发育中的气孔、皮孔开放时期，及当地降雨或高湿造成枝干、果面结水时间长短和所用药剂在田间的持效期三方面的因素，对施药时间加以确定。

我国南、北、东、西方的不同区域，生长期防治果实轮纹病的喷药次数明显不同。对晚熟品种红富士，在不套袋的条件下，辽宁省、河北省北部、陕西省渭北，一般生长期应喷药7～10次；在山东的胶东、河北省中南部、河南省豫西和山西省运城地区等大部分果区，生长季需喷药 9～14 次；在鲁西南、黄河故道和徐淮地区，需喷药 14 次以上。对于套袋苹果，北部果区在套袋前多喷布两次左右，中部果区多喷布三次左右。在缺乏预测预报的情况下，为了保险，多从落花后 7～10 天开始进行第一次喷药。如果落花后一直干旱无雨，也可在落花后更晚时间开始喷生长期的第一次药剂。苹果套袋前二三天喷好药剂相当重要。在果实全套袋后，可不考虑防治果实轮纹病的喷药问题。但是，对于果实没有全部套袋的树和果实不套袋的树，此后还应根据降雨和结露情况及前一次用药种类，隔10～15 天喷一次药，直到 9 月上中旬为止。对于金冠等中熟品种喷药到 8 月末即可结束。中早熟品种，防治果实轮纹病的开始用药时期，与富士苹果基本相同，终止喷药期大约在采收前 1 个月，中间根据降雨情况和第一次用药的持效期，10～15 天喷一次药。

②*选择合适的药剂及其浓度*　果实生长前期(套袋前)，常用药剂有 50%多菌灵 600 倍液，70%甲基硫菌灵 800 倍液，80%进口代森锰锌(大生、喷克等)800 倍液，70%国产代森锰锌 600 倍液，10%世高 2 000～2 500 倍液，7.2%甲硫·酮(果优宝)300～400 倍液。在果实生长中、后期，继续用上述有机杀菌剂或 7.2%甲硫·酮与 1∶2.5∶200 倍式波尔多液交替使用。进入 8 月份果实开始着色期，不再喷波尔多液，最好喷 7.2%甲硫·酮 300 倍液，与上述其他有机杀菌剂交替使用，以防止波尔多液污染果面和影响着色。喷甲硫·酮，可明显促进果实着色和增加果面的光洁度，并可提高果实的含糖量和果实硬度。在 7 月中旬前后，是侵入果实的轮纹病菌开始活化扩展时期，喷 1～2 次渗透杀菌能力较强的 50%多菌灵(或苯菌灵)700 倍液加 80%三乙膦酸铝 600 倍液，可明显

减少发病。

当前，在果实轮纹病的药剂防治上"新名称、低含量、高倍数"用药现象值得注意。这类问题是近些年许多苹果园喷药次数很多，而果实轮纹病却控制不住的重要原因之一。

③保证喷药质量　果实轮纹病的药剂防治效果，除了与喷药时期、药剂品种和使用浓度有关外，还与每次的喷药质量密切相关。喷药时，要将药液均匀周到地散布到每个果的全部果面，才能保证每次喷药的作用和效果。

4. 果实套袋　果实套袋是当前防治苹果轮纹病的最有效方法。一般年份，在正确掌握套袋方法的情况下，采收时病果率可控制在3%～5%的范围内。套袋时间，红色品种多在落花后30～40天开始，黄色和绿色品种在落花后10～15天开始，同一园片应在一周内套完。套袋时间应在晴天上午10时开始，至下午日落前1小时停止。异常高温的中午不宜套袋。

5. 适当减少感病品种红富士的栽植比例　红富士品种尽管在品质上优点很多，但高度感染枝干轮纹病和果实轮纹病，防治相当困难。特别是前20年发展面积过大，现在价格大幅度下跌，且树体和花果管理相当费工，技术要求也较高。所以应适当压缩红富士品种的栽培比例。

（二）苹果斑点落叶病

苹果斑点落叶病（彩图1-4,5），主要危害苹果叶片，是主栽品种新红星等元帅系的重要病害。该病造成苹果早期落叶，导致树势衰弱，果品产量和质量降低。斑点落叶病菌容易侵染富士苹果的果实，在果面形成斑点和疮痂状小病斑，特别是套袋果发生较多，明显影响果实外观，贮藏期还容易感染其他病菌，造成腐烂。该病在我国各苹果产区均有发生。在国外，日本、朝鲜半岛发生较重，美国、新西兰和津巴布韦等国，也有此病发生危害的报道。

【症状诊断】 春天，苹果落花后不久，在新梢的嫩叶上产生褐色至深褐色圆形斑，直径约 2～3 毫米。病斑周围常有紫色晕圈，边缘清晰。随着气温的上升，病斑可扩大到 5～6 毫米，呈深褐色，有时数个病斑融合，成为不规则形状。空气潮湿时，病斑背面产生黑绿色至暗黑色霉状物，为病菌的分生孢子梗和分生孢子。中后期病斑常被叶点霉真菌等腐生，变为灰白色，中间长出小黑点，为腐生菌的分生孢子器。有些病斑脱落，穿孔。夏、秋季高温高湿，病菌繁殖量大，发病周期缩短，秋梢部位叶片病斑迅速增多，一片病叶上常有病斑一二十个，影响叶片正常生长，常造成叶片扭曲和皱缩，病部焦枯，易被风吹断，残缺不全。叶柄受害后，产生圆形至长椭圆形病斑，直径为 3～5 毫米，褐色至红褐色，稍凹陷，叶柄易从病斑处折断，造成叶片脱落。

近些年，一些地区的金冠品种上，在春梢叶片主脉附近，产生黄褐色不规则的大型急性焦枯斑，边缘不整齐，具深褐色波状纹，易造成早期落叶。经鉴定，这也是斑点落叶病引起的。

苹果斑点落叶病发生严重时，7 月中下旬即可出现落叶，8 月中下旬至 9 月上旬进入落叶盛期，落叶率达 50%以上，果个不能正常生长。

苹果斑点落叶病危害苹果枝条，多在内膛徒长枝上，以皮孔为中心，产生直径为 2～3 毫米的病斑，呈褐色至灰褐色，稍凹陷，边缘有裂缝。发病轻时，仅皮孔稍隆起，显得粗糙。

据日本的泽村健三等报道，苹果斑点落叶病危害果实，在果面上常表现出黑点锈斑型、疮痂型、斑点型和黑点型四种。其中黑点锈斑型，在果面产生黑色至黑褐色小斑点，略具光泽，直径0.5～1毫米，微隆起，小点周围及黑点脱落处呈锈斑状。疮痂型，病果数量最多，病部呈灰褐色疮痂状斑块，直径为2～3毫米，有时可达5毫米以上，病健交界处有龟裂，病斑不剥离，仅限于病果表皮，但有时皮下浅层果肉可成为干腐状木栓化。斑点型病斑也较多，症状是以果点为中心，形成褐色至黑褐色圆形或不规则形小斑点，套袋果摘袋后病斑周围有花青素沉积，呈红色斑点。黑点褐变型，果点及周围变褐，直径为1～2毫米，周围花青素沉积明显，呈红晕状。斑点落叶病菌所致的果实病害，在树上和5℃以下环境中贮藏时不腐烂，但在贮藏后期易受其他杂菌腐生，引起烂果。

我国套袋的富士苹果，在果实生长的中后期特别是摘袋后不几天，常会出现许多红点，有的几天后腐烂。此为轮纹烂果病的早期症状。有的是格链孢霉(苹果斑点落叶病菌)所致。有人还认为，生长期受某些不良因素刺激，也可以引起红点。

【病原菌鉴定】

1. 病原菌形态及其鉴定过程 用刀片刮取或用解剖针挑取叶片上斑点落叶病斑背面的黑绿色或暗黑色霉状物，放到载玻片的蒸馏水水滴中，用解剖针拨开，盖上盖玻片后，在4×10倍的显微镜视野下，可见到苹果斑点落叶病菌的黄褐色至暗褐色的分生孢子，呈棍棒形、卵圆形或椭圆形，有1～7个横隔，0～5个纵隔，顶端有很短嘴孢，嘴孢大小差别较大。分生孢子大小为6.5～15微米×12.5～52.5微米，表面光滑或有小粒状突起，通常5～8个链生在有分隔的分生孢子梗上(图2)。按上述形态，属于美国人Roberts 1941年定名的苹果链格孢(*Alternaria mali* Roberts)，当时称其为交链孢叶斑病，叶片上病部呈现“蛙眼”症状。我国目前的许多出版物上也将病菌写为这个名称。但是，当时的鉴定人又讲该病菌为“伤口寄生菌”，也就是说该菌是从伤口侵入的。1956 年之后，斑点落叶病开始在日本的苹果产区大量发生，发病严重的果园，苹果树提早落叶率高达80%以上。泽村健三研究认为，该病病菌为苹果链格孢强毒株系(*Alternaria mali* A.)。我国的研究人员也认为是苹果链格孢的强毒株系(*A. mali* SS)所致。

图 2　苹果斑点落叶病病菌

2. 苹果斑点落叶病与灰斑病的关系　苹果斑点落叶病的病斑，在发病的中后期常变成灰白色，病斑正面多形成黑色小粒点，做切片在显微镜下观察和病菌分离培养，多为叶点霉(*Phyllosticta* sp.)、盾壳霉(*Coniothyrium* sp.)、枝孢属(*Cladosporium* sp.)和球腔菌属(*Mycosphaerella* sp.)真菌。以往国内曾有由梨叶点霉(*Phyllosticta pirina*)引起的灰斑病记载。故有人认为，此病为灰斑病，梨叶点霉为其病原菌。但接种试验表明，这几种真菌中，只有苹果链格孢有很强的致病性，能从无伤接种形成的病斑中，可再次分离到链格孢菌。而其他几种菌，只有接种到斑点落叶病斑上，或混合接种时，才能分离到。所以，认为是二次寄生菌，不是斑点落叶病的真正病原菌。朱虹(1995 年)收集国家菌种保存中心保存的灰斑病标准菌种，明确该菌在清水中不能发芽。而从国内各病区采集的和从日本、美国收集到的苹果斑点落叶病菌，在清水中却发芽良好，发芽率在 91.3%～97.3%。接种试验也证明，该菌只能在斑点落叶病病斑上腐生，本身没有致病能力。她还运用现代植物病理学的一些研究方法，通过对链格孢属现代分类地位的分析，认为苹果斑点落叶病菌是细链格孢菌的苹果专化性（*Alternaria alternata* f. sp. *mali*）。并发现链格孢菌非常庞杂，存在多种致病类型，而且极富变异性。所谓强毒和弱毒株系是相对的，中间还有许多过渡类型。

3. 病菌的生物学特点 苹果斑点落叶病菌在PSA和PDA（马铃薯、葡萄糖、洋菜）培养基上生长良好。菌落初期为白色，不久菌落背面为黑色至黑褐色，边缘灰白色，菌落茂盛，但气生菌丝较少。在25℃黑暗条件下，培养24～36小时，即可产生分生孢子。病菌在5℃以下和35℃以上的条件下，生长缓慢，其生长适宜温度为25℃～30℃，病菌孢子在清水中发芽良好，在20℃～30℃温度下，叶片上有5小时以上水膜，即可完成侵染。病菌对酸碱度（pH值）的适应性较广，但以中性左右最适宜。光照和光源性质对菌丝的影响不大，但对产孢量影响较大。黑光灯（波长360～400纳米）照射能促进产孢，而自然散射光则抑制产孢。在苹果组织液中，孢子的萌发率高于清水和葡萄糖液。田间落地病叶上的病菌，在室内干燥条件下保存190天，仍有10%存活，经保湿培养，8.8%的病斑能产生新的分生孢子。存放350天之后，仍有3.7%病斑上的菌丝成活，但已完全失去产孢能力。

4. 病菌的致病机理 苹果斑点落叶病菌在孢子萌发液和人工培养滤液中，能产生寄主专化性毒素AM毒素Ⅰ。用该种毒素无伤处理感病品种元帅系等叶片，也能有致病能力。在电子显微镜下观察，病菌在叶片水膜中发芽，前端形成附着孢，再由附着孢形成侵入丝，由角质层直接侵入并分泌毒素，其作用位点是质膜和叶绿体，使细胞质膜出现内陷，有小圆泡和管状物，胞间连丝延长，胞膜受损，破碎，电解质外渗，并使叶绿体内片层解体，细胞死亡，形成病斑。斑点落叶病菌还能产生非寄主专化性毒素交链孢醇（AOH）和交链孢醇单甲醚（AME），能使桃、梨、杏、李和苹果等多种植物，在有伤处理的情况下致病，因而具有广泛的致病性。

苹果斑点落叶病菌在致病过程中，除产生毒素之外，还产生多种果胶酶，参与致病过程，其中以产生的多聚半乳糖醛酸酯（PG）活性最高。

【发病规律】

1. 病菌的越冬及初侵染　苹果斑点落叶病菌以菌丝形态，在受害叶片、枝条的病斑上，以及秋梢顶芽芽鳞中越冬。翌年春天，当气温上升到15℃左右，天气潮湿时，开始产生分生孢子，随风雨和气流传播。在叶面有雨水和湿度大、叶面结露时，病菌在水膜中发芽，从叶表直接侵入叶内，在温度为20℃～30℃、叶片有5小时水膜，病菌可完成侵入。在17℃时，侵入病菌经6～8个小时的潜育期即可开始出现症状。在20℃～26℃的条件下，其潜育期约为4小时；在28℃～31℃时，潜育期仅为3小时左右。

2. 病菌的再侵染及各地发病时期　田间苹果树发病的情况是，5月上中旬，树上新叶即开始出现病斑。6月上中旬，发病进入急增期，重病园病叶率可达20%左右，每叶平均病斑一个左右。6月下旬至7月上中旬，病叶上开始大量产生分生孢子，又值秋梢开始迅速生长期，不断长出嫩叶，病害进入发病盛期，平均每叶病斑达五个以上，发病重的叶片开始落叶。同时，病菌反复进行再侵染，使秋梢不断发病。至8月中下旬，仍处于发病盛期，病叶不断脱落，重者仅剩秋梢顶端刚长出的几片新叶和基部春梢上的一些老叶。

3. 病害流行因素 病害的流行与叶龄、降雨和空气相对湿度，关系密切。病菌易侵染30天叶龄之内的新叶。新红星品种27天叶龄内的叶片；金冠品种7～24天叶龄内的叶片；红富士品种30天叶龄内的叶片，为感病时期，其中以叶龄15～27天的新叶，发病最重。

春季，苹果展叶后，雨水多、降雨早、雨日多，或空气相对湿度在70%以上时，田间发病早，病叶率增长快。在夏、秋季，有时短期无雨，但空气湿度大、高温闷热时，也有利于病菌产孢和发病。果园密植，树冠郁闭，杂草丛生，湿度大，通风不良，发病重。不同品种的发病情况有明显差别，新红星、元帅、红星、红冠、北斗、青香蕉、秋锦、印度、玫瑰红、王林和陆奥等品种，易感病；富士、金冠、秦冠、国光、乔纳金、鸡冠、祝光、红玉和旭等品种，较抗病。果园发病轻重还与病原菌密度有关。若以往果园病菌量大，在气候适宜时，病情容易很快上升成灾。若以往果园一直发病很轻，则病害不容易突然成灾。

金新富、张长中等在2001年，提出河南省商丘市1990～1999年苹果斑点落叶病的发生级别与5月上旬至6月上旬的降水量、降雨日及平均相对湿度密切相关；发生重的年份，该时间的降水量、雨日、平均相对湿度，要比发生轻的年份大得多，并建立了本地区苹果斑点落叶病的流行结构模型。经初步验证，其准确率达100%。

【防治方法】

1. 清除病源 秋季苹果树落叶后至春季果树展叶前，仔细清扫园内病落叶，予以集中烧毁。结合冬季修剪和夏季修剪，剪除树上的内膛徒长枝，以清除枝条上的病斑和病斑过多的病叶，压低园内病原菌密度。

2. 加强栽培管理 按栽培上的要求，合理修剪和施肥，可以保持果园通风透光良好，降低树冠内湿度，减少叶面结水时间，同时保持树势健壮，提高树体抗落叶的能力。

3. 药剂防治 采用农药防治苹果斑点落叶病，其主要喷药时期和专用药剂品种如下：

(1)**喷药时期** 根据病害的发生规律，对主栽的新红星等极易感染斑点落叶病品种，应在落花后10多天平均病叶率达5%左右时，用专用药剂进行第一次喷洒。当春梢病叶率平均在20%～30%时，再喷一次专用药剂。在秋梢阶段，病叶率达到50%和70%左右时，再喷专用药剂。其他时间，结合防治果实轮纹病和叶上褐斑病，进行兼治。

(2)**常用专用药剂种类及用药浓度** 10%宝丽安(多氧霉素)1 000～1 500倍液，3%多抗霉素300～500倍液，50%扑海因1 000～1 500倍液。此外，国外的80%代森锰锌(如大生M-45，喷克)800～1 000倍液，68.75%易保1 200～1 500倍液，也有较好的保护作用，应在降雨前喷洒。此外，70%代森锰锌和70%乙锰混剂500～600倍液，对斑点落叶病也有较好的兼治作用。上述药剂在田间的有效期，多为7～12天，在病害严重上升时，应连喷两次。

防治斑点落叶病，也应注意喷药质量，对叶片要喷得均匀周到，才能保证用药效果。

(三)苹果树腐烂病

苹果树腐烂病(彩图1-6,7,8,9)，是造成苹果树死树、毁园的灾害性病害，曾长期困扰我国的苹果栽培业。1950年前后，仅辽宁省南部苹果产区，就因病死苹果大树100多万株，而引起当地政府和国家有关部门的重视。1955年前后栽植的苹果树，特别是1958年前后发展的中部黄河故道和西北秦岭北麓苹果产区，所栽的第一代苹果树，大多在 1980 年前后因该病而毁园。20 世纪 80 年代栽植的一批苹果树，在大苹果生产的北缘地区，如辽西、辽南、延安、渭北、天水等冬季较寒冷地区，腐烂病目前已成为当地的重要防治对象之一。可以预料，在不久的将来，随着树龄的老化和周期性大冻害的发生，病害成灾的趋势越来越明显，成灾地区逐渐向南部产区扩大。苹果树腐烂病，也是我国果树病害中，研究时间最长、研究单位最多的病害，累计研究近 30 年。至 1990 年左右，才基本结束。

苹果树腐烂病，主要发生在东北、华北、西北及华东、西南的部分苹果产区。其中以黄河以北产区发生较为普遍。以往，在危害严重的地区，嫁接苗即偶见发病，一般五六年生初结果树开始发病，二三十年生结果大树发病株率多在 20%～30%，重病园发病株率高达 80%以上，因病死枝、死树的现象较为常见。

在国外，该病主要发生在日本、朝鲜半岛等亚洲东北部苹果产地。在日本，该病曾于 19 世纪末至 20 世纪初期和 20 世纪六七十年代，两次大流行，使日本的苹果产业遭受很大损失。为此，日本农林水产省曾于 1971～1974 年和 1975～1979 年，组织开展综合助成试验，到 1980 年才结束。

苹果树腐烂病除危害苹果树以外，还侵害沙果和海棠等苹果属果树。

【症状诊断】 苹果树腐烂病，主要危害苹果树皮，造成树皮腐烂坏死。当枝干上的树皮烂死一圈时，病部以上的树枝即全部死掉，不能再结果。枝干上局部树皮腐烂，烂到木质部时，其浅层木质也变色死亡，妨碍养分、水分输导和营养贮藏，并且造成水分从没皮部位蒸发散失，削弱树势。腐烂病除危害苹果树的主干和大枝外，还危害苹果树的小枝、果台和剪锯口。有时树的根颈部和主根基部也发病。在特殊条件下（雹灾等），果实也偶有此病发生。大树枝干上发病后，常表现为溃疡型和枝枯型两种症状类型。

1. 溃疡型 春、秋季为其发病盛期，在冬季较温暖地区及夏季的弱树上也发病。多表现为典型溃疡型症状。发病初期，病部树皮变为红褐色，水渍状，稍肿起，形状多为椭圆形或不规整形，用手指按压可凹陷，微具弹性，有时病部可渗出红褐色黏液。用刀刮除病皮表层以后，里面病组织呈红褐色至黄褐色，松软，糟烂，有较浓的酒糟气味。病皮多烂到木质部，容易剥离。在晚秋或早春，病皮组织中常混有灰白色至青灰色菌丝团。病皮烂透到木质部以后，与病皮相接触的木质部浅层，也常变成红褐色。有时在变色木质部的上、下两端，有黑褐色“菌线”，一直伸延到上、下两端的好皮底下几毫米至数十毫米长。大约发病 1 个多月后，病皮表面变干，并长出很多小瘤状突起，不久突破表层，露出黑色小粒点，为病菌的子座。小粒点中包藏着病菌的分生孢子器，雨后或空气潮湿时，从中涌出橘黄色、丝状卷曲的分生孢子角。苹果树进入生长期，病部扩展减缓，干缩凹陷，表面逐渐变成黑褐色至炭黑色，病健树皮交界处龟裂，周围活树皮处慢慢长出稍稍隆起的愈伤组织，发病暂时处于停滞状态。到秋、冬季时，病斑边缘又从一处或多处向好树皮上扩展，继续蔓延发病。

春天刮除病斑时遗漏下来的小病斑，在果树生长期多停止扩展，周围被愈伤组织所包围，失水变干，变成“干斑”。干斑多盖在黑褐色粗翘皮下面，刮除表层粗翘皮才能看清楚。干斑一般呈椭圆形，暗褐色，大小为 2～3 毫米至 3～5 毫米不等，质地松散，糟烂，中间有裂缝，边缘与健树皮交界处微隆起，多有裂纹，大多没烂到木质部，底层呈弧形，被愈伤组织所包围。干斑容易从好树皮上剥离下来。天冷后，干斑的边缘常产生灰白色菌丝团，病菌突破周边愈伤组织，在白色活树皮上形成红褐色坏死斑点，缓慢扩展，成为冬、春季的溃疡型病斑。

在夏、秋季果树生长季节，树皮上发病后主要表现为表层溃疡。表层溃疡是溃疡型症状的一种特殊表现形式，1975 年以后才逐渐有明确的描述。表层溃疡，开始发病不在活树皮上，而是在当年或上一年形成不好的落皮层上（苹果树加粗生长时刚刚形成的死树皮），腐烂病菌在落皮层上生长，繁殖，扩展蔓延。表层溃疡与正常脱下的死树皮的区别，是其外观略带红褐色，微湿润，稍隆起，病组织呈红褐色，松软糟烂，略有酒糟气味，大小从几厘米至数十厘米不等，一般 2～3 毫米深，底层隔着树皮脱皮时形成的黄褐色周皮，未烂到下面白色活树皮上。但在表层溃疡边缘或底层，时有腐烂病的白色菌丝团出现，并透过周皮，在白色的活树皮上产生红褐色、湿润的坏死斑点和小病斑。在弱枝和弱树的活树皮上，这些小的坏死斑点和小病斑，能够继续扩展蔓延，形成典型的溃疡病斑。这些溃疡病斑，一般表现为表层烂的面积大，深层烂的面积小，烂不到木质部。在落皮层上形成的表层溃疡，大多数出现不久，即停止扩展，干燥，稍许凹陷，变成暗褐色，表面长出黑色小粒点（病菌子座）。晚秋、初冬，许多表层溃疡中的病菌菌丝，在周皮上的一处或多处产生灰白色菌丝团，突破周皮，在白色的活树皮上形成红褐色坏死斑点，进一步扩展和融合，于第二年春季形成大片的典型溃疡病斑。

2. 枝枯型 4～5 年生以下的小枝及剪口、干枯桩与果台等部位发病，常表现为枝枯型症状。病部外观最初为红褐色，略湿润、肿起，边缘形状不规整，病皮组织糟烂松软，为黄褐至暗褐色。因病部枝细皮薄，所以很快烂一圈，并失水、变干、下陷。病部以上枝叶发黄，不久即枯死。这在绿色树冠内非常显眼，很容易辨认出来。发病后期，病皮表面长出许多较密的小黑点（病菌子座），潮湿时从中涌出黄色丝状的孢子角，或白色粉末状的分生孢子团。枝枯型腐烂病进一步往基部蔓延，烂到与之相连的大枝上，引起大枝发生溃疡型腐烂病。

秋季，当果实受雹伤后，伤口处偶尔也能发生腐烂病。病斑为近圆形或不规整形，暗红色，软腐，略具酒糟气味，病部常形成病菌子座小黑点，潮湿时从中涌出橘黄色孢子角。

【病原菌鉴定】

1. 病原菌形态和种类鉴定 切取带小黑点的病皮，对其做纵向徒手切片，将其放到载玻片的蒸馏水滴中，盖上盖玻片，在光学显微镜下，可以看到，病菌的菌丝为白色，有分隔，在病皮组织中蔓延（加一点1%绵兰可更容易看到）。病皮下面的外子座呈三角形，为黑褐色，由病菌老化的菌丝密集构成，与树皮死组织间有清晰黑色界限。子座内有一个分生孢子器腔，早期的为一个腔室，后变成多个腔室（一般为3～5个），有一个稍突起的共同开口。分生孢子器腔室黑色，直径为517～1 560微米，高430～1 300微米，器壁细胞扁平，褐色至暗褐色，多层。内层细胞颜色较淡，外层较深，最内层无色，内壁上密生分生孢子梗。分生孢子梗无色，具隔膜，一般不分枝。偶有分枝，长为12～21微米，宽1.2～2.0微米。分生孢子成熟脱落后，其顶端再不断产生新的分生孢子。产孢细孢较直，光滑，内壁芽生瓶体式产孢。分生孢子香蕉形，无色，单胞，两端钝圆，大小为3.6～6.0微米×1.2微米。为半知菌亚门真菌苹果壳囊孢（*Cytospora mandshurica* Miura），是苹果树腐烂病的无性世代。无性世代在腐烂病皮上经常可见，在重犯病疤的边缘木质部，偶尔也能见到（图3）。

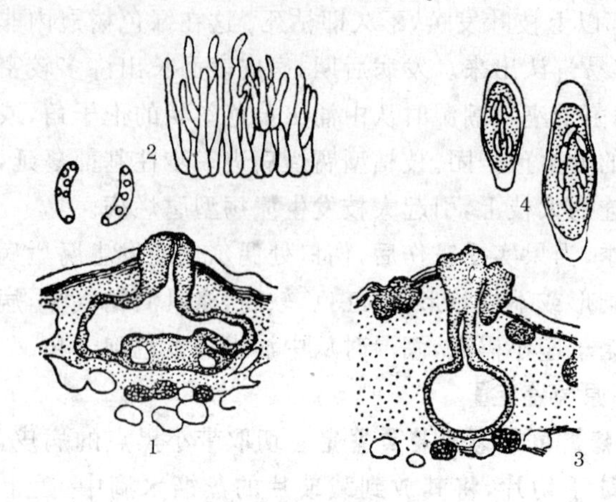

图3　苹果树腐烂病病菌

1．分生孢子器　2．分生孢子与分生孢子梗

3．子囊壳　4．子囊及子囊孢子

苹果树腐烂病的有性世代，为子囊菌亚门真菌的苹果黑腐皮壳〔*Valsa ceratosperma*（Todeex Fries）Maire〕。观察苹果树腐烂病菌有性世代的病菌形态，需在晚秋或早春在多年生老病皮上容易找到。在手持放大镜下，可见到1个黑色小粒点上有几个刺状突起（多个子囊壳的各自开口）。切取该带黑点的病皮组织，按前述方法，做徒手切片，在10×40倍光学显微镜下，可见到在病菌外子座（含无性孢子腔的子座）下面或旁边，产生内子座（含有性子囊壳的子座），其中混有寄主树皮的坏死细胞，呈黑褐色。内子座中含有多个子囊壳，一般为4～9个，多者达十几个。子囊壳烧瓶状，黑色，底部为圆形或近圆形，直径为341～495微米，具长颈，长约264～550微米，内壁生有纤毛。每个长颈都通到病皮表面，各自形成孔口。子囊壳基部密生子囊。子囊椭圆形或纺锤形，顶端圆或平截，基本无

柄，大小为 21～32 微米×6 微米，子囊壁无色，顶部稍厚。子囊内含有 8 个子囊孢子，多排成双列，少数排列不规则。子囊孢子单胞，无色，形状与分生孢子相似，也为香蕉形，大小为 6.0～8.4 微米×1.8 微米，比分生孢子稍大。

苹果树腐烂病菌 1909 年由宫部和山田定为苹果黑腐皮壳（*Valsa mali* Miyabe et Yamada）。1970 年日本的小林享夫在研究间座壳科（*piaporthe*）分类中认为，*Valsa mali* 与 *Valsa ceratosperma* 在形态上相同，根据先名权的规则，所以应改为 *V. ceratosperma*。

作者等曾采集我国黑龙江、辽宁、山东、河南和湖北省等不同病区腐烂病菌，进行培养性状和致病性观察，未发现该病菌有明显的生理分化和病菌变异现象。

2. 病菌的特点 苹果树腐烂病菌的分生孢子，在清水中不能发芽，子囊孢子虽能发芽，但需要的时间长，且发芽率很低。病菌在苹果汁、树皮煎汁、蔗糖液和麦芽糖液中，萌发很好。孢子萌发适温为 24℃～28℃。在树皮煎汁中，20℃～25℃时发芽良好。在 10℃气温下，经 32 小时，分生孢子和子囊孢子的发芽率为 30%～40%。在室内，分散的分生孢子经 2～4 天即失去发芽能力，子囊孢子可存活 13～20 天。在日光照射下，两种孢子经过 1 天即丧失生活能力。

苹果树腐烂病菌的菌丝，其发育最适温度为 28℃～32℃，最低为 5℃～10℃，最高为 37℃～38℃。病菌在 PDA 和 PSA 培养基上生长良好，菌落生长较快，开始为灰白色至乳白色，边缘较整齐，稍呈羽毛状，气生菌丝不繁茂，较平伏。5 天后，底部开始出现黑褐色色素沉积。在黑暗条件下培养，不易形成分生孢子器；在光照条件下，培养基物干燥时可形成分生孢子器，但产孢很少。在煮过的大麦粒或苹果细枝上接种该病菌，在前期黑暗、后期经荧光灯光照的条件下，易形成分生孢子器，并且产孢较多。在组合培养基上，病菌菌丝生长最适碳源为10％麦芽糖或葡萄糖，最适氮源为0.5％天门冬酰胺和硝酸盐。天门冬酰胺有助于产生分生孢子。培养基物中加硫胺素，有利于菌丝的生长。

腐烂病菌的培养滤液中，含有非特异性毒素。这种毒素可以使菜豆苗萎蔫，苹果树皮细胞坏死。其内还含有根皮苷的分解物，由3-对羟苯基丙酸、间苯三酚、对羟基苯甲酸、原儿茶酸和对羟苯乙酮等化学物质组成。

3. 病菌的寄主范围及我国腐烂病菌的来源 用病菌的洋菜菌丝饼，对不同果树离体枝条进行烫伤接种，结果表明，核桃、栗树枝条不能发病，苹果、梨、梅、樱桃、李和桃等果树可发病。其病斑以苹果树枝上的最大，洋梨上的为次，其他树上的都很小。所形成分生孢子器的数量，以苹果枝上的最多，梨枝上的约为苹果枝上的1/2，其他树种上的基本不形成分生孢子器和病菌孢子。上述情况说明，苹果树腐烂病在田间的侵染源，基本来自苹果属果树，可能在特殊条件下(严重伤害)也可能来自梨树(洋梨)。鉴于苹果树腐烂病菌，在田间侵染苹果、沙果和海棠等小苹果的条件相似，能大量形成分生孢子器，并产生孢子和致病。因此分析认为，在大苹果引入我国之前，国内的小苹果类果树上已有腐烂病菌存在。

【发病规律】

1. 病菌的越冬形态及部位 苹果树腐烂病菌，以菌丝体、分生孢子器和子囊壳等在病树皮内越冬，也能以菌丝形态在病疤木质部内越冬。在潮湿地区，病疤木质部表层也能形成分生孢子器过冬。

2. 病菌孢子的释放和传播 成熟的腐烂病菌分生孢子

器内，除含有分生孢子外，还含有很多胶质类物质，当降雨、降雪和结露时，水分由孢子器的开口流入或渗入分生孢子器后，里面的胶质融化，体积膨大，胶质混同分生孢子一齐由孢子器上面的孔口成丝状挤出。当丝状物达到一定的长度时，即呈橘红色卷曲，成为分生孢子角。细枝（枝枯型）上的分生孢子器，其内含物很少，由孢子器孔口挤出后，成白色粉末状堆在孔口上。在田间，分生孢子角从春季至秋季均可出现，其中以夏秋季常见。小枝上的分生孢子团，在结水的雾天常见。分生孢子角或分生孢子团，遇到水滴或水雾即融化，附在其上，随风雨向周围特别是向下风向传播，传播距离多为 20～30 米，远者可达 500 米。据测定一个成熟的分生孢子器，可释放病菌孢子 1 年以上。田间分生孢子的释放量，与降水期和降水量密切相关。每当降水时，都有一批分生孢子产生。但在无雨的季节，当空气潮湿或树皮结露及树上积雪融化为雪水时，也能收集到少量分生孢子。

子囊孢子成熟后，孔口开裂，靠其自身弹射能力离开子囊壳，靠风传播，但产孢量较分生孢子少得多，其释放量以 4～6 月份较多。国外有人测定，1 个子囊壳 1 小时可释放子囊孢子 1 120～8 662 个，仅为分生孢子量的 2%左右；10 月份生成的病斑，在 1 年内放出的分生孢子量为子囊孢子的 1 760 倍。目前，对子囊孢子在发病过程中的作用，尚不太清楚。

3. 病菌的侵染部位和时期 腐烂病菌在树皮上的侵入门户（侵染部位、途径），为带有死组织的伤口、果柄痕、叶痕和皮孔等。病菌分生孢子借风雨传播。着落在侵入门户上的病菌，在局部有树皮浸汁或伤口组织浸汁的水膜中发芽，从这些门户侵入到伤口死组织细胞中，潜伏下来。一定面积的伤口，其死组织分泌物足以满足病菌发芽所需的营养物质，从而利于病菌的侵入和定殖。

在辽宁兴城地区,从2月下旬至11月份,腐烂病菌在田间均可侵染。其中侵染较多的时期,为3月份至5月上旬,其次为9月份至10月上旬。夏季侵染很少,可能与此期树皮微生物活跃及树皮愈伤能力强,限制了侵染有关。

4. 病菌的潜伏侵染 苹果树腐烂病菌具有潜伏侵染的特点。在病区,树体枝条带菌比较普遍。病菌定殖后,一般以菌丝形态在树皮死组织部位潜伏,不能立即扩展发病。只有当树体或局部树皮组织衰弱或死亡时,潜伏病菌活化,不断生长,繁殖成菌丝团并逐渐分泌大量毒素,杀死周围活树皮细胞,才能向外扩展和发病。

5. 病菌数量及伤口类型与侵染数量的交互关系 苹果树腐烂病的侵染因素很多,交互作用十分复杂。1985～1988年,作者等在室内控制条件下,采用离体枝条接种的方法,研究树皮上不同大小的伤口死组织、不同密度病原菌及不同时期的田间枝条的被侵染数量。结果表明:

①枝条的侵染率与枝条上的伤口死组织面积大小成极显著正相关。死组织面积大,侵染率高;死组织面积小,侵染率低。

②病原菌的密度与枝条的侵染率之间,没有显著相关的关系,在伤口死组织面积较大和中等的情况下,其侵染率差别都不明显,但在伤口死组织面积很小时,则侵染率有明显差别,即伤口死组织尽管面积很小,但在病菌量很大时,也会造成侵染。

③田间不同时期的苹果枝条,抗侵染的程度不同,存在极显著差别。其中以越冬后的枝条(发芽前的),抗侵染能力最强,落花后的其次,夏季生长期的最弱。其原因有待于研究。

④在枝条上伤口死组织大小和接种病菌数量多少，与枝条被侵染率高低的交互关系中，伤口死组织面积大和伤口死组织面积小时，病菌多少与侵染率都没有明显关系，只有伤口面积中度时，病菌的多少才起明显作用。

上述结果，有助于加深对田间苹果树上不同程度的伤口死组织冻伤、落皮层（死组织面积大），锯口、桠杈生长伤（死组织面积中等），以及剪口、果柄痕、皮孔等处（死组织面积小），被腐烂病菌侵染的情况、发病差别及其原因的认识。

6. 病害的扩展及条件 腐烂病的侵染和扩展，是两个截然不同的阶段，所要求的条件也完全不同。苹果树皮的抗腐烂病菌扩展能力，与树体的营养水平、挂果量多少、树皮的木质化、木栓化快慢及树皮持水量多少密切相关。树体管理水平较高，挂果量较少，木质化木栓化速度较快，树皮持水量较高（80％左右），树皮抗扩展能力则强，病斑扩展较慢。田间调查结果表明，苹果产量的大小年与病害发生轻重密切相关，大年的后期和翌年，腐烂病明显加重，小年的翌年，腐烂病害明显偏轻。

7. 落皮层的形成与发病的关系 在田间自然条件下，树皮上的潜伏病菌，除容易在冻伤和锯口等有较大面积死组织部位扩展外，主要在夏、秋季树皮上形成的落皮层上扩展，形成表皮溃疡。苹果树长到7～8年后，夏、秋季在主干、主枝、领导枝基部、骨干枝分杈处和小枝基部、隐芽周围，以及伤疤、桥接口附近，在树皮内2～3毫米深处，常形成弧形的临时性分生组织木栓形成层。该分生组织往内分化出2层左右细胞，称为栓内层，向外分化出5～8层细胞，称为木栓层。栓内层、木栓形成层和木栓层，统称为周皮。其中木栓层细胞呈砖块形，排列紧密，细胞壁栓质化，不透水和营养物质。周皮的出现，使原来的树皮中横向输导组织韧皮射线被隔断。原来周皮外的活树皮，丧失了生活能力，树皮从里往外，由白色变成淡黄色至淡褐色，直至变褐，逐渐死亡，最后失水干枯，形成干死树皮，称为落皮层。落皮层的发生，是树皮衰老后的一种自我更新过程，使存有溃散、消失的韧皮射线的外层树皮脱掉，新的外层树皮又有正常的韧皮射线，以保障外层树皮的水分和养分的供应，同时外层有层新周皮，对树皮外表有保护作用。在辽宁省兴城地区，从6月中旬至8月中下旬，是落皮层的形成时期。在陕西省凤县的秦岭高地和安徽省砀山的苹果树，落皮层的形成期为6月上旬至8月中旬。

夏、秋季节，正是苹果树处于旺盛生长期，树皮生理活动活跃，不利于病菌扩展发病。但此时落皮层死组织的大量形成，却为病菌在活树皮外表(死树皮上)扩展提供了良好的基地。一般在落皮层形成1个月左右，在已经死亡但尚未完全变干的落皮层死组织上，潜伏侵染的腐烂病菌，在没有防卫组织的限制下，开始活动和扩展，壮大侵染势，不久便形成典型的表层溃疡。在北方和一些管理差、树势弱的苹果园，树上的有些周皮需两年才能形成完整的木栓层，木栓层的层数也少，一般仅五层左右，而在中部果区，苹果树木栓层的层数多达八层左右，落皮层在当年就形成得较好。这可能是北方及管理差的果园发病重的原因之一。

在果树生长期，表层溃疡一般局限在落皮层上，对树体不造成危害。但在弱枝弱树上，有的也能透过落皮层周皮，对周围好树皮造成危害，在白色活树皮上产生红褐色斑点或较大块的病斑，但都是表层扩展范围大，底层扩展范围小，和冬、春季发病症状明显不同。因为冬、春季发病表层烂得小，里面烂得大。

8. 腐烂病的周年发病过程 晚秋初冬，随着苹果树渐入休眠期，表层溃疡内的腐烂病菌，繁殖成白色或青灰色菌丝团，侵染势增强，病菌分泌酶和毒素，穿透树皮防卫组织周皮，陆续往树皮内层活树皮上扩展，获取营养和能量，在一块表层溃疡之下或边缘，病菌可从几个点突破，逐渐扩大和融合，成为较大面积的溃疡型病斑。同时，春、夏季遗漏下来的干斑，这时也恢复活动，扩大蔓延，成为溃疡型病斑，从而形成秋季发病的高峰。

入冬以后，田间气温很低，但在晴天阳光充足时，树皮吸热较多。据实际测定，中午气温为 0.6℃的晴天，树干背阴部位树皮温度为 2.8℃，树干阳面树皮温度可达 24.5℃，完全可以满足病菌的生长需要，腐烂病斑仍有短时的活动扩展条件，使入冬后的发病数量仍在上升。所以，在中部黄河流域果区，至 1 月份左右发病数量达到最高峰。2～3 月份，随着气温的上升，病斑扩展速度加快，许多小病块相互融合，变成大块腐烂病斑，症状更加典型，对树体危害也更为严重。在北方果区，冬季严寒季节，阳面树皮光照时间短、照度弱，温度不易满足病菌需要。所以，病斑短时间处于停止扩展状态。

早春，随着气温的升高，短时处于停止活动的病斑，逐渐进入活动状态。于是，在 2～4 月份，我国中部和北部苹果产区，腐烂病先后出现全年的春季发病高峰期。春季，随着果树根系的开始活动，树液上升，发芽展叶，树体愈伤能力不断增强，腐烂病扩展速度不断减慢，至果树开花期，扩展基本停止，加之春季人为的刮治，发病随之结束。

从以上过程可以看出，作为多年生作物的苹果树枝干上的腐烂病，从夏季树体上开始形成落皮层，不久落皮层组织上发生表层溃疡，晚秋表层溃疡及干斑大量活动，往周围活树皮上扩展，形成秋季发病高峰。然后，经冬季的缓慢活动，又形成春季发病高峰，到展叶开花，发病基本停止，为腐烂病的一个自然发病周期。

9. 北方果区周期性大冻害与腐烂病发生的关系 除落皮层外，北方苹果产区周期性大冻害发生严重的年份，使树皮大面积冻伤，为腐烂病菌的侵染和树皮上原有的潜伏病菌的活化、扩展和发病，提供了最适宜的部位和基地。这种基地不像落皮层下面有防卫组织周皮，所以病菌更容易在其上面扩展，并大面积向周围活树皮上蔓延发病。回顾北方果区几次腐烂病的大发生，都是在大冻害发生年之后出现的。之后，经过几年的恢复，发病才得以平息。此外，在北方果区，冬天寒冷干燥的北风，造成树皮大量失水，使树皮很薄的小枝含水量大为降低，树皮的抗病菌扩展能力大大降低，致使春季形成许多枝枯型腐烂病。

10. 病疤木质部带菌与腐烂病重犯的关系 树上刮治后的腐烂病疤，又重新发病，生产上称为重犯或复发。其发生数量占腐烂病发生总块数的1/2～2/3。其中主要原因是病疤带菌所致。

当腐烂病斑刮治不及时，病斑烂透树皮，达到木质部时，病菌可侵入病皮下的木质部浅层，使之变成黄褐色或红褐色，并逐渐往周围蔓延，当病菌接触到病疤边缘愈合口部位的健康树皮时，病菌大量繁殖，形成白色菌丝团，在疤边的木质部上造成凹陷的褐色坏死斑，斑内充满菌丝团，分泌大量毒素和酶，使接触上的树皮腐烂，引起刮治的腐烂病疤重犯（复发）。据调查，在刮治比较认真的果园，这种原因所造成的病疤重犯，一般占重犯总病块的2/3左右，其余为刮治不净病菌继续扩展和刮治后病疤边缘容易形成落皮层，发生表层溃疡所致。

对旧病疤木质部进行腐烂病菌分离培养，用病疤木质部每年长出一层的解剖学特点鉴别病疤木质部年龄的方法，探明在靠近疤边的木质部中，腐烂病菌大多可存活 3 年，少数可存活 5 年。病菌在木质部的存在范围，大体与黄褐色木质部范围一致，深度多为 2 厘米左右，少数可经木质射线侵入到髓部。而刮治病疤上下两端树皮下木质部上的褐色“菌线”没有腐烂病菌存在，“菌线”为病菌的代谢产物。

11. 腐烂病流行的原因 栽培管理粗放导致树体抗病能力降低，周期性冻害的发生，是腐烂病流行的两大重要诱因。土壤有机质少、板结或保水保肥力差，根系生长不良，有机肥或复合营养元素少，大小年结果现象或病虫害造成的早期落叶严重，都会造成树体贮藏营养不良，抗病力下降，发病率上升。地势低洼，后期果园积水，施肥不当，后期贪青徒长，休眠期延迟，枝干桠杈部休眠晚，均易造成冻害，加重发病。

自 1948 年以来，我国北方果区腐烂病有四次大流行，即 1948～1951 年、1959～1962 年、1976 年和 1986 年前后。冻害及栽培管理水平低，是这四次流行的共同原因。每次大流行，均造成大批死树和毁园。腐烂病发生由轻到重，还与果园内病原菌的积累和数量有关。

新建果园，最先发病部位多为冻死或营养不良的枯枝、死芽、剪口和干桩。在这些部位，形成分生孢子器，产生分生孢子，进而树体桠杈和隐芽周围，开始出现落皮层部位发病，随着果园内病菌密度的加大和适宜发病部位的增多，在条件合适时，就可能造成病害的大流行。

【防治方法】 苹果树腐烂病菌，是一种弱寄生真菌，病菌又有潜伏侵染特性。因此，加强栽培管理，保持和提高树体抗病能力，是病害防治的基础。在病害大发生时，及时刮治，切断病害蔓延来源，同时喷药预防控制侵染，才能及时扑灭和预防病害的发生。

1. 掌握发病动态，采取正确防治对策 防治腐烂病应首先了解发病信息，摸清果园的实际发病情况和态势，并正确分析发病原因，才能采用正确方法，进行防治。若苹果园病残株过多(30%左右)，表明果园因病减产过多，无恢复产量能力，果园应该淘汰，恢复2～3年后，再重新建园。如有保留价值，当重犯率和每株平均重犯块数较高时(重犯率10%以上)应改进刮治方法，改换病疤消毒保护剂种类或增加涂药保护次数。如春天刮治病斑时，大面积溃疡斑较多，说明刮治不及时，应勤查勤刮。特别是晚秋初冬，要加强对表层溃疡的刮治。如病株率和平均每株新生病块数上升很快，说明树体抗病能力下降，应从栽培管理上找出相应原因，加以改进，同时应加强喷药预防，尽快控制住发病。

2. 加强栽培管理，保持和提高树体抗病能力 保护和提高苹果树抗病能力的具体措施，参考轮纹病防治的相关内容。在冬季冻害较重和剪口发病较多的苹果园，可适当晚剪，使剪口很快进入生长愈合期。同时，要注意防治早期落叶性病虫害。

3. 及时刮治，防止病斑长时间扩大蔓延

(1)春季彻底刮治 春季发病高峰之前，结合刮粗翘皮，检查刮治腐烂病三次左右。刮治时，除刮治外观容易发现的大块病斑外，还应注意及时刮除粗翘皮边缘及其下面潜藏的不易被发现的小块病斑，以防扩大成大块烂树皮。刮治时，应将烂树皮连同周围表层干翘皮一块刮掉，使病疤周围露出3～4厘米宽白色好树皮，以保证腐烂病真正刮治干净。

(2)**落花后及时剪除新病枝** 果树落花之后，又有些新病枝出现，特别是小枝溃疡型腐烂病出现得较多，应及时将其剪掉。

(3)**结冻前继续刮治** 果实采收后至结冻前，正值表层溃疡大量出现并向树皮深层扩展的时期，应仔细检查和刮治2～3次，刮除表层溃疡和刚刚发生的小溃疡斑。

(4)**注意刮治方法** 春天发生的腐烂病，大多深层烂的大，表层烂的小，所以刮治时要注意找到烂的边缘，刮成梭形立茬，刮净烂树皮和木质部表层变成红褐色或黄褐色粉末状死组织。夏、秋季的腐烂病，一般表层烂的面积大，里面烂的面积小，其中有许多没烂到木质部，故宜采用削片的方法，刮成斜茬，尽可能多保留烂皮下面的活树皮，以利于很快长出新皮，加速病疤愈合。

(5)**涂药保护刮治处** 为防止刮治后的病疤重犯，刮后需及时涂药，进行消毒保护。防治病疤重犯和促进伤疤愈合两方面均较好的常用药剂，有果康宝 15～20 倍液和 843 康复剂原液。其他的常用药剂，还有 40%福美胂 50 倍液、腐必清涂剂和梧宁霉素发酵液 10～20 倍液。为保持病疤边缘药剂的持效性，防止疤边木质部病菌往疤边树皮上扩展，最好在春天刮病斑时及夏季，各涂药一次。针对病疤边缘木质部中病菌存活时间较长的特点，每次涂药时也应对刮治后 2～3 年内没重犯的旧病疤涂药，以防止再重犯。

4. 仔细清除病源，降低果园病菌密度 及时锯掉病死枝，挖掉病死树，剪截病死剪口和干桩枯橛。刮除长孢子器的锯口病皮，并进行涂药保护。修剪下来的病枝和刮下来的病皮，应及时运到园外集中烧毁。

5. 喷药预防发病 春天苹果树发芽前，喷洒铲除性杀菌剂，杀灭树皮上浅层侵染的腐烂病菌。常用药剂，有 10%果康宝 100～150 倍液、腐必清 80～100 倍液、40%福美胂 200 倍加腐殖酸钠 100 倍混液。重点喷布主干和大枝，喷到滴水程度为止。对发病重的苹果树，为尽快控制发病，在夏、秋季落皮层开始出现时，再涂刷一次上述药液，以防止落皮层上潜伏侵染的病菌活化扩展，变成表面溃疡。在一个苹果园中，不一定每株树都喷洒药液，而应当实行挑治。对无病的壮树可不喷，而只对病、弱树进行喷洒。

6. 对枝干上的大病疤进行桥接或脚接 在果树旺盛生长期的 5～8 月份，对主干和大枝上的大病疤进行桥接或脚接，可帮助树体进行养分和水分的运输，有利于恢复树势，加快病疤愈合。

（四）苹果树干腐病

苹果树干腐病（彩图 1-10，11），以前称为苹果胴枯病。20 世纪 80 年代之前，仅了解到该病是苹果树的重要枝干病害，对其危害果实的严重性尚不认识。到 90 年代后期，该病对果实危害的严重性，人们才逐渐有所认识。当前，苹果树干腐病是危害苹果枝干和果实的重要病害，也是栽树成活率低和幼树死树的重要原因。该病害主要分布在山东、河北、山西、陕西和辽宁等省的苹果产地。干腐病除危害苹果树外，还危害梨、柑橘、核果类果树，一部分干果树种，以及杨、柳、刺槐等多种果树和林木。干腐病也是一种世界性的果树病害。

【症状诊断】 枝干的干腐病，有溃疡型、枝枯型两种症状类型。

1. 溃疡型 发病初期，多在树干或主枝基部容易被太阳光直接照射部位的树皮上，渗出黑水或黑色黏稠状液体，呈片状或油滴状粘着在树体表面。用刀刮削病部树皮，呈现出暗褐色或紫褐色，形状不规整，湿润，质地较硬，削面上有清晰白色木质纤维，一般没烂到木质部。病部失水后，树皮干缩凹陷，外表变成黑褐色，周边开裂，常翘起、脱落。发生严重时，许多病斑相互连接，造成浅层树皮大片坏死，局部病皮可烂到木质部，树势明显削弱。发病后期，病皮表面密生黑色小粒点，为病菌的分生孢子器或子座，成熟后突破表皮，降雨后或空气潮湿时，从中涌出白色的分生孢子团。干腐病的分生孢子器或子座，顶部较尖，在病皮表面呈现出小而密的分布状态。这一点与腐烂病菌的子座有明显不同。

2. 枝枯型 衰老树的大枝或一般树上的弱枝发生干腐病，常表现为枝枯型症状。树皮上的病斑呈紫褐色，不往外渗出黑褐色黏液，而是树皮成片枯死，扩展迅速，深达木质部。有时大枝锯口下部一侧的树皮上下常成条状坏死，后期失水凹陷，病健树皮交界处开裂。小枝发病，树皮变成黑褐色，干硬，边缘不明显，形状不规整，发展很快，烂一圈后枝条枯死，树皮表面密生的黑色小粒点，为病菌的分生孢子器或子座。

幼树发病，以栽植当年或第二年的幼树居多。多在幼树嫁接口附近，发生暗褐色至褐色病斑。病斑往周围扩展，呈椭圆形或长椭圆形，病皮起初潮湿，不久干硬。往往绕树干一圈后，幼树死亡。后期，病皮表面也密生小粒点。

苹果苗圃地，在出圃前的秋天，如干旱时不能及时灌水，嫁接口周围也常发生干腐病，症状与新栽幼树的相同。这经常是苗圃出苗率低的原因之一。

苹果树干腐病危害苹果果实，其症状与果实轮纹病相同。具体情况可参看本书中轮纹病危害果实的症状。

【病原菌鉴定】 切取较陈旧的(1 年以上)溃疡型或枝枯型干腐病病皮上的小黑点，作横向徒手切片，用湿毛笔将切片移到光学显微镜载玻片的蒸馏水水滴中，盖上盖玻片后，仔细观察。可以看到树皮表层下的病菌子座为黑色，炭质，早期的子座在树表皮下埋生，后期的突破表皮，露出顶端，每个子座中有一个至数个子囊壳。子囊壳黑色，扁球形或洋梨形，具乳突状孔口，大小为 227～254 微米×209～247 微米，内有许多子囊和侧丝。子囊长棍棒状，无色，顶端细胞壁较厚，具双层膜，大小为50～80 微米×10～14 微米，内有 8 个子囊孢子。子囊孢子为单胞，无色，椭圆形，大小为 16.8～26.4 微米×7～10 微米，在子囊内排列成两行。侧丝无色，不分隔，混生于子囊间(图 4)。经分类鉴定，病菌的有性世代为子囊菌亚门贝伦格葡萄腔菌真菌(*Botryosphaeria berengeriana* de Not)。

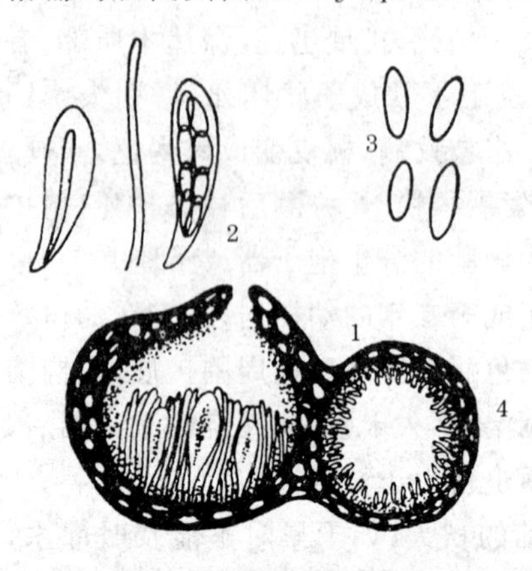

图 4　苹果树干腐病病菌

1. 子囊壳　2. 子囊

3. 子囊孢子　4. 分生孢子器

在子囊壳旁边，混生有扁球形分生孢子器。分生孢子器暗褐色，大小为 182～319 微米×127～255 微米。分生孢子为单胞，无色，长纺锤形至椭圆形，大小为 16.8～29 微米×4.7～7.5 微米。干腐病菌的无性世代，属小穴壳属真菌(*Dothiorella*)。苹果树干腐病菌另一种无性世代为大茎点属真菌(*Macrophoma*)，在干腐病树皮上常见到的大多为此种类型。在手持放大镜下观察，只见到单个的小黑点。将其做徒手切片，在显微镜下观察，看到分生孢子器外面无子座，暗褐色，扁球形，散生于病部表皮下，大小为154～225微米×73～118微米。分生孢子单胞，长纺锤形至椭圆形，大小为16.8～24.0微米×4.8～7.2微米。

苹果树干腐病菌的生育温度为10℃～35℃，最适温为28℃。分生孢子在清水中发芽良好，在20℃～30℃条件下，4小时即可发芽。

【发病规律】 病菌以菌丝、分生孢子器和子囊壳在病部越冬。越冬后的菌丝体恢复活动，于春季干旱时继续扩展发病。分生孢子器成熟后，遇水或空气潮湿树皮结水时，涌出分生孢子。子囊孢子成熟后，从孢子器开口处弹射放出。病菌孢子随风雨传播，经树皮伤口、皮孔和死芽等部位侵入。在辽宁省的苹果产区，从5月中旬至11月份均能发病，其中以5月下旬至6月中旬雨季来临前发病最重，7～8月份进入雨季，发病明显减少，8月下旬后秋季开始干旱，发病再次增多，10月上中旬发病很少，11月份发病结束。近些年随着气候变暖，在前一年秋雨很少、冬季降雪少、春天干旱和气温回升快的情况下，开始发病期大为提前。阳面山坡地的苹果树，2月下旬即开始发病，树干上渗出黑水，3月份就开始大量发病。

苹果树干腐病菌为弱寄生菌，具有潜伏侵染的特点，树体带菌普遍。病菌侵入树皮后，只有当树势和枝条生长衰弱时，潜伏病菌才能扩展发病。其中树皮含水量的高低是影响树皮发病的关键因素，含水量低发病重，含水量高发病轻或停止发病。此外，果树烂根病严重，土层薄、土壤黏重板结，河沙土保水性差，均影响根系吸收水分，造成树皮含水量不足，抗病菌扩展能力差，有利于病菌的侵染和扩展，发病也重。在苹果树主栽品种中，富士和国光等发病较重，新红星、乔纳金和金冠等，发病较轻。

关于干腐病菌侵染果实及其发病规律，了解的还很少，有待今后深入研究。

【防治方法】

1. 加强栽培管理，提高树体抗病能力 提高苹果树抗病能力的具体措施，可参考轮纹病防治的相关内容。

2. 及时刮治 大树发病，多限于树皮表层，宜采取片削方法去掉病皮，以防病斑不断扩大。也可采取划道办法，用切接刀尖沿病皮上下纵向划道，深度达病皮下的活树皮，划道之间相距0.5厘米左右，周围超过病皮边缘2～3厘米。刮治或划道后，病部充分涂10%果康宝15～20倍液，或843康复剂原液，以防止复发和加速下面长出新皮。

3. 清除病源 及时剪除树上病枯枝，集中烧毁。冬剪下来的枝条，应运出果园外，在雨季来临前烧完。不要用剪下来的苹果枝做果园的篱笆墙(障子)，以防枝条干枯后，形成大量的分生孢子器产生分生孢子，对苹果树造成侵染。

4. 喷药预防 春季果树发芽前，喷洒铲除性杀菌剂，预防发病。用药种类、浓度同腐烂病的药剂预防方法，二者可以互相兼治。

5. 预防新栽幼树发生干腐病 栽树时注意选壮苗，剔除病苗和根系不好的劣等苗。栽植时，树坑要大一些，并施足底肥。栽苗后，要灌足水，缩短缓苗期，促进根系早发。栽植深度以嫁接口与地面相平为宜。秋季应加强对大青叶蝉的防治，防止它在大枝条上产卵造成伤口，避免冬、春季从伤口处大量散失水分，从而减少干腐病的发生。

对果实发生干腐病的防治方法，可参考果实轮纹病防治的有关内容。

（五）苹果褐斑病

20 世纪 50～70 年代，我国各苹果产区的主栽品种基本是国光和金冠。此为褐斑病的感病品种。所以，各产区都将褐斑病列为重要防治对象。针对该病，各产区每年需喷药 2～4 次，防治不好的果园往往提早到 7～8 月份就大量落叶，严重影响当年果实的生长，花芽分化、树势和第二年的产量。70 年代后，随着苹果树品种的更新，主栽了许多较抗病的新红星系列品种，加之防治效果较好的药剂多菌灵、甲基托布津等苯哔咪唑类杀菌剂，开始大量生产应用，所以 80 年代和 90 年代前期，各地褐斑病明显平息下来。90 年代，感病的红富士品种成为生产上的主栽品种，加之病菌对苯哔咪唑类杀菌剂产生明显抗药性，因此近些年褐斑病又成为各果区的主要防治对象之一，而且许多果园不重视对褐斑病的防治，在雨水较多的年份，往往造成成片果园 8 月份就开始大量落叶。如 2003 年秋季，中部黄河故道果区，山西运城与陕西渭北、延安果区，以及甘肃西峰和山东、河北的一些苹果园，苹果树大量提早落叶。该病除危害苹果树外，还危害沙果、海棠、花红和山定子等苹果属果树。

【症状诊断】 苹果褐斑病（彩图 1-12），主要危害叶片，也危害果实。叶片上发病时，初期在叶背面产生褐色至深褐色小斑点，直径为 0.2～0.5 厘米，边缘不整齐。此后，因品种和发病时间的不同，逐渐发展成以下 3 种症状类型：

1. 同心轮纹型 叶片正面的病斑为圆形，暗褐色，直径为 1～2.5 厘米，周围有明显绿色晕圈，晕圈外的叶面变黄。后期，在叶片正面的病斑中间，产生许多条状小黑点，呈同心轮纹状排列，为病菌的分生孢子盘。病斑背面，中央深褐色，四周浅褐色，老病斑中央常为灰白色。

2. 针芒型 病斑小，没有一定形状，为深褐色至黑褐色，周围由黑色菌索分枝构成针芒状，向外扩展，病斑分散，分布在叶片各部位。后期叶片变黄，但病斑周围仍保持绿色。秋雨多的年份，此种类型发生较多。

3. 混合型 病斑暗褐色，较大，近圆形，或多个病斑连在一起，呈不规则形，边缘有针芒状黑色菌索。后期病叶变黄，病斑中央多为灰色，周围仍保持绿色，病斑外部变黄，病斑上散生许多黑色小点条，为病菌的分生孢子盘。

以上三种类型的共同特点是，病叶后期病斑周围仍保持绿色，外围黄色，容易早期落叶，尤其是有大风雨时，落叶严重。

果实发病，多在生长后期出现症状。开始时果面产生褐色近圆形小斑点，扩展后变成长圆形凹陷斑，黑褐色，大小为0.6～1.2厘米，边缘清晰。病皮下浅层果肉褐色，呈海绵状干腐。病斑表面散生具光泽的条状小粒点，为病菌的分生孢子盘。

【病原菌鉴定】 从田间采摘长黑色条点的病叶，带回室内，作徒手切片，在显微镜下观察。可以看到分生孢子盘埋生于叶片表皮下，多着生在黑色菌索的分叉处，成熟后突破表皮外露，大小为108～306微米×45～50微米。分生孢子梗单胞，无色，棍棒形，分枝或不分枝，大小为15～20微米×3～4微米。产孢细胞桶形或圆柱形，无色，全壁芽产生孢子。分生孢子顶生，无色，双胞，隔膜位于中央或偏下部。孢子近似倒葫芦形，上胞较大而圆，下胞较窄而尖，大小为13.2～18微米×7.2～8.4微米，内含2～4个油球。分生孢子偶有单胞现象。根据植物病原真菌分类，该病菌属半知菌亚门真菌，苹果盘二孢菌〔*Marssonina mali* (P. Henn) Ito〕。

苹果褐斑病菌的有性世代，属子囊菌亚门真菌，为苹果双壳菌(*Diplocarpon mali* Harada et Sawamura)。在自然界很少见。子囊盘在越冬病叶上形成，肉质，盘状，直径为 120～220 微米，高 100～150 微米。子囊棍棒状，有囊盖，大小为 55～78 微米×14～18 微米，内有 8 个子囊孢子。子囊孢子长椭圆形，无色，双胞，一端略弯曲，大小为 23～33 微米×5～6 微米。侧丝线形，有 1～2 个分隔，无色，宽 2～3 微米(图 5)。

苹果褐斑病菌的发育适温为 20℃～25℃，分生孢子萌发适温也是20℃～25℃。病菌在致病过程中，能分泌毒素，使病叶发黄和叶柄基部形成离层，发生脱落。

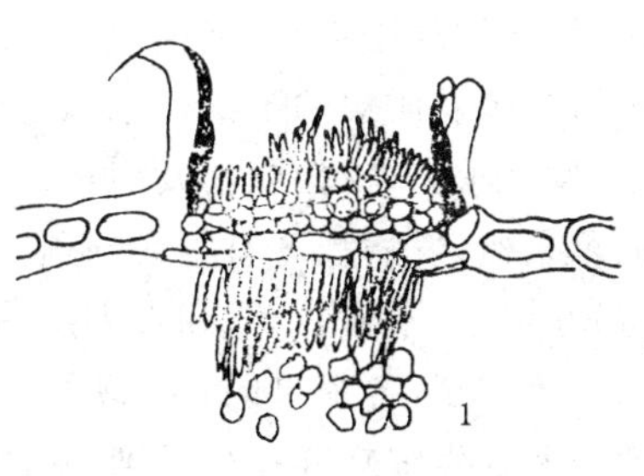

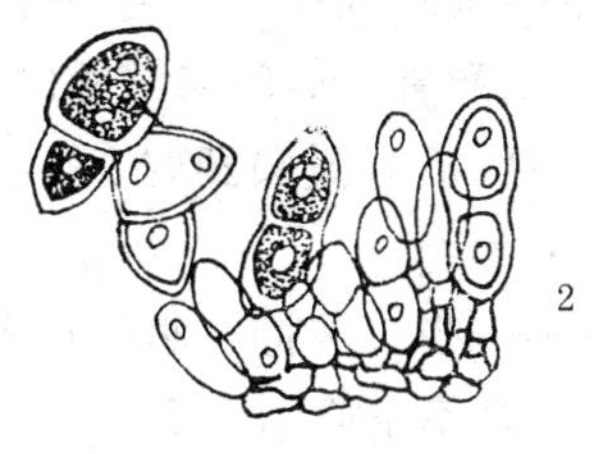

图 5 苹果褐斑病病菌

1. 分生孢子盘 2. 分生孢子

【发病规律】 病菌以菌丝和分生孢子盘形态在病落叶上越冬。翌年春季降雨时，成熟的分生孢子盘吸水膨胀后，涌出白色蝇粪状分生孢子团，融化在水滴中，随风雨传播，落到苹果树叶片上，孢子萌发，多从孢子上端细胞长出 1～2 根芽管或附着胞，侵入树叶表皮，以叶背面侵入为多。侵入后，病菌的潜育期一般为 6～12 天，最长可达 45 天。在田间，从发病至落叶需 13～55 天。凡落花前后多雨，夏季高温、多雨、潮湿的年份或地区，均易发病。

苹果褐斑病在田间发病的时间早晚和发病的轻重，在不同的地区、年份、地形和品种等方面，是不尽一样的。在辽宁及河北省、山东省中北部果区，多从 6 月中旬至 6 月下旬开始，7 月下旬至 8 月份为发病盛期。黄河故道和陕西中部果区，5 月中下旬开始发病，7～8 月份为发病盛期。西南地区的云、贵、川苹果产区，4 月中下旬开始发病，6 月下旬至 7 月下旬为发病盛期。即使是同一产地，在不同年份，其发病早晚也有很大差别，主要是受降雨的影响。降雨早，发病也早，降雨次数多、雨量大，发病则重；反之则迟，则轻。树冠郁闭，通风透光不良，树冠内膛及阴湿的下部，发病重。果园地势低洼，积水，杂草丛生，发病重。老树、弱树发病重；幼树、壮树发病轻。不同品种的苹果树，发病程度有很大差别。富士、国光和金冠等发病较重；乔纳金、秦冠、鸡冠和青香蕉等发病较轻。

近些年，各苹果区常出现开花后天气干旱现象，生长前期此病多发生很轻或很少见到，常误认为此病很少成灾。因此，不注意前期病害侵染时对叶片的药剂保护。等到七八月份，进入发病盛期，再大量喷药时，则已控制不住，因而造成大量落叶。

现在，一些人常将早期落叶病中的褐斑病、斑点落叶病相提并论，这是不正确的。实际上，在富士品种上造成大面积早期落叶的病害是褐斑病，而不是斑点落叶病。多抗霉素、扑海因也不是防治褐斑病的主要药剂，而是防治斑点落叶病的首选药剂。对两种病害认识和防治药剂选用上的失误，也是局部地区褐斑病成灾的原因。

【防治方法】

1. 加强栽培管理 增施农家肥和绿肥等有机肥，避免偏施氮素化肥，增强树体抗病能力。对以往栽培过密、留枝量偏多的苹果园，要合理修剪，逐步实现大改形，使果园通风透光良好，降低树冠内空气湿度，减少叶片上的结水时间，以减少病菌的侵入。特别是应减少对富士苹果树枝干的环剥次数，使其保持较强的树势和抗病能力。地势低洼积水果园，雨后应及时排水。

2. 清除病源 在秋末冬初和春季苹果树发芽前，彻底清扫园内的病、落叶，予以集中烧毁或深埋，消灭病菌的侵染来源。

3. 药剂防治 对苹果褐斑病的药剂防治，具体方法如下：

(1)**确定防治时期** 因为对褐斑病菌越冬后大量产生分生孢子的条件、病菌释放传播及主要侵染时期了解甚少，所以，在褐斑病的药剂防治时期上，只能根据病害发生特点和田间防治经验，在病菌孢子大量传播之前，或在发病始期开始喷药。以后根据降雨和田间发病情况，每隔15～20天喷药一次。根据以往防治经验，黄河故道及陕西中部的重病苹果园，幼树可于5月上旬、6月上旬和7月上中旬各喷药一次。多雨年份，在8月份再增加一次。结果树可结合防治果实轮纹病和炭疽病，进行防治。河北、山东及陕西渭北果区，一般在5月下旬至6月初开始喷第一次药剂。之后，再每隔20天喷一次药，连喷三次左右。在辽宁苹果产区，一般年份应从6月中下旬开始喷药，以后在7月中旬和8月上旬再喷药两次；西南云、贵、川地区的苹果园，应于4月上中旬开始喷药，每隔20天左右喷药一次，连喷5～6次。上述时期的喷药，大多可与防治果实轮纹病结合。

(2)**合理选用农药** 防治苹果褐斑病的首选药剂为波尔多液。因为褐斑病菌对铜制剂非常敏感，而且波尔多液黏着性又好，耐雨水冲刷，药效期长，又不会使病菌产生抗药性。其常用倍式为1：2.5～3：200倍（1份硫酸铜，2.5～3份优质生石灰，200份水）。其他铜制剂防治效果也较好，但药剂有效期均没有波尔多液长，而且连阴雨或湿度大，果面上结水时间过长时，铜离子容易大量释放，对果面易造成药害。使用铜制剂，要注意天气条件、果实发育时期和用药倍数。在幼果期要慎用。其他常用药剂还有50％多菌灵600～700倍液、70％甲基托布津700～800倍液、50％百菌清700～800倍液、80％大生或喷克700～800倍液等。

（3）**保证喷药质量**　每次喷药，务求周到和细致，树冠的内外和上下，叶片的正、反两面，都要均匀着药。

（六）苹果枝溃疡病

苹果枝溃疡病，又称苹果梭疤病、芽腐病。我国于1964年首次发现。目前在陕西、甘肃、山西省，以及河北、河南、安徽和江苏省局部果园发生。1967～1970年，该病曾在陕西关中地区大发生，高度感病的大国光品种成龄树，发病重的植株每株的病疤数量高达50～60块，最长病疤达30～60厘米，使不少枝条折断死亡，对树势和产量造成严重影响。该病在欧、美苹果产地发生普遍。除危害苹果树外，该病还危害梨树苗。

【症状诊断】　苹果枝溃疡病，在一年生至多年生枝上均可发生，多在2～3年生枝基部开始发病。发病初期，在芽痕、叶丛枝及果台枝基部树皮上，产生红褐色圆形小斑点，逐渐扩大后变成梭形。病皮内部暗褐色，质地较硬，多烂到木质部，使当年生木质部坏死，不能加粗生长。病皮失水后，中间凹陷，边缘树皮因皮下木质部生长而隆起成脊状，病部边缘和中央裂缝并局部翘起。天气潮湿时，在裂缝周围，病菌产生成堆的粉白色霉状分生孢子座。在病部常伴有腐生的红粉菌、黑腐菌的黑色小点状子实体。后期，病斑上坏死树皮陆续脱落，木质部裸露，病疤四周形成隆起的愈伤组织。翌年，病菌继续向外扩展危害，病斑又呈梭形，向外扩大一圈。病斑如此每年向外扩展蔓延一周，造成病部木质部裸露，呈梭形同心轮纹状，一圈一圈地越往中央部位，木质部凹陷越深。被害枝易从病疤处被风折断，造成树体缺枝，有的树甚至无主枝或中央领导枝，致使产量锐减。

【病原菌鉴定】 潮湿季节，用切接刀取病健交界处树皮，带回室内，用解剖针挑取病皮上少许粉白色霉状物，放在载玻片上的蒸馏水滴中，加上盖玻片，在显微镜下观察。病菌的无性世代的分生孢子梗有分枝，丛生在粉白色的分生孢子座上，顶端着生分生孢子。分生孢子有大孢子和小孢子两种。大孢子圆筒形，两端较尖，无色，有 3～5 个隔膜，大小为 21～37.5 微米×4～5.2 微米。小孢子卵圆形或椭圆形，无色，单胞，大小为 4～6 微米×1～2 微米。属半知菌亚门真菌，仁果干癌柱孢霉(*Cylindrosporium mali*)(图 6)。有性世代为子囊菌亚门真菌，仁果癌丛赤壳菌(*Nectria galligena* Bres.)。子座白色，子囊壳鲜红色，球形或卵形，直径为 100～150 微米。子囊棍棒状或圆筒形，大小为72～92 微米×8～10 微米。子囊孢子双胞，长椭圆形，无色。目前国内尚未发现有性世代。

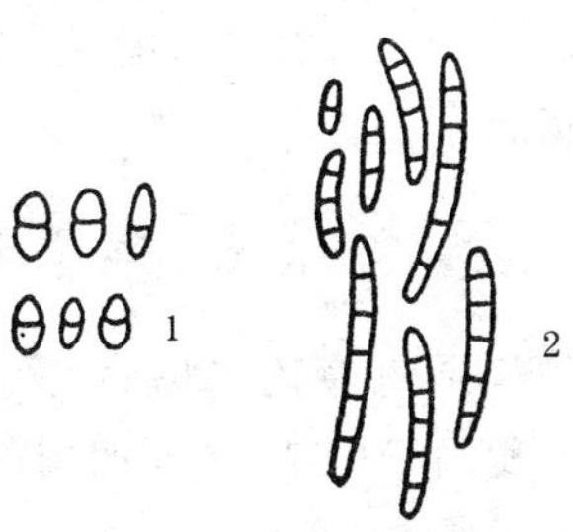

图 6　苹果枝溃疡病病菌

1. 小型分生孢子　2. 大型分生孢子

【发病规律】 病菌以菌丝状态在病组织中越冬，翌年春天及整个生长季节产生分生孢子。小孢子在侵染中不起作用。大孢子借助蚜虫和蚂蚁等昆虫及雨水、气流传播。秋天落叶前后，为病菌的主要侵染时期。病菌只能从伤口侵入，其中以叶痕周围的裂缝为主，也可从病虫造成的伤口、剪锯口和冻伤处侵入。在苹果锈病多发地区，常从锈病危害的叶柄及一年生小枝基部侵入并发病。

苹果枝溃疡病，在秋、冬季较温暖、潮湿、春季降雨较多、湿度大，且气温回升较慢地区，容易发病。地势低洼，土壤较黏重、潮湿，秋季易积水，以及偏施氮肥的果园，发病较重。进入盛果期的十多年生大树，易发病。在苹果品种中，以大国光、小国光和金冠等发病较重。苹果锈病危害叶柄时向下腐烂，使着生的小枝造成伤口，为溃疡病菌的侵入提供适宜的侵入部位，再由此处发病。所以，这两种病害的发生密切相关。

【防治方法】

1．清除病源，及时刮治 结合冬季修剪，剪除发病小枝。对发病大枝上的病斑，结合刮治腐烂病斑时，刮除病皮，再涂抹防治腐烂病的药剂。

2．加强苹果园管理 为了防治苹果枝溃疡病，在锈病发生重的果园，应防治好锈病，以减少枝条上伤口，防止溃疡病病菌侵入。对发病重的苹果树，应加强肥水管理，提高树体的抗病能力。

（七）苹果树疱性溃疡病

苹果树疱性溃疡病，又称疱性胴枯病，俗称发疱性干腐病。我国于1973年在四川茂汶、西昌等地发现该病。被害树枝干干枯，重者全株死亡。除四川省外，云南省部分果园也有发生。该病除危害苹果树外，还危害梨、花楸、榆和木兰等多种木本植物。

【症状诊断】 苹果树疱性溃疡病，主要发生在衰老树主干的枯桩大伤口附近，健康树的主、侧枝或大枝基部的锯口部位。病菌从这些部位的伤口侵入，先引起木质部腐朽，继而由木质部向外扩展，侵害树皮。树皮发病后，初期出现椭圆形或卵圆形泡状突起病斑。病斑红褐色，水渍状，表面光滑，柔软。病皮内部有乳黄色与淡褐色交错的斑纹，病部边缘尤为明显。以后病部逐渐扩大，失水干缩，表皮爆裂，形成许多三角形小裂口，并开始形成病菌的子座。子座初期小而分散，以后逐渐扩大成椭圆形或圆形，灰黑色，中央扁平。后期，子座四周表皮脱落，边缘略隆起，外观似纽扣。这些纽扣状物密集连片，暴露在树皮表面，有似蜂窝状。子座容易与周围树皮分离，天气干燥时，周围树皮断裂、脱落，但子座仍固着在木质部上。子座脱落后，在木质部表面留下一圈黑色斑痕，可保持数年。

横切病枝观察，可见横断面木质部颜色较深，呈扁形，水渍状，边缘不清晰。病部纵切面有暗褐色纹线向上伸展。病枝上的叶片变黄，逐渐枯死，严重者全树死亡。

【病原菌鉴定】 切取有子座的树皮带回室内仔细观察，可以看到子座在树皮内形成。子座成熟后，突破表皮露出，单生或数个连生。单个子座呈杯状或盘状，圆形或椭圆形，大小为 3～7 毫米×5～13 毫米，边缘隆起，中部下陷，灰黑至黑褐色，中央密生黑色小粒点（子囊壳）。对着小黑点的部位，作树皮横向徒手切片，在显微镜下观察，可见病菌子囊壳长卵圆形至圆筒形，有长颈，孔口外露呈瘤状。子囊壳极薄，黄褐色，后期与子座分离成袋状，悬于子座腔中。子囊圆筒形，顶部钝圆，壁较厚，含淀粉质粒；基部较细，有短柄，无色透明；大小为 105～165 微米×12.5～17.5 微米，内含 8 个子囊孢子，单行排列。子囊孢子单胞，幼嫩时为椭圆形，无色，成熟后呈球形，暗褐色至黑色。子囊成熟后，子囊壁多消解，只见成熟的暗色子囊孢子。子囊壳内侧丝线状，无色，不分隔。按真菌分类学鉴定，病菌为子囊菌亚门真菌，陷光盘菌〔*Nummularia discreta*（schw.）Tul.〕（图 7）。

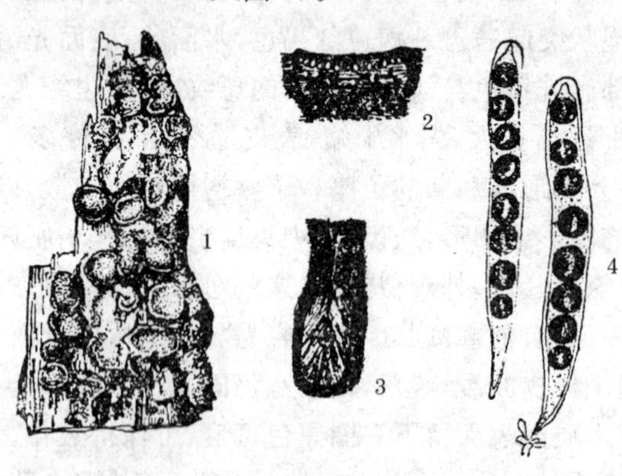

图 7　苹果树疱性溃疡病病菌

1. 病皮症状　2. 子座和子囊壳　3. 子囊壳　4. 子囊和子囊孢子

【发病规律】　苹果疱性溃疡病菌在病组织内越冬。病菌的子囊孢子从枝干断面暴露出的木质部心材部位侵入。三年生以下枝条的新木质部不适于病菌侵入，而需在比较老的枝干木质部侵入，并生长良好。病菌侵入定居后，由木质部的心材部逐渐往外扩展，导致外面树皮发病。病菌往外蔓延的速度与木质部含水量有关。木质部较干，发病较快，故干旱之后疱溃疡加重。病菌在被害木质部上面的树皮中扩展迅速，而在健康木质部上面的树皮中扩展很慢。

子囊孢子全年都可侵染。多在苹果树大枝的劈裂伤或大的锯口处侵入并发病。不同品种的发病情况有明显差别。青苹和倭锦品种易发病，元帅系品种较抗病。病害发生轻重与树势和降雨有关。幼树、健树基本不发病；弱树和老树，特别是去掉大枝后伤口不加保护的树，易发病。雨水多的年份发病重。果园管理粗放、病虫害严重、土壤板结、根系发育不良与树势衰弱的树，发病重。病害一般从3～4月份发生，当气温上升到15℃以上，阴雨连绵时，病害扩展迅速，并伴有流胶。天气干燥时发病较轻。

【防治方法】

第一，加强栽培管理，增施有机肥，增强树势，提高树体的抗病能力。

第二，对树体及早进行整形，避免在长到大树后再大拉大砍，造成大伤口。对修剪造成的大伤口，应涂50%甲基托布津100倍液，进行消毒保护。

第三，发现树皮发病时，应在病部以下木质部没变色的部位去掉大枝。如果病菌已侵入主干，应及时挖除病株，防止向健树上传染。

（八）苹果树赤衣病

苹果树赤衣病危害枝干和树皮，造成树皮腐烂，树势削弱，并能引起死树。该病发生在四川、江西、湖北和台湾等省的部分苹果园。其中四川省的雅安、乐山和泸州等地发生较重。

【症状诊断】 苹果树赤衣病的显著症状特点是，在受害树枝干树皮表层，覆盖一层薄薄的粉红色霉层，所以称为赤衣病。发病初期，多在果树枝干分枝处背阴面树皮表面，产生纤细白色丝网状菌丝层，边缘羽毛状，以后逐渐在病斑两端网中，产生白色或粉红色脓疱状物，为病菌的白色菌丝丛或称为不孕小脓泡。翌年4～5月份，在病疱边缘出现橙红色痘疱状小泡，为病菌的担子层(红色菌丝)。不久，整个病斑上覆盖一层粉红色霉层，边缘仍保持白色羽毛状。以后，霉层龟裂成小块，遇雨时易被冲掉。后期病部树皮龟裂，露出木质部。当受害枝干被病斑环绕一圈时，病部以上枝干死亡，叶片迅速发黄凋萎。

【病原菌鉴定】 苹果赤衣病菌，属担子菌亚门真菌，为粉红色伏革菌(*Corticium salmonicolor* Berk. et Br.)。有性世代子实层托扁平，膜质，平滑，粉红色，边缘白色，其上产生担子。担子单胞，棍棒状，平行排列。担子上着生四个小梗，每个小梗上着生一个担孢子。担孢子无色，透明，卵圆形或梨形，顶端具乳头状突起，大小为8.6～15.8微米×6.3～11.2微米。无性世代子实体埋生于树皮内，后突破树皮，露出橙红色圆形或不规则形杯状孢子座，称红色菌丛或无性菌丛，产生分生孢子。分生孢子单胞，无色，透明，椭圆形、近圆形或三角形，大小为10.5～38.5微米×7.7～14微米，孢子聚在一起呈橙红色(图8)。

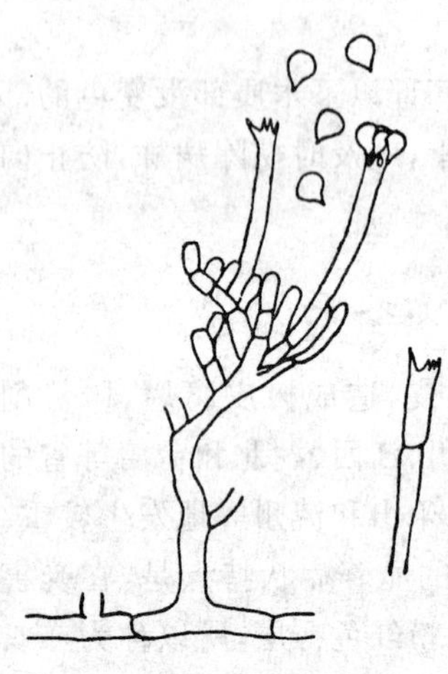

图8 苹果树赤衣病病菌

赤衣病菌的分生孢子萌发温度为4℃～40℃，最适温为25℃～30℃。在适温下，病菌2小时就可萌发。萌发时需97%～100%的相对湿度，在水滴中萌发率高，芽管也长。分生孢子的寿命，在17℃条件下可存活10天，个别的达20天。苹果树赤衣病菌的菌丝生长温度为10℃～32℃，最适温为23℃～27℃。赤衣病菌的无性菌丝最长可存活94天，短则80天。

【发病规律】 病菌以菌丝和白色菌丛越冬。病菌主要通过分生孢子传播侵染。分生孢子靠雨水传播，经伤口侵入。3月初苹果树萌动时，越冬休眠菌丝开始活动扩展，4月份为形成红色菌丝丛产生无性孢子盛期，新病斑开始从4月份发生，5月份为发病盛期。此时如降雨多，雨量大，则新病斑发生也多。病斑上菌丝的扩展，与温度关系密切。4月下旬至5月中旬，当气温在20℃～25℃时，菌丝扩展迅速；5月下旬气温超过25℃以上时，菌丝开始衰退；9月上旬气温降到25℃左右时，菌丝又继续扩展。故一年中病斑上的菌丝扩展，随着气温的变化，而出现两次高峰。

赤衣病主要发生在温暖、多雨与潮湿的地区，降雨多少是影响发病的决定性条件。病害发生轻重，还与树势和土壤有关。大树、弱树发病重，幼树、壮树发病轻；土壤黏重、含水量高的果园发病重。品种与发病有一定关系，但无明显抗病品种。

【防治方法】

1. 加强果园栽培管理 土壤黏重、地势低洼、含水量高的苹果园，应种植绿肥，改良土质，并在雨季开沟排水，降低土壤含水量。要合理修剪，改善树冠内通风透光条件。

2. 春季防治 在苹果树萌动时，如在四川省约为3月初，用8％的石灰水刷主干及主枝分杈处。刮除菌丝、白色菌丛及无性菌丛，并在刮后涂1∶3∶15倍波尔多浆。4月初，当开始产生无性孢子菌丛时，对枝干涂50％退菌特400倍液，每月涂刷一次，连续涂刷四次。

3. 夏秋季防治 5～6月份发病盛期，及时检查刮治病部，刮后涂药。秋季采收后，继续检查和刮治。

4. 冬季防治 结合修剪，清除病枝，同时进行检查和刮治。

(九)苹果树干枯病

苹果树干枯病,主要危害苹果幼树,造成树干上的树皮干枯坏死,重者可死枝和死树。该病在各苹果产区均有发生,但一般危害不重。此病除危害苹果树外,还危害梨、桃、杏和樱桃等果树。

【症状诊断】 苹果树干枯病多危害定植后不久的幼树,在地面以上 10~30 厘米处主干或桠杈部位发生。发病初期,病斑呈暗褐色,长椭圆形,后扩大呈黑褐色,有时病斑上有不规则形轮纹。病皮内层为红褐色,干腐,木质部表层呈褐色。后期病斑失水凹陷,边缘开裂,病斑上长出黑色小粒点(病菌的分生孢子器),天气潮湿时,从中涌出黄褐色丝状的分生孢子角。病部以上枝条生长缓慢,叶片发黄。病斑扩绕枝干一圈时,其上部枝干死亡。

【病原菌鉴定】 将病部带小黑点的树皮作徒手切片,在显微镜下观察。可看到,病菌的分生孢子器埋生在子座内,近球形,黑色,顶端有孔口,大小为 230~450 微米。分生孢子有两种。一种为椭圆形至纺锤形,无色,单胞,内含两个油球,大小为 4~9 微米×2~4 微米;另一种孢子为丝状至钩状,无色,单胞,大小为14~35 微米×1.5~2 微米(图 9)。按真菌分类

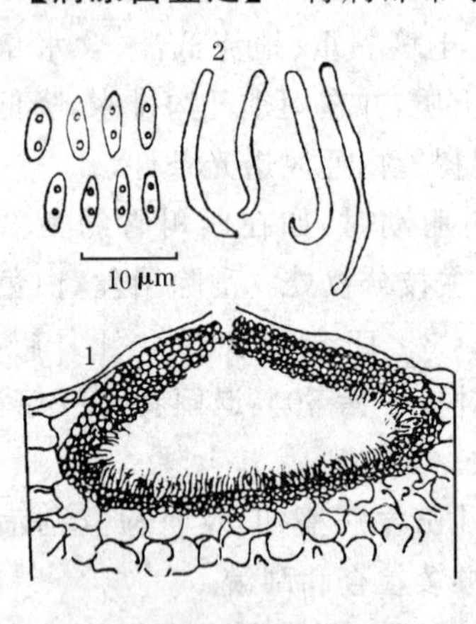

图 9 苹果树干枯病病菌

1. 分生孢子器 2. 分生孢子

学，病菌属于半知菌亚门真菌，拟生茎点霉〔*Phomopsis mali* (Schultz et Sacc)Rob.〕。病菌的有性世代在田间很少看到。

病菌菌丝发育温度为9℃～33℃，最适温度为27℃。

【发病规律】 病菌以菌丝和分生孢子器在病部越冬，第二年产生分生孢子，借风雨传播，从伤口侵入。弱树发病重，尤其是栽植后生长不良的幼树更易发病。

【防治方法】

1. 加强管理 栽植时选壮苗。栽后加强管理，提高树体抗病能力。初冬和早春灌水后，树盘覆地膜，以保湿和提高地温。果园内不要种高秆作物。

2. 刮除病斑 春季果树发芽后，经常检查树体，发现病斑及时刮治，刮后涂果康宝20倍液，或843康复剂原液，以防止复发和促进新皮的生长。

（十）苹果树枝枯病

苹果树枝枯病（彩图1-13），主要危害苹果大树衰弱的枝梢，使树皮腐烂枯死。在各苹果区的老树园常有发生，一般危害性不大。

【症状诊断】 在苹果树结果过多的枝或衰弱枝的延长梢前端的树皮上，形成不规则形褐色病斑，微凹陷，树皮腐烂、枯死。后期表面散生小黑点，此为病菌分生孢子器。病树树皮易龟裂、脱落，露出木质部。严重时枝条枯死。

【病原菌鉴定】 取长有小黑点的病皮，作徒手切片，在显微镜下观察。可看到病菌的子座为瘤状，子囊壳丛生，扁球形，鲜红色，表面粗糙，直径为300～500微米。子囊棍棒形，大小为50～90微米×7～12微米。侧丝粗，有分枝。子囊孢子双胞，无色，长卵形。大小为12～25微米×4～9微米。按真菌分类，病菌属子囊菌亚门，朱红丛赤壳菌〔*Nectria cinnabarina*（Tode）Fr.〕（图 10）。分生孢子丛粉红色。分生孢子长卵圆形，无色，单胞，大小为 6～9 微米×2 微米，为干癌瘤座霉（*Tubercularia vulgaris* Tode），属半知菌亚门真菌。

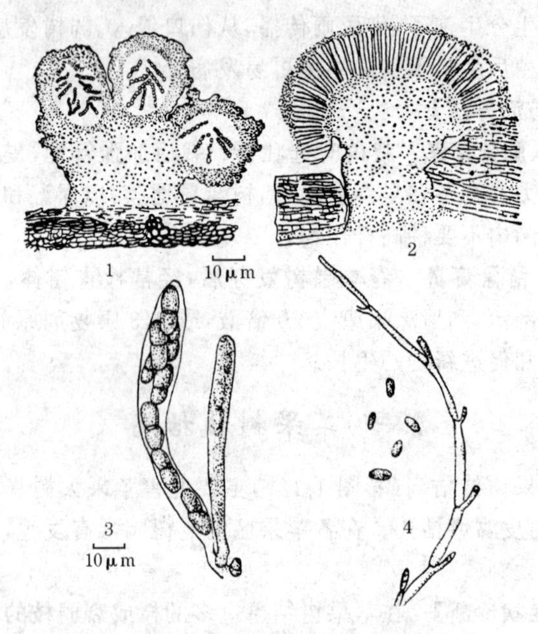

图 10 苹果树枝枯病病菌

1．子囊壳丛生在子座上 2．分生孢子座

3．子囊 4．分生孢子梗、分生孢子

【发病规律】 病菌以菌丝和分生孢子器在病部越冬。天气潮湿或降雨时，从孢子器中释放出分生孢子，借风雨传播。病菌为弱寄生菌，只有在枝条很弱且有伤口时，才能侵染、发病。

【防治方法】

第一，剪除病枝，集中烧毁，以减少侵染源。

第二，加强肥水管理，合理修剪，使枝条生长健壮，增强抗病能力。

（十一）苹果树木腐病

苹果树木腐病(彩图 1-14)。是苹果树衰老时经常发生的一种枝干病害。在全国各苹果产区均有发生，一般危害性不大。

【症状诊断】 在苹果衰老树的枝干上，苹果树木腐病危害老树皮，造成树皮腐朽和脱落，使木质部露出，并逐渐往周围健树皮上蔓延，形成大型条状溃疡斑，削弱树势，重者导致死树。

【病原菌鉴定】 苹果树木腐病的病原菌，为担子菌亚门真菌的裂褶菌(*Schizophyllum commune* Fr.)。子实体呈覆瓦状着生，菌盖宽 6～42 毫米，白色至灰白色，质韧，上有绒毛或粗毛，为扇状或肾形，边缘内卷，具多数裂瓣。菌褶窄，从基部辐射而出，呈白色或灰白色，有时呈紫色，沿边缘纵裂而反卷。担孢子无色，光滑，圆柱形，大小为 5～5.5 微米×2 微米(图 11)。

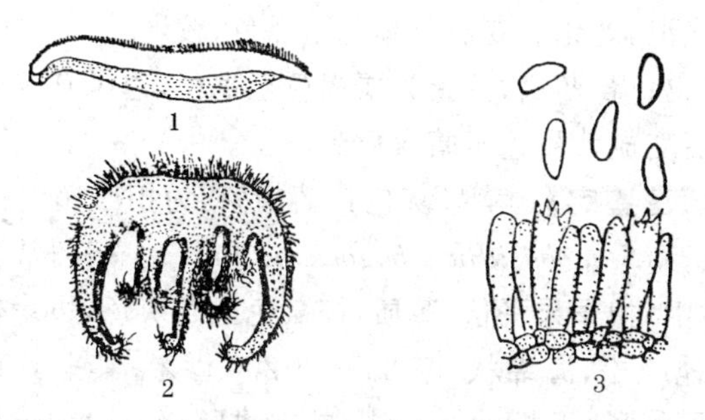

图 11　苹果树木腐病病菌

1. 子实体纵切面　2. 子实体横切面　3. 担子和担孢子

【发病规律】 病菌子实体经长期干燥后，遇合适温度和湿度后，表面绒毛迅速吸水恢复生长能力，经数小时即能释放出病菌孢子，进行传播和侵染。

【防治方法】

第一，清除病源。见到树上长出子实体后，应立即刮除掉，集中烧毁。及早刨除病残树。

第二，加强栽培管理，提高树体抗病能力。对锯口加强保护，涂抹果康宝 20～30 倍液或 843 康复剂，促进伤口愈合。

（十二）苹果树膏药病

苹果树膏药病，危害苹果树皮，造成树体营养慢性消耗，削弱树势。此病在高温、潮湿的苹果园时有发生，但危害不普遍。苹果树膏药病，有灰色膏药病和褐色膏药病两种。此病除危害苹果树外，还危害李、樱桃等果树和茶、桑、油桐等经济林木。

【症状诊断】 苹果灰色膏药病，在树枝上形成圆形或不规则形菌膜，如膏药贴伏在树皮上，外观灰白色至暗灰色，表面柔软、光滑，老化后变成紫褐色至黑色，较硬。

苹果褐色膏药病，菌膜为栗褐色至褐色，边缘有一层灰白色薄膜，后变成紫褐色至暗褐色。

【病原菌鉴定】 苹果灰色膏药病菌，为担子菌亚门茂物隔担耳真菌(*Septobasidium bogoriense* Pat.)。病菌常表生在介壳虫体上。担子果平伏，革质，棕灰色至浅灰色，边缘初期近白色，质地疏松，海绵状，厚 650～1 200 微米；其上有直立的菌丝柱；原担子（下担子）为球形或近球形，有时为卵形，其上生长长而扭曲的担子（上担子），大小为 25～35 微米×5.3～6 微米，有三个隔膜。每个担子上生 4 个担孢子；担孢子腊肠形，无色,光滑,大小为 14～18 微米×3～4 微米(图 12)。

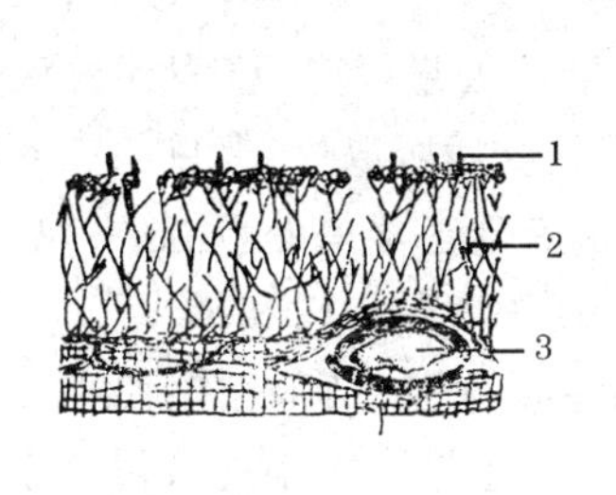

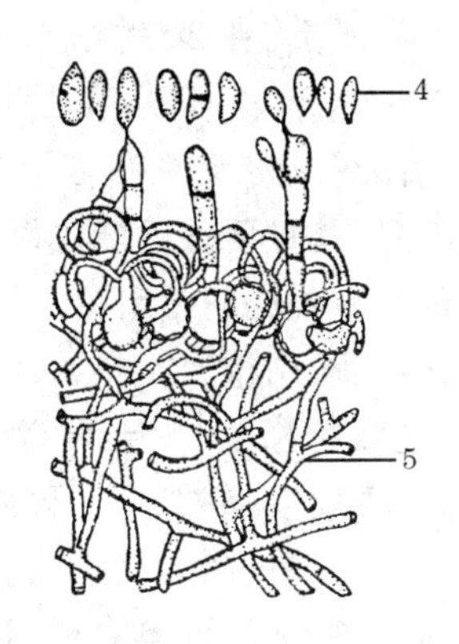

图 12　苹果树膏药病病菌

1. 担子　2. 菌丝　3. 昆虫寄主　4. 担孢子　5. 营养菌丝

苹果褐色膏药病的病原菌,为担子菌亚门紫卷担子菌真菌(*Helicobasidum tanakae* Miyabe)。生育菌丝外生,紫红色。子实体扁平,绒毛状。担孢子为卵形或肾脏形,顶端圆,基部细,大小为 10～25 微米×5～8 微米。

【发病规律】 两种病菌均以菌膜在被害树上越冬。担孢子通过风雨和昆虫传播。灰色膏药病菌生长期常以介壳虫的分泌物为原料,故介壳虫发生重的果园,该病发生也重。

【防治方法】

第一,刮除菌膜,刮后涂抹 20 倍石灰乳或 3～5 波美度石硫合剂。

第二,及时防治介壳虫,控制其繁殖和危害。

(十三)苹果炭疽病

苹果炭疽病(彩图 1-15),又称苹果苦腐病。在全国各苹果产区均有发生，尤其是夏季高温、多雨、潮湿的地区和年份，发病更为严重。在20世纪60～70年代，主栽的感病品种国光发病率常达20%～40%，是重要果实病害。80年代以后，因为较抗病品种新红星系和富士系陆续大量投产，该病的发病率明显下降，其重要性逐渐被果实轮纹病所取代，但目前在多数果区仍是重要的防治对象。该病除危害苹果外，还危害梨、葡萄、李、樱桃、山楂、柿、核桃和刺槐等多种果树和林木。

【症状诊断】 苹果炭疽病主要危害果实，也能侵害枝条和果台。果实发病初期，在果面上产生针头大小的淡褐色小斑点，圆形，边缘清晰。之后，逐渐扩大成褐色或深褐色病斑，病斑表面凹陷。病果肉茶褐色，软腐，微带苦味，从果面往果肉里成圆锥状腐烂，与好果肉之间界限明显。当病斑直径达到1～2厘米时，其表皮中间开始产生黑色长条形的突起小粒点，呈同心轮纹状排列。此为病菌的分生孢子盘。一个病果上的病斑数目不等，从二三个到数十个，但只有少数病斑扩大，其他病斑仅限于1～2毫米大小，呈褐色至暗褐色凹陷干斑。继续扩大的病斑可烂到果面的1/3～1/2，几个病斑相连后使全果腐烂。病斑失水后，染病苹果变成僵果，落地或挂在树上。

枝条炭疽病，多发生在虫害枝或细弱枝的基部，主要危害韧皮部。起初形成不规则形褐色病斑，以后龟裂，使木质部外露，严重时病部以上枯死。病部表面产生黑色小粒点，但在田间自然条件下不易看到，在室内进行保湿培养，经7～9天即出现绯红色分生孢子团。果台枝发病，多从果台顶端开始，向下蔓延，呈暗褐色，被害严重时，果台抽不出副梢而干枯死亡。

【病原菌鉴定】 取病果上带分生孢子盘的果皮，作徒手切片，在显微镜下可观察到，炭疽病菌无性世代的分生孢子盘，早期埋生，成熟后突破表皮，为黑色枕状。分生孢子盘无刚毛。分生孢子梗圆柱形，无色，单胞，大小为 6～18 微米×2～4 微米，成栅栏状排列在分生孢子盘内。分生孢子单胞，无色，长椭圆形或长卵圆形，两端较圆或一端较尖，内含数个油球，大小为 10～35 微米×3.7～7 微米。分生孢子集结成团时，呈粉红色。按分类鉴定，苹果炭疽病菌为半知菌亚门真菌胶孢炭疽菌〔*Colletotrichum gloeosporioides* (Penz.) Sacc.〕(图 13)。

苹果炭疽病的有性世代，为子囊菌亚门真菌围小丛壳〔*Glomerella cingulata* (Stoneman) Schrenk. et Spaulding.〕。在自然条件下很少发现，在人工培养基上容易产生。子囊壳埋生在黑色子座内，每个子座有一个至数个子囊壳。子囊壳深褐色，瓶形。壳外壁有毛。子囊棍棒状，大小为 55～70 微米×9～16 微米，内含 8 个子囊孢子。子囊孢子椭圆形，稍弯曲，大小为 12～22 微米×3.5～5 微米。

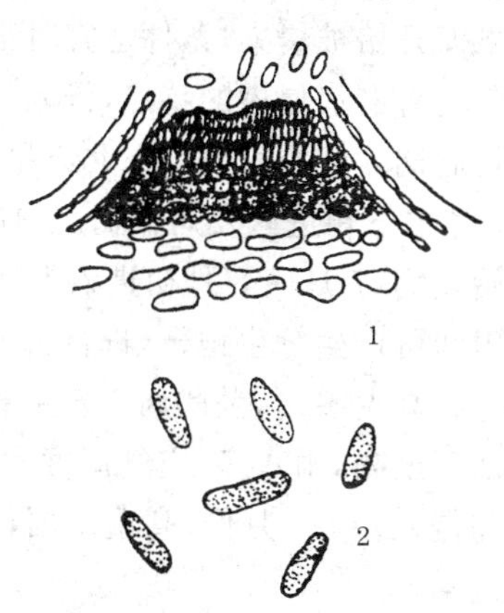

图 13　苹果炭疽病病菌

1. 分生孢子盘　2. 分生孢子

苹果炭疽病菌菌丝的发育温度为 2℃～40℃，最适温为 28℃。菌丝形成分生孢子的最适温度为 22℃左右。分生孢子在 28℃条件下，经 6 小时可发芽，9 小时萌发率达 95%以上。分生孢子萌发与糖分关系较大，随果实糖分的提高而增加。

【发病规律】　病菌以菌丝形态在病枯枝、小僵果、死果台及潜皮蛾等危害枝上越冬，也可在果园周围刺槐等防风林上越冬。翌年生长季节，温度、湿度适宜时，开始产生分生孢子，借雨水和昆虫传播，成为初侵染来源。分生孢子萌发产生芽管，形成附着胞，经皮孔或表皮，直接侵入果实幼嫩组织。在适宜条件下，分生孢子接触果面后，经 5～10 小时，可完成侵入过程。在北方苹果区，苹果坐果后(约 5 月中下旬)，病菌即开始侵染，果实迅速膨大期(6～7 月份)为侵染盛期，8 月份以后侵染较少。在河南、安徽和江苏等中部果区，5 月上旬苹果幼果即开始被侵染，条件适宜时很快进入侵染盛期。苹果炭疽病菌具有潜伏侵染的特点，侵入后病菌处于潜伏状态，在果实生长后期才开始发病。在北方果区，一般从 7 月中旬开始发病，8 月中下旬进入发病盛期。中部黄河故道果区，6 月中下旬开始发病，7 月底 8 月初进入发病高峰期。发病较早的病果，在田间可产生分生孢子，进行再侵染。

高温多雨，是此病害发生和流行的重要条件。果实生长前期温度高，雨水多，空气湿度大，有利于病菌孢子的形成、传播和侵入；7～8 月份，高温多雨，有利于病斑的扩展和病菌的再侵染。

地势低洼、排水不良、树冠郁闭、树上干枯枝和病僵果多的果园发病重。否则发病较轻。品种间发病差异明显，老品种国光、赤阳、大国光和红玉等发病重；新红星、元帅、富士、乔纳金和金冠等发病轻。

【防治方法】

1. 清除病源 结合修剪，认真剪除树上的病僵果、死果台和病枯枝。在夏、秋季，及时摘除树上的发病果，防止病菌再侵染。避免用刺槐做果园防风林，以减少病菌来源。

2. 加强栽培管理 提高苹果树抗病能力的措施，可参考苹果轮纹病防治的有关内容。

3. 药剂防治 采用农药防治苹果炭疽病的具体方法如

下：

(1)**喷药时期** 春季果树发芽前，对全树喷一次铲除性杀菌剂。在生长期，从幼果期开始喷药，对感病品种每隔15～20天喷一次药。至8月中旬左右，喷药结束。对发病轻的品种，可适当减少喷药次数，一般结合防治果实轮纹病进行兼治，不用再另外喷药。

(2)**农药选用** 发芽前的铲除性杀菌剂，常用的有10%果康宝100～150倍液，腐必清乳剂100倍液，3～5波美度石硫合剂。一般都结合防治枝干轮纹病、腐烂病和干腐病等枝干病害，进行兼治。

生长期喷药，为防止幼果期出现药害，可与防治果实轮纹病结合，喷80%大生或喷克800倍液、50%多菌灵600倍液、70%甲基托布津800倍液；在雨季病菌大量传播和侵染期，结合防治轮纹烂果病，喷50%多菌灵800倍液加80%三乙膦酸铝700倍液；也可以单喷50%退菌特600倍液，或1：2.5～3：200倍式波尔多液。对往年炭疽病发生重的果园，也可以喷25%炭特灵(溴菌腈)300～500倍液，这对轮纹病也有一定兼治作用。在多雨季节喷药，为了减少雨水冲刷，药液中可加0.1%中性洗衣粉或害利平助杀。

(十四)苹果霉心病

苹果霉心病(彩图1-16)，又称苹果心腐病、果腐病和霉腐病。此病危害果实，造成果实心室发霉或果实腐烂，是元帅系、王林、北斗和局部地区的富士等品种的重要病害。20世纪80年代，在国内局部地区大量栽植的北斗品种，表现出树势健壮、结果早、果型大、风味上乘等优点，但大量结果后，霉心病非常严重，以至不得不将其淘汰。据天水市果树所调查，甘肃九个地、市的元帅系品种，发病率在15%～62%，一般年份烂果10%左右，严重年份达30%以上。该病在全国各苹果产区均有发生，其中以甘肃、陕西、山西和四川等地的果区受害较重。

【症状诊断】 苹果霉心病在果实接近成熟期至贮藏期发生。其症状包括两种类型，一种是霉心类型，一种是心腐类型。发病初期，果实外观正常，但切开果实观察，病果果心有褐色、不连续的点状或条状小斑点，以后小斑点融合，成褐色斑块，心室中充满黑绿、灰黑、橘红和白色霉状物、使果心发霉，心室壁变成黑色，称为霉心。此后，果心中的一些霉状物能突破心室壁，向外面的果肉扩展，使果肉变成褐色或黄褐色，湿腐，并一直烂到果皮之下。有时果肉干缩，呈海绵状，具苦味，不堪食用。将烂到果肉这种类型称为心腐。当果实心室外的果肉开始腐烂时，仔细观察，病果果面微发黄，稍变软。生长期树上的果实易落果。

【病原菌鉴定】 苹果霉心病是由多种真菌侵入苹果心室后而引起的病害。挑取果心内不同颜色的菌落，放到显微镜下观察，常能见到以下几种真菌：

1. 链格孢菌 在果实心室内长出青灰或黑褐色霉状物，为病菌的分生孢子梗和分生孢子。分生孢子为卵形或倒棒状，多胞，黑褐色，串生，有0～6个纵隔膜，1～9个横隔膜，大小为5～125微米×3～6微米，顶端有或无喙细胞。为链格孢属一种真菌〔*Alternaria* spp.〕。

2. 粉红聚端孢菌 受害果心长出粉红色霉状物。分生孢子梗直立，细长，无色，不分隔或少数分隔，不分枝，顶生分生孢子。分生孢子成团聚生，洋梨形或倒卵形，双胞，上胞大、下胞小，无色，大小为14～24微米×7～14微米。粉红聚端孢菌

〔*Trichothecium roseum* (Pers)Link〕的形态如图 14 所示。

3. 镰刀菌 受害果心产生白色或桃红色霉状物。分生孢子梗无色,分隔或不分隔,常下端结合形成分生孢子座。大型分生孢子多细胞,镰刀形,具 3～5 个隔膜,3 个隔膜的大小为 20～60 微米×2～4.5 微米,5 个隔膜的大小为 37～70 微米×2～4.5 微米。小型分生孢子,单胞,椭圆形至卵圆形,大小为 4～30 微米×1.5～5 微米。属镰刀菌属真菌(*Fusarium* spp.)。

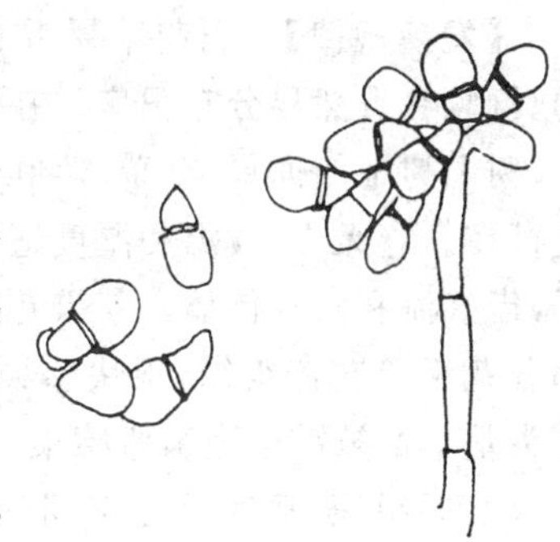

图 14 苹果霉心病粉红聚端孢菌

4. 棒盘孢菌 受害果心产生灰白色稀疏霉状物,分生孢子盘分散或合生。分生孢子梗圆柱状,分隔,无色至淡褐色。分生孢子为棒状或纺锤形,直或弯曲,褐色,具 1～3 个假隔膜,表面光滑,基部平截。为棒盘孢属的一种真菌(*Corynem* sp.)。

5. 狭截盘多毛孢菌 受害果心室产生白色霉状物,分生孢子盘大小为 350 微米,分生孢子梗大小为 24 微米×2 微米,分生孢子有 3 个隔膜,中间两细胞褐色,两端的无色,顶端着生 2～5 根刺毛,多为 3 根,无色,纤细。为狭截盘多毛孢〔*Truncatella angustata* (Pers. ex LK) Hughes.〕。

除上述五种真菌外,还有头孢霉(*Cephalosporium* sp.)、拟茎点霉(*Phomopsis* sp.)、茎点霉(*Phoma* spp.)、青霉(*Penicillium* sp.)和壳蠕孢(*Hendersona* sp.)等真菌。

霉心病病原菌及其优势种,因地区和年份不同而异。其中以链格孢和粉红聚端孢较常见,前者主要引起霉心,后者主要引起心腐。

【发病规律】 引起苹果霉心病的病菌，多为腐生性很强的真菌，在自然界分布很广。在果园里多在树体表面、枯死小枝、树上树下的僵果、杂草、落叶、土壤表层及周围植被上等普遍存在。春天，当气温和湿度适宜时，病菌即开始产生分生孢子，借气流和雨水传播。苹果花瓣开放后，雌蕊、雄蕊、萼筒及部分花瓣等花器组织，很快感染有霉心病菌，到落花期，雌蕊柱头基本都被链格孢菌所感染。病菌再经过开放或褐变枯死的萼心间组织（萼筒至心室间的心皮维管束组织），侵入到果实心室，造成心室发霉和果心腐烂。在甘肃天水地区，病菌开始侵入到果实心室的时间为5月下旬，果实开始发病的时间为6月下旬，并可造成病幼果开始落果。病菌侵入后，多数病果只有到果实快成熟或成熟后，病菌才往果肉中逐渐扩展。到贮藏期，随着果实的衰老，发病才显得更为明显。

霉心病的发生，受以下多种因素的影响：

1. 品种性状 不同品种的发病情况有显著差别。在生产品种中，北斗、元帅、红星和新红星等发病最重，金冠、富士等次之，国光等很少发病。将不同品种果实萼心间组织的开放率、褐变率分别与发病率进行相关分析，相关系数分别为0.9734和0.8693（$r_{0.01}=0.7977$），均达到极相关程度，说明苹果品种对霉心病的抗病性与果实萼心间组织结构有密切关系。

2. 环境条件 霉心病发生的轻重，与年份、地区、果园及树体间差异有关。花期温暖、潮湿，夏季忽干忽湿的地域或年份，发病重。春季阴湿，有利于病菌的繁殖和侵入。果园管理粗放、四周杂草很多，果树结果量大，有机肥不足，矿质营养不均衡，地势低洼，树冠郁闭，树势衰弱等，均有利于发病。

3. 贮运条件 采收后，果实发病轻重与贮藏条件密切相关。在0℃条件下贮藏，病害不能发展；在0℃以上时，随着贮藏温度的提高，发病逐渐加重，特别是达到10℃以上时，心腐率显著增多。此外，霉心病的发生轻重，与果型指数、果实硬度、果个大小等因素，也有一定关系。果型指数大，果实硬度高，发病较轻；中心果较边果发病重。

4. 套袋情况 套袋果霉心病明显高于不套袋果。

【防治方法】 苹果霉心病的防治，应采取生长期药剂防治和贮藏期控制贮藏条件相结合方法，才能收到较好的防治效果。

1. 生长期喷药预防病菌感染 在苹果生长期，应抓住以下三个关键喷药时期：

(1)**花芽开始露红期** 在苹果花芽开始露红期，结合防治苹果白粉病、套袋果黑点病和山楂叶螨，喷洒45%硫悬浮剂300～400倍液，或喷7.2%甲硫酮(果优宝)400～500倍液，以铲除树皮、干枯枝上产生的病菌分生孢子。

(2)**初花期** 在苹果初花期，喷洒对坐果率无影响的10%多氧霉素(宝丽安)1 500倍液。以杀灭在花器上的病菌。

(3)**幼果期** 在苹果落花后7～10天的苹果幼果期，结合防治果实轮纹病，喷洒50%多菌灵600倍液，或70%甲基托布津800倍液、80%代森锰锌(喷克、大生等)800倍液、40%福星(氟硅唑)8 000～10 000倍液、7.2%甲硫酮300～400倍液、70%多菌灵·乙磷铝混剂(70%多·乙)500～600倍液。

2. 改善贮藏条件 苹果采收后，立即放到15℃以下库内短期预贮。然后，放入气调冷库中贮藏。

3. 加强栽培管理 苹果采收后，清除苹果园内病果、落果和落叶，予以集中烧毁或深埋。过冬前，对苹果园进行冬翻。

加强肥水管理，合理修剪，改善树冠内通风透光条件。

4. 栽培抗病品种 选用萼心间组织较严密品种进行栽培。这是防治霉心病的基本途径。

（十五）苹果锈病

苹果锈病（彩图 1-17），又称苹果赤星病。苹果树受其危害，引起落叶、落果和嫩枝折断。我国各苹果产区均有发生。尤其是随着近些年城市绿化和荒山造林事业的发展，栽植了许多苹果锈病的中间寄主桧柏，所以该病在一些地区发生有明显上升趋势。本病除危害苹果树外，还危害沙果、海棠等苹果属植物。受害的中间（转主）寄主树，除桧柏外，还有龙柏、高塔柏、柱柏、翠柏、新疆圆柏、欧洲刺柏、希腊桧和矮桧等。

【症状诊断】 苹果锈病危害苹果幼叶、叶柄、新梢、幼果和果柄等绿色幼嫩组织。叶片发病，开始在正面产生油亮的橘红色小圆点，直径为 1～2 毫米，之后扩大到 5～10 毫米，病斑中间较深，外围较淡，中央部位形成许多散生的橙黄色小粒点，为病菌的性孢子器，天气潮湿时，从中分泌出淡黄色黏液。黏液干燥后，性孢子器逐渐变为黑色。以后病斑正面凹陷，病部叶肉肥厚，较硬。病斑背面隆起，长出丛生的黄褐色毛状锈孢子器，内含大量的锈孢子。后期病斑变黑。一张叶片上的病斑少则 2～3 个，多则达 7～8 个。病斑多时，常引起病叶提早脱落。

叶柄、果柄和嫩枝发病后，病部为橙黄色，隆起呈纺锤形，上面形成性孢子器和锈孢子器。病斑后期凹陷，龟裂，常造成叶柄、果柄和嫩枝折断。

幼果发病后，多在萼洼附近形成直径 1 厘米左右的病斑，前期橙黄色，后期变成黑色，中间产生性孢子器，周围长出毛状的锈孢子器。病果往往提前脱落。

在转主寄主桧柏树上，危害小枝，秋季病部隆起，产生黄褐至暗褐色病斑，小枝发黄。翌年早春，在病枝一侧或环小枝形成球形或半球形瘤状菌瘿。不久，菌瘿表面突起，表皮破裂，露出深褐色舌状冬孢子角。冬孢子角遇雨后吸水膨大，胶化成橙黄色的花瓣状。

【病原菌鉴定】 苹果锈病的病原菌，为担子菌亚门真菌的山田胶锈菌(*Gymnosporangium yamadai* Miyabe)。该菌在苹果树上形成性孢子和锈孢子，在转主寄主桧柏树上形成冬孢子和担孢子。该病菌无夏孢子阶段。取苹果叶片，作徒手切片，在显微镜下观察，可以看到：病菌的性孢子器生于苹果病叶的表皮下，呈扁球形，孔口外露，内有大量性孢子。性孢子无色，单胞，纺锤形。锈孢子器细管状，长 5～8 毫米，直径为 0.4～0.5 毫米。在显微镜下观察，锈孢子器内有许多锈孢子。锈孢子为球形或多角形，单胞，栗褐色，表面具护膜细胞，有瘤状突起，大小为 19.2～25.6 微米×16.6～23.4 微米。冬孢子双胞，暗褐色，为长圆形、椭圆形或纺锤形，具长柄，分隔处略缢缩，大小为 32.6～53 微米×20.5～25.6 微米。冬孢子 2 个细胞各具 2 个发芽孔，萌发时生出具有 4 个细胞的圆筒状担子(先菌丝)，每胞再生出 1 个小梗(担孢子梗)，梗端着生 1 个担孢子。担孢子无色，单胞，卵形，大小为 13～16 微米×7.5～9 微米(图 15)。

苹果锈病菌冬孢子的发芽适温为 16℃～22℃，最高为 30℃，最低为 7℃。锈孢子发芽温度为 5℃～25℃，最适温为 20℃。担孢子形成的温度为 24℃以下。

【发病规律】 苹果锈病因缺少夏孢子，所以当年不能进行再侵染，每年只能完成 1 个世代。病菌以菌丝体在桧柏树上

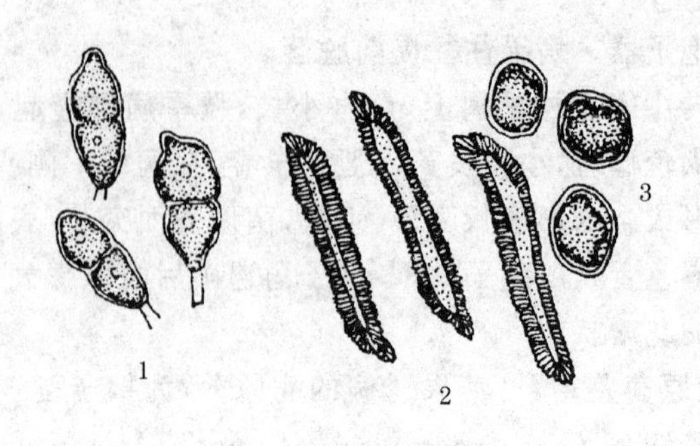

图 15　苹果锈病病菌

1. 冬孢子　2. 护膜细胞　3. 锈孢子

的病组织中越冬，还能以当年秋天传到桧柏树表面的锈孢子越冬。春天，菌丝在桧柏树上形成冬孢子角，孢子角内的胶质物质遇雨吸水膨胀，变成黄色胶体，内含的冬孢子萌发，产生大量担孢子。担孢子不能再侵染桧柏，而是随风传到苹果树上，侵害苹果树的叶片、叶柄、果柄、新梢和幼果等幼嫩组织，引起发病。担孢子的传播距离，一般为 2.5～5 千米，最远可达 50 千米。苹果幼嫩组织发病后，在受害部位再次先后形成性孢子和锈孢子。锈孢子在秋季又随风传到转主寄主桧柏上危害和越冬。春季再形成冬孢子和担孢子，再感染苹果树。如此周而复始，一年一年地造成危害。

苹果锈病的发生，除苹果园周围一定要有转主寄主桧柏外，其病害发生的轻重与春天的湿度关系很大。春季冬孢子萌发，除需要一定温度外，还必需有一定的降水量，冬孢子角才能胶化，冬孢子才能萌发，产生担孢子；同时，担孢子侵染苹果树也需要一定的雨水和湿度。因此，当春天苹果树幼嫩组织开始长出的开花前后，如果天气较温暖，气温在 17℃～20℃，雨水较多，达到 20 毫米以上时，冬孢子角可大量胶化，产生担孢子，落到苹果树上，进行大量侵染并发病。

在陕西省关中地区和黄河流域的苹果园，冬孢子角一般从3月上中旬开始伸出。4月中旬左右苹果展叶开花时，产生担孢子，开始侵染苹果树的幼嫩组织。5月中下旬开始出现病斑，6月中下旬开始形成锈孢子器。春季，当苹果的幼嫩组织老化时，同时田间的担孢子也已经很少，所以不能再被侵染。

在苹果品种中，富士、金冠、新红星、国光和倭锦等发病较重；红玉、祝光、黄魁和旭等发病很轻。

【防治方法】

1. 切断传染源 彻底伐掉果园周围5千米范围内的桧柏、龙柏等转主寄主树，切断病害的传染来源。这是防治苹果锈病的根本性措施。如不能伐除，可在苹果树发芽前往桧柏等转主寄主树上喷3～5波美度石硫合剂，消灭越冬病菌。

2. 药剂防治 在苹果树开花前和落花后，对苹果树各喷一次三唑类杀菌剂，如25%三唑酮（粉锈宁）1 500倍液，40%氟硅唑（福星）8 000倍液，12.5%稀唑醇2 000倍液，25%腈菌唑4 000倍液，也可以喷0.3～0.5波美度石硫合剂，70%甲基托布津800倍液等。

（十六）苹果花腐病

苹果花腐病，是陕西、河南、云南和四川等地的高海拔山地苹果园较常见的病害。在病害流行年份，苹果减产20%以上。除危害苹果外，还危害海棠、黄太平、沙果和山定子等苹果属果树。

【症状诊断】 苹果花腐病，危害苹果树的叶、花、幼果及嫩梢，其中以危害花和幼果的损失较大。叶片被害，于展叶后在叶片中脉两侧、叶缘等部位，出现褐色、浸润状、圆形或不规则形小斑点。扩大后，变成不规则形褐色病斑，并沿叶脉向下蔓延，直达病叶的叶柄基部，使叶片萎蔫下垂，腐烂。称为叶腐。当降雨或空气潮湿时，病斑上产生灰色霉状物，为病菌的分生孢子梗和分生孢子。当叶柄基部发病时，其上的菌丝又进一步蔓延到接触的花丛基部，使花丛基部发病、腐烂，使花蕾或花朵萎蔫，下垂。称为花腐。如果病菌从花器的柱头上侵入，达到胚囊，再经子房壁达到果面，当幼果长到豆粒大小，果面上即出现水浸状褐色病斑，并溢出茶褐色黏液，具有发酵气味，造成幼果果肉变褐腐烂，称为果腐。病果失水后变成僵果。叶腐、花腐、果腐继续蔓延到新梢上时，在新梢上产生褐色溃疡斑，病斑绕枝条一圈时，其上部枝条即枯死。称为枝腐。

【病原菌鉴定】 在苹果开花前，寻找潮湿树盘内的前一年落地病果，可在病果表面发现病菌菌核萌发形成的子囊盘。子囊盘为漏斗形，褐色或暗褐色，中央凹陷，直径为 3～7 毫米，下面有黑色菌柄，柄长 1～7 毫米。对子囊盘作纵向徒手切片，在显微镜下观察，可见子囊盘上形成圆筒状无色子囊，大小为 125～176 微米×6.9～9.6 微米，内含 8 个子囊孢子。子囊孢子无色，单胞，椭圆形，大小为 1.6～1.63 微米×4.8～6.7 微米。子囊间有侧丝。侧丝分枝很少，大小为 90～174 微米×3.8～5.1 微米。参考有关植物病原真菌鉴定工具书，可确认病菌属于子囊菌亚门真菌的苹果链核盘菌〔*Monilinia mali*（Takahashi）Wetze〕，为苹果花腐病病原菌的有性世代（图 16）。

用解剖针挑取或用解剖刀刮取病叶上的灰色霉状物，放在显微镜下观察，病菌的分生孢子梗丛生，三四枝为一丛，无色，不分枝或分枝一次。分生孢子梗上产生分生孢子。分生孢子有大型和小型两种。大型分生孢子柠檬形，链生，单胞，无色，大小为 8.1～20.5 微米×6.2～16.2 微米；小型分生孢子

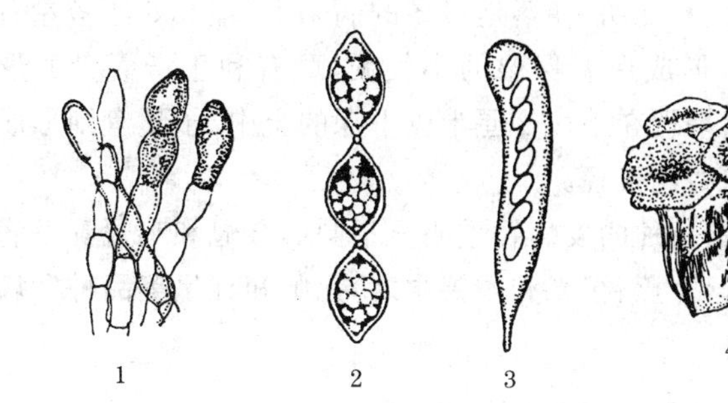

图 16　苹果花腐病病菌

1. 分生孢子梗　2. 分生孢子　3. 子囊　4. 子囊盘

球形，无色，单胞，大小为 1.5～3 微米。对照植物病原真菌鉴定工具书，病原菌为半知菌亚门真菌的苹果核盘菌（*Sclerotinia mali* Takahashi），系病菌的无性世代。

病菌菌丝的发育适温为 18℃～23℃，30℃以上时不能发育，8℃以下发育不良。

【发病规律】 苹果花腐病菌主要在落地病果中形成菌核越冬。翌年春天，从果树发芽前 10～15 天到开花前的 3～4 天，当土壤温度达到 2℃以上、湿度达到 30%以上时，萌发形成子囊盘和子囊孢子。子囊孢子随风传播，侵入叶片，经 6～7 天潜育期，形成叶腐和花腐。病叶上产生的分生孢子，由花的柱头侵入，经 9～10 天潜育期，形成果腐。病果失水干枯后落地，在病果中形成菌核越冬，成为下一年的侵染源。

子囊盘的形成和子囊孢子的产生，要求从苹果树发芽至展叶期，有适宜的温度和湿度，尤其是湿度。此期如果有较多雨水，且温度较高，则容易形成子囊盘和子囊孢子，有利于叶腐的大发生。花期如低温多雨，易造成花期延长和有利于产生分生孢子，故可增加病菌对柱头的侵染时间和数量，有利于果腐的发生。试验证明，在落地过冬的病果上，埋0.5厘米左右厚的落叶层，形成保温保湿的小气候，可有利于子囊盘的形成。如果将病果埋在地表2厘米以下深的土中，子囊盘则形成很少，树上发病也很轻。

不同苹果品种的发病轻重明显不同。金冠和鸡冠等发病较重，国光、青香蕉、祝光和倭锦次之，元帅和红星等品种发病很轻。

【防治方法】

1. 清除病源 秋后或早春翻耕果园土壤，将落地果翻入地表2厘米以下土中，减少病果形成子囊盘。对发病重的果园，在果树发芽前于树盘内喷洒五氯酚钠100～200倍液，防止产生子囊盘和子囊孢子。发现叶腐或花腐，应及时将叶片或花朵摘除，予以深埋，防止形成分生孢子传染苹果花柱头。

2. 喷药保护 在发芽至开花前，对苹果树上喷1～2次0.5波美度石硫合剂，或50%多菌灵800倍液、65%代森锰锌500倍液。对病重果园，也可在花期喷70%甲基托布津1 000倍液或50%多菌灵800倍液，防治果腐。

3. 加强栽培管理 要增施有机肥，剪除树上的郁闭枝。发病重的地区，在新建园时应注意选用抗病品种。

（十七）苹果褐腐病

苹果褐腐病，是果实成熟期和贮藏期常见的病害。各苹果产区均有发生，其中以秋雨较多的地区和年份，发病较重。此病除危害苹果外，还能危害梨和核果类果树。

【症状诊断】 苹果褐腐病仅危害苹果果实。果实在近成熟期开始发病，在果面上多以伤口为中心，形成褐色浸渍状腐烂病斑。随着病斑的扩大，以病斑为中心，开始长出绒球状菌丝团。菌丝团黄褐色至灰褐色，一圈一圈地呈轮纹状排列。菌丝团上覆盖粉状物，为病菌的子实体。在条件适宜时，病斑很快扩展至全部果面，造成腐烂。病果质地较硬，具有弹性，略带土腥味。病果失水后，表面皱缩，变成黑色僵果。果实在贮藏期发病时，因见不到阳光，故病果表面不长出绒球状子实体。

【病原菌鉴定】 苹果褐腐病菌的有性世代，在自然界一般很少发生。其为子囊菌亚门真菌的寄生链核盘菌〔*Monilinia fructigena* (Aderh. et Ruhl.) Honey〕。子囊盘由僵果上的假菌核长出，为漏斗状或盘状，平滑，灰褐色。具侧丝，直径为2.5微米。子囊圆筒形，大小为121～188微米×7.5～11.8微米。子囊孢子无色，椭圆形，两端钝圆，大小为7～19微米×4.5～8.5微米。

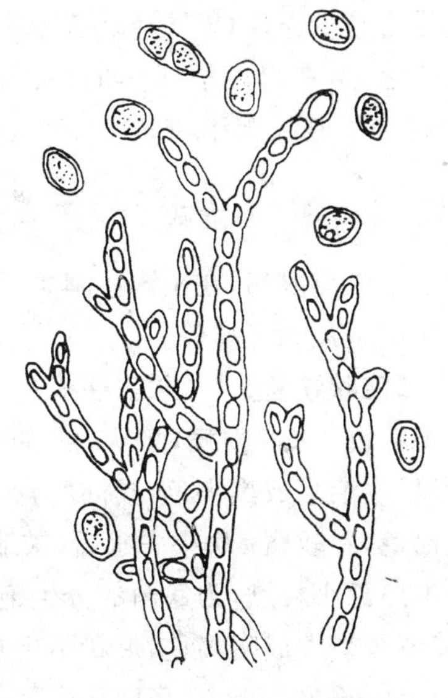

图17 苹果褐腐病病菌分生孢子梗及分生孢子

取病果上绒球状子实体，作徒手切片，在显微镜下观察。可见病菌的分生孢子梗，生长在垫状子实体上，为丝状，无色，大小为60～125微米×6～8微米。分生孢子单胞，无色，椭圆形，念珠状，串生，大小为11～31微米×8.5～17微米。查对植物病原菌真菌鉴定工具书，病菌为半知菌亚门真菌的仁果褐腐丛梗孢菌(*Monilia fractgena*pers.)(图17)。

病菌生育温度为1℃～

30℃，适温为25℃。子囊盘形成需要的时间很长，在田间需要两个冬季才能形成。

【发病规律】 苹果褐腐病病菌在病僵果中越冬，第二年产生分生孢子，随风雨传播，经伤口和皮孔侵入果实，在果实近成熟期和贮藏期发病。贮藏期病果上的病菌可侵害相邻果实，使其发病。

秋季多雨、高温时，发病较重。

【防治方法】

第一，清除树上、树下的病僵果，予以集中深埋，以减少菌源。

第二，防止果实裂口及其他病虫伤。采收、运输和贮藏时，应尽量减少伤口，以防止病菌侵染。

第三，在果实近成熟期，喷50%多菌灵600～800倍液，或70%甲基托布津800～1 000倍液。

（十八）苹果黑腐病

苹果黑腐病，在国内各苹果产区发生很少，危害较轻。此病还危害梨和榅桲等。

【症状诊断】 苹果黑腐病危害果实、枝条和叶片，以果实受害较重。果实发病，多从萼洼部位开始。初期产生红褐色小病斑，逐渐变成黑褐色，具同心轮纹。病斑扩大后，可使全果变成褐色，并软腐。病果失水后，皱缩，变成黑色僵果。其果皮下密生黑色小粒点，为病菌的分生孢子器。枝上病斑红褐色，湿润，不久扩大成暗褐色，形状不规整。以后干缩，凹陷，周围开裂，上面长出小黑点（病菌分生孢子器）。叶片发病，初期产生褐色近圆形病斑，扩大到4～5毫米时，病健部分界处出现微隆起的线纹，边缘褐色，中间暗灰色，上生许多小黑点，此亦为病菌分生孢子器。

【病原菌鉴定】 苹果黑腐病菌的有性世代，为子囊菌亚门真菌的仁果囊壳孢〔*Physalospora obtusa* (schw.) Cooke〕。在田间很少见。其子囊壳为黑色，球形，具乳突状孔口，大小为300～400微米×180～320微米。子囊无色，棒状，大小为130～180微米×21～32微米，内有2～8个子囊孢子。子囊孢子无色或黄褐色，单胞，椭圆形，大小为23～24微米×10～15微米(图18)。

对病组织上的分生孢子器，作徒手切片，在显微镜下观察，可见病菌的分生孢子器为卵圆形，黑色，直径为100～200微米。分生孢子暗褐色，卵形，单胞，大小为20～30微米×10～14微米。病菌为半知菌亚门的仁果球壳菌(*Sphaeropsis malorum*)(图18)。

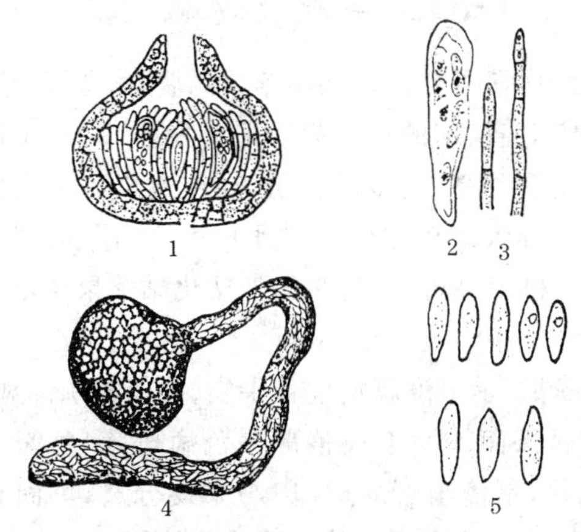

图18　苹果黑腐病病菌

1. 子囊壳　2. 子囊及子囊孢子　3. 侧丝

4. 分生孢子器正在吐出分生孢子　5. 分生孢子

病菌分生孢子的萌发温度为16℃～32℃，相对湿度在96%以上。

【发病规律】 黑腐病的病菌，以菌丝和分生孢子器在病果、病枝和病落叶上越冬。翌年春季，苹果芽开裂前后，病菌产生分生孢子，随雨水飞溅传播，经气孔、伤口侵入。果实被侵染后在近成熟期开始发病；枝梢被侵染，多在极度衰弱情况下发病。不同品种的发病情况有差异。金冠品种较抗病，红玉、旭、瑞光和醇露等品种较感病。

【防治方法】

第一，清除病枯枝和病僵果，予以烧掉。并及时剪除或回缩细弱枝。

第二，结合防治其他烂果病，在生长期喷药，进行兼治。

（十九）苹果疫腐病

苹果疫腐病（彩图1-18），又称苹果颈腐病。近些年，在山东、北京和辽宁等省、市的一些果园时有发生，对果实造成较大危害，尤其是夏季高温、多雨年份，往往造成大量烂果和树干根颈部腐烂，导致幼树和矮化树死亡。该病除危害苹果树外，还危害梨和桃等果树。该病在国外矮化砧苹果树上发病也比较普遍。

【症状诊断】 苹果疫腐病危害果实、树体根颈部和叶片。

果实发病，果面产生不规整形褐色病斑，颜色深浅不均匀，边缘水渍状，不清晰，部分果肉与果皮分离，里面充有空气，外表似白蜡状。此为该病的重要症状特征。果肉变褐，皮下空隙处有白色绵毛状菌丝体。温度适宜时，迅速烂及全果，病果呈皮球状，果形不变，有弹性。最后失水干缩。病果易脱落，很少挂在树上。

苗木及矮化砧大树发病，根颈部嫁接口附近树皮呈暗褐色，湿腐，质地较硬，形状不规整，病斑可局部或全部烂到木质部。木质部浅层变褐。病斑上部枝条发育较迟，叶片小，色淡，秋天叶色早红，具紫色，提早落叶，树势明显削弱。如病斑环绕树干一圈，全树叶片萎蔫，树体干枯死亡。

叶片发病，产生不规则形病斑。病斑为灰色至暗灰色，水渍状，天气潮湿时，扩展迅速，造成全叶腐烂。

【病原菌鉴定】 苹果疫腐病的病原菌，为鞭毛菌亚门真菌的恶疫霉〔*Phytophthora cactorum* (Lebert et cohn) Schrot〕、〔*Phytophthora cambivora* (Petri) Buisman〕。无性阶段产生游动孢子和厚垣孢子，有性阶段产生卵孢子。游动孢子囊为椭圆形至卵形，大小为 33～45 微米×24～33 微米，具明显乳突状突起。游动孢子囊可形成游动孢子或直接产生芽管。每个游动孢子囊可产生 17～18 个游动孢子(图 19)。菌丝可形成厚垣孢子。有性世代形成的藏卵器，为球形至卵圆形，直径为 20～30 微米。雄器侧位，大小为 10～16 微米×8～13 微米。

病菌发育的最适温度为 25℃，最低为 2℃，最高为 32℃。

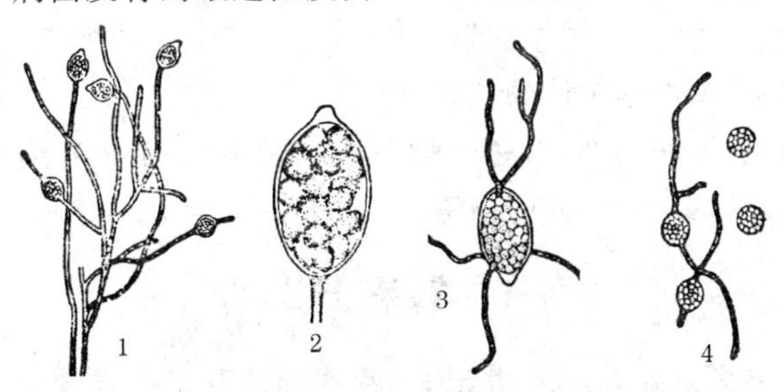

图 19　苹果疫腐病病菌

1. 孢子囊　2. 孢子囊放大

3. 静孢子及其萌发　4. 孢子囊直接萌发

游动孢子囊发芽温度为5℃～15℃，最适温度为10℃左右。

【发病规律】 苹果疫腐病病菌，以卵孢子、厚垣孢子或菌丝状态，随病组织在土壤中越冬。在降雨或有灌溉水时，形成游动孢子囊，产生游动孢子，随水流或雨滴飞溅传播和侵染。果实在整个生育期均能被侵染。降雨多和雨后高温高湿年份发病重。地势低洼、生长期果园积水时间较长及串通灌水果园，发病重。在苹果品种中，红星、金冠和印度等品种发病较重，富士、国光和乔纳金等品种发病较轻。矮化砧比乔化砧易发生颈腐（根颈部疫病）病。在矮化砧苹果中，MM106、MM102易感病，M26、M9和M27较抗病。

【防治方法】

第一，及时摘除病果和病叶，予以集中销毁。及时排除果园内的积水。疏除树上的过密枝条，改善通风透光条件。特别是及时回缩接近地面的下垂枝，对防止地面雨滴飞溅所造成的病菌感染，更为重要。

第二，根颈部发病时，刮除病皮，然后涂抹90%三乙膦酸铝100倍液，或25%甲霜灵80～100倍液。春天扒开根颈部土壤，晾晒病部。1周左右后，再用无病土与草木灰拌匀，将扒开处填平，可增强树体的抗病性。

第三，发病初期，对树上喷90%三乙膦酸铝700倍液，或58%甲霜锰锌400～600倍液。

（二十）苹果黑点病

苹果黑点病，是20世纪90年代国内苹果上发现的一种新病害，在甘肃、陕西、山西等省的部分苹果园发生。该病主要在苹果果实皮孔部位形成浅层小黑点，影响苹果外观和经济价值。目前，在少数地区有加重的趋势。此病除危害苹果外，还危害海棠和花红等果树。

【症状诊断】 在果实的萼洼周围或果实胴部，以皮孔为中心，产生深褐色至黑褐色小斑点，有的似针尖大小，有的直径可达 5 毫米左右。斑点周围果皮为深绿色。后期病斑扩大成不规整形，多为 1～6 毫米大小，微凹陷，深入到浅层果肉。果肉稍有苦味，周围有红色晕圈，与苹果痘斑病相似。病斑上长出的小黑点，为病菌的分生孢子座或菌丝结。在果实成熟期和贮藏期，形成分生孢子器。叶片发病，在叶面上产生圆形或近圆形褐色斑点，后期上面长出黑色小粒点。

【病原菌鉴定】 切取果皮成熟病组织，对果皮上的小黑点作徒手切片，在显微镜下观察。可见病菌的分生孢子盘呈铺展状，无包被。分生孢子梗较粗，直径为 2.5 微米，有隔，整齐排列在分生孢子盘上，芽生分生孢子。分生孢子线状，略弯曲，有0～4 个分隔膜，大小为 1.5～9.0 微米×1.8～2.2 微米，无色。病菌为半知菌亚门真菌的苹果柱盘孢霉(*Cylindrosporium pomi* Brooks)。在苹果黑点病菌的徒手切片中，还可见到病菌无性世代的另一种形态:分生孢子器近球形，有一孔口，器壁革质至炭质，黑色，直径为 80.6～107.5 微米。分生孢子为卵圆形，两端各有 1 个油球，大小为5.1～8.6 微米×1.5～2.1 微米。为半知菌亚门的苹果茎点菌(*Phoma pomi* pass.)。在上述两种病菌中，以苹果柱盘孢霉为主。

在越冬的病叶上，对病组织的小黑点作徒手切片，在显微镜下观察。可见病菌子座大小为70～100 微米，子囊大小为40～66 微米×8～10 微米，无侧丝，子囊孢子大小为 19 微米×3.5 微米(图 20)。病菌的有性世代，属子囊菌亚门真菌的苹果斑点小球壳菌〔*Mycosphaerella pomi* (pass.) Walton et Ortom〕。

苹果柱盘孢菌在 PDA(马铃薯、蔗糖、洋菜等)培养基上，

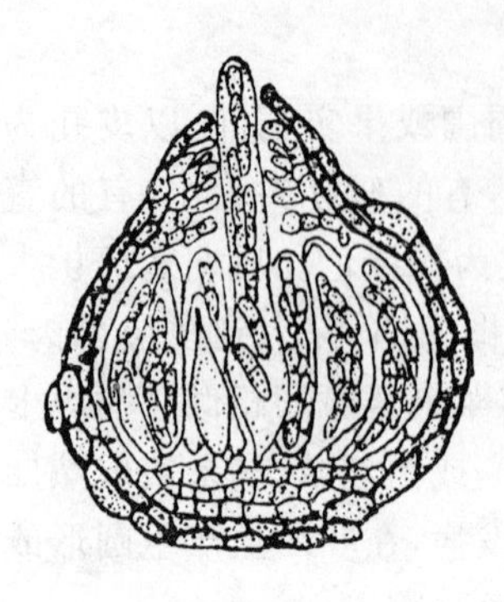

图 20　苹果黑点病病菌子囊壳及子囊

菌落为灰色至黑灰色，质致密，较硬，中央隆起，边缘光滑清晰，气生菌丝灰色，量少。后期菌落表面出现皱褶状，具黏性分生孢子堆，菌落黑色，为革质，生长极慢。培养 10 天，菌落直径仅为 1.5 厘米左右。培养 10～15 天，开始产生分生孢子盘和分生孢子。在 CMA（玉米）培养基上，产生孢子较多。

苹果茎点菌在 PDA 培养基上的菌落，呈鼠灰色，质密，气生菌丝稀疏，为灰白色。菌落生长缓慢，10 天菌落直径约 1.6 厘米。10～15 天菌落边缘开始形成分生孢子器。

苹果柱盘孢菌丝的生长适温为 20℃～25℃，pH 值为 5～7，相对湿度在 98%以上时萌发较好。在蒸馏水中的萌发率可达 70%，在葡萄糖液中可提高发芽率。在玉米粉和燕麦培养基上，产孢量大。

【发病规律】 苹果黑点病菌在病果和病落叶上越冬。翌年春天产生子囊孢子和分生孢子，进行初侵染。落花后 10～30 天的幼果，易被侵染，其潜育期为 40～50 天。7 月上旬左右，田间植株开始发病。发病轻重与 7 月份的降雨多少有关。在主栽品种中，金冠和富士发病重，其次为元帅系品种，国光品种发病较轻。

【防治方法】

第一，及时清除病果，将其埋掉，以减少侵染来源。

第二，苹果落花后，结合防治果实轮纹病，进行喷药，予以兼治。

（二十一）苹果煤污病

苹果煤污病，在苹果果面形成煤污斑，影响果实外观和商品价值。此病在各苹果产区均有发生。除危害苹果外，还危害其他多种果树和林木。

【症状诊断】 在苹果生长后期，果面上产生灰褐色至黑褐色污斑，常沿雨水下流方向扩大，形状不规整，为煤污状。仅限于果皮，不深入果肉，用手蘸小苏打水容易擦掉。发生严重时，可布满大部分果面，重者似煤球。此病除危害果实外，还危害枝条和叶片，使表面附着一层煤污状物，形状不规整，影响光合作用。

【病原菌鉴定】 刮取病部煤污物，在显微镜下观察，可发现其病菌菌丝表生，在果面上形成黑色薄膜。上面的小黑点为病菌的分生孢子器，为半球形，直径为 70～100 微米，高 20～40 微米。分生孢子圆筒形，直或稍弯曲，无色，成熟时双胞，壁厚，两端尖，大小为 10～12 微米×2～3 微米。为半知菌亚门真菌的仁果黏壳孢〔*Gloeodes pomigena*（Schw.）Colby〕。

【发病规律】 病菌在苹果树的芽、果台和枝条上越冬。翌年病菌的菌丝和孢子借风雨和昆虫传播。果皮表面有糖分渗出时，在果面腐生。黄河故道地区苹果园，6 月下旬即可发生；北京地区苹果园，7 月中旬以后发病迅速。夏秋季降雨多，树冠郁闭、通风透光不良，果园杂草高，湿度大时，发病较重。

【防治方法】

第一，合理修剪，保持树冠和果园通风透光。夏、秋季果园积水时，要及时排除。果园内生草高时，要及时刈割，用以覆盖树盘。

第二，夏季多雨时，结合防治果实轮纹病和褐斑病，喷药兼治本病，或喷 100～200 倍石灰乳液。

（二十二）苹果蝇粪病

苹果蝇粪病，在苹果表面形成一片一片蝇粪状小黑点，影响果实外观，降低果实商品价值。在各苹果产区均有发生。

【症状诊断】 苹果近成熟期和成熟期，果皮表面产生一片一片分散的小黑点，黑点稍隆起，发亮，不深入果肉，仅限于果皮表面，用手不容易擦掉。

【病原菌鉴定】 病原菌的分生孢子器，为圆形、半圆形或椭圆形，器壁细胞略呈放射状。器壁组成细胞呈放射状。未见形成真正的分生孢子。为半知菌亚门真菌的仁果蝇粪菌（*Leptothyrium pomi* Sacc）。

【发病规律】 病菌在苹果芽、果台和枝条上越冬。第二年春天后期，病菌在菌丛中形成分生孢子器，产生分生孢子，借雨水传播，侵染为害。

果实生长的中后期，高温，高湿，多雨及果园郁闭，通风不良，容易发生此病。

【防治方法】 对苹果蝇粪病的防治，可以参考煤污病的防治方法进行。

（二十三）苹果轮斑病

苹果轮斑病，又称苹果大星病，主要危害苹果叶片。在各苹果产区均有发生，一般危害不重。

【症状诊断】 苹果轮斑病多发生在叶片边缘，也有的发生在叶片中脉附近。发病初期，在叶片上形成褐色小斑点，后逐渐扩大成半圆形或椭圆形病斑。病斑褐色至暗褐色，上具深浅相间的轮纹，边缘整齐。大病斑的直径为 0.5～1.5 厘米。常数斑融合成不规整形，扩及大半张叶片时，可造成叶片焦枯。天气潮湿时，病斑背面产生墨绿色霉状物。此为病原菌的分生孢子梗和分生孢子。

【病原菌鉴定】 从叶片病斑背面，用解剖刀刮取墨绿色霉状物，放到显微镜下观察，可见病菌的分生孢子梗成束从叶片气孔中伸出。分生孢子梗为暗褐色，弯曲，多胞，大小为16.8～65.0微米×4.8～5.2微米。分生孢子短棍棒状，单生或链生，为暗褐色，有2～5个横隔，1～3个纵隔，大小为36.0～46.0微米×9.0～13.7微米。为半知菌亚门真菌的苹果链格孢菌（*Alternaria mali* Rob.），也就是苹果斑点落叶病菌的原始株型（图21）。

【发病规律】 病菌以菌丝形态在病叶中过冬。翌年春天，开始产生分生孢子，随风雨传播，从叶片的雹伤、风磨伤、虫伤、日灼伤、药害及其他伤口侵入。北方果区在6～9月份发病，以7～8月份暴风雨较多时易发生。在河南省西部苹果区，5月上旬至10月份均可发生，夏季高温多雨时发生重。各地均在叶片受雹伤后和暴风雨后，发病较多。

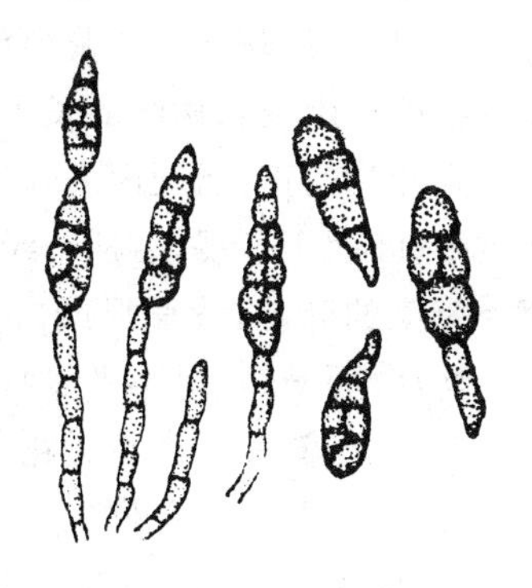

图21 苹果轮斑病病菌分生孢子梗和分生孢子

【防治方法】 对苹果轮斑病，可结合防治斑点落叶病和褐斑病，进行兼治。

（二十四）苹果白粉病

苹果白粉病（彩图 1-19），分布很广，世界各苹果产区均有发生。我国的陕西、甘肃及西南苹果产区发病较重，春季新梢感病率有时高达 50%，造成许多新梢枯死。该病还危害梨、榅桲等果树。

【症状诊断】 苹果白粉病可危害叶片、新梢、花朵、幼果和休眠芽。

受害的休眠芽外形瘦长，顶端尖细，芽鳞松散，有时不能合拢。病芽表面茸毛较少，呈灰褐色至暗褐色。受害严重时，干枯死亡。春季病芽萌发后，叶丛较正常的细弱，生长迟缓，不易展开，长出的新叶略带紫褐色，皱缩畸形，叶背有疏散白粉。随着新梢的生长和病叶的长大，叶背面的白粉层更为明显，并蔓延到叶片的正、反两面。同时，病叶较健叶狭长，叶缘常有波状皱褶，叶面不平展，后期叶缘往往焦枯坏死，成黄褐色。生长期受感染的叶片，背面形成白粉状斑块，叶片正面色发黄，深浅不均，叶面皱缩，呈不平展状态。

花芽受害，严重者春天花蕾不能开放，萎缩枯死。受害轻的能开花，但萼片和花梗成为畸形，花瓣狭长，色淡绿。受害花的雌、雄蕊失去作用，不能授粉坐果，最后干枯死亡。

新梢感病后，病部表层覆盖一层白粉，节间短，长势细弱，生长缓慢。以后病梢上的叶片大多干枯脱落，仅留下顶部的少数幼嫩新叶。受害严重时，病梢部位变褐枯死。初夏以后，白粉层脱落，病梢表面显出银灰色。有些年份和地区，病梢的叶腋、叶柄和叶背主脉附近，产生蝇粪状小黑点。此为病菌的闭囊壳。

果实发病，多从幼果期开始，在萼洼或梗洼部位产生白色粉斑，不久变成不规整网状锈斑。病斑表皮硬化，后期可形成裂纹或裂口。

【病原菌鉴定】 用解剖刀刮取病部表面白粉层，放在显微镜下观察，可见到白粉病菌在寄主表面寄生，菌丝、分生孢子梗和分生孢子，在病部表面形成白粉层。菌丝无色透明，多分枝，直径为2.5～5.0微米。分生孢子梗棍棒形，大小为20.0～62.5微米×2.0～5.0微米。分生孢子串生在孢子梗上，无色，单胞，卵圆形或近圆筒形，大小为20.0～31.0微米×10.5～17.0微米(图22)。吸器近球形，大小为10.0～17.5微米×7.5～10.0微米。为病菌的无性世代，属半知菌亚门真菌的苹果粉孢霉(*Oidium* sp.)。

用解剖针挑取夏、秋季新梢病部球状小黑点，放到载玻片的蒸馏水滴中，用盖玻片将其压碎，在显微镜下观察。可见病菌的闭囊壳为球形或近球形，壳壁由多角形厚壁细胞组成，呈黄褐色至暗褐色，颜色随成熟度而加深。闭囊壳大小为75～100微米×70～100微米。附属丝有两种：一种生在壳的基部，较短，呈丛状；另一种生在壳的上部，无色或为浅褐色，较长，分散，具隔膜。附属丝多数不分叉，少数呈二歧状分叉，大小为100～550微米×6～10微米。子囊壳内单生子囊。子囊为圆形至近圆形，无色，大小为42.5～75.0微米×37.5～55.5微米。内含8个子囊孢子，呈不规则排列。子囊孢子单胞，无色，卵形至近球形，大小为22～26微米×12～14微米。为子囊菌亚门的苹果叉丝单囊壳菌〔*Podosphaera leucotricha* (Ell. et EV) Salm〕，是苹果白粉病的有性世代。

苹果白粉病菌分生孢子的侵入最适温度为21℃左右，最适相对湿度为100%。用分生孢子接种，在温度为13℃～25℃、相对湿度为100%的条件下，45小时即可侵染叶片。

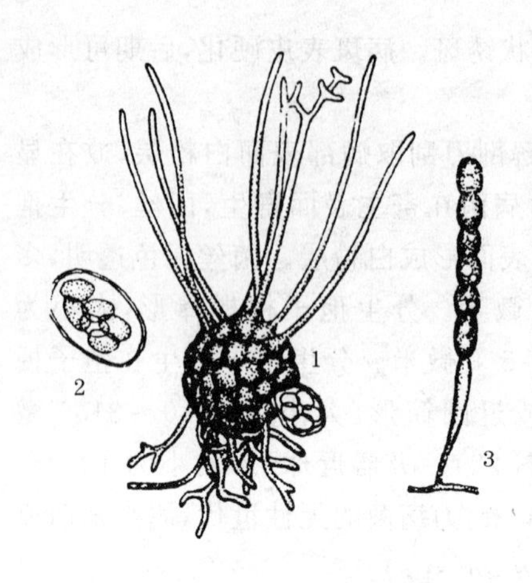

图 22　苹果白粉病病菌

1. 闭囊壳　2. 子囊　3. 分生孢子

【发病规律】 苹果白粉病菌以休眠菌丝，在芽的鳞片间或鳞片内越冬。枝条的顶芽带菌率明显高于侧芽，第一侧芽又高于第二侧芽，至第四侧芽往下的芽，基本不再受害。秋梢的带菌率明显高于春梢。短果枝、中果枝和发育枝的带菌率，依次递减。在芽的形成过程中，病菌通过病叶及病梢上的菌丝和分生孢子，在芽的外部鳞片未合拢包封之前，侵入芽内。在陕西关中地区，从 4 月份至 9 月上旬，芽陆续遭受侵染，其中以 5 月下旬至 6 月上旬侵染最多。

苹果白粉病菌的分生孢子，在 33℃以上时即失去生活能力；在 1℃干燥条件下，只能存活 2 周。因此，分生孢子不能越夏和越冬。夏季形成的闭囊壳，6 月下旬即开始成熟，并产生子囊孢子，但用成熟的子囊孢子接种，均未成功。因此，病菌的子囊孢子在侵染中，可能不起作用，而潜伏于芽鳞中的越冬休眠菌丝，在侵染中起主要作用。

春天，在芽鳞中越冬的菌丝，随着嫩芽的抽生和生长，而迅速蔓延为害，形成分生孢子，随风传播，再侵染嫩叶、幼果和嫩芽。在 20℃左右时，病害的潜育期为 3～6 天，其所需的平均有效积温为 97.5℃。白粉病每年春、秋季有两次发病高峰。夏季，因高温而暂停发病。春季温暖干旱，有利于前期发病；夏季凉爽，秋季晴朗，有利于后期发病。栽植密度大，树冠郁闭，通风透光不良，偏施氮肥，枝条纤弱的果园，发病重。修剪时枝条不打头，长放，保留大量越冬病芽的，发病重。品种与发病关系密切，老品种倭锦、红玉、柳玉、国光和金冠等发病重；元帅、新红星和秦冠等发病轻。品种的抗病性高低，与叶片表皮细胞壁厚度及角质层厚度无关，而与叶片中的多酚氧化酶活性成正相关，与过氧化氢酶活性成负相关。感病品种叶片中总含氮量比抗病品种的高，而非蛋白氮的含量则较低。

【防治方法】

1. 清除病源 冬剪时，尽量剪除病芽和病梢，减少越冬菌源。在花芽现蕾期，结合复剪，剪除病叶丛，带出园外烧掉。

2. 加强栽培管理 合理密植，疏除树冠内的过密枝。多施有机肥和磷、钾肥，避免偏施氮肥，增强苹果树的抗病能力。及时回缩、更新下垂枝和细弱延长枝，保持树体健壮。

3. 药剂防治 苹果花芽露出1厘米左右长，即嫩叶尚没展开时，喷洒45%硫悬浮剂200倍液，或15%三唑酮1 500倍液。落花70%时和落花后10天时，再喷一次15%三唑酮1 500倍液，或12.5%烯唑醇2 000～2 500倍液，6%氯苯嘧啶醇(乐必耕)1 000～1 500倍液，40%氟硅唑(福星)8 000倍液、70%甲基托布津800倍液，0.3～0.5波美度石硫合剂等药液。

(二十五)苹果黑星病

苹果黑星病(彩图1-20)，在国内主要发生在陕西、新疆、云南和四川的局部苹果产地，在黑龙江、吉林省的部分小苹果园，也有发生。其中新疆的伊犁、陕西渭北的礼泉和乾县，有的年份发生较重，对当地苹果业生产造成一定的损失。此病为我国苹果检疫对象，应加强检疫工作，以防扩大蔓延。此病在欧美各国和日本的苹果产地，是主要防治对象，我国在进行苹果引种时，应予以注意。

【症状诊断】 苹果黑星病，主要危害叶片和果实。叶片发病，在叶片正面或背面，出现淡褐色放射状小病斑，扩大后逐渐变为黑色，上面有绒毛状黑色霉层，呈圆形或放射状，直径为3～6毫米。嫩叶上病斑多呈放射状或羽毛状，霉层不明显。后期叶片病斑向上突起，中央变成灰色或灰黑色。

叶柄发病，形成梭形或长条形病斑，上覆黑色霉层，病叶容易提早脱落。

果实早期发病，多在果肩或胴部产生黄绿色小斑点，后变成黑褐色或黑色病斑，呈圆形或椭圆形，表面有黑色霉层。随着果实的增大，病部因停止生长而变为凹陷、龟裂状。病果凸凹不平，成为畸形果。后期，病斑上面常有土红色粉红菌和浅粉红色镰刀菌腐生。后期新感染的病斑，因果面不再增大，所以病斑不凹陷，上面覆一层放射状黑色霉层。

嫩梢发病，产生黑褐色长椭圆形病斑，在感病品种上有时成肿包状。

花器发病，萼片尖端的病斑为灰色，花瓣褪色，花梗变黑，发病一圈时，造成花或幼果脱落。

【病原菌鉴定】 在春天开花前的潮湿树盘内，寻找黑星病叶上长出的小黑点（子囊壳），用自来水冲洗掉叶表灰土及附着物，对小黑点作徒手切片，放在显微镜下观察，可见病菌的子囊壳为球形，暗褐色，成熟后顶部突破表皮，露出孔口，孔口周缘有刚毛，里面有子囊。每个子囊壳可产生50～100个子囊，多者可达240个。子囊无色，圆筒形，大小为55～75微米×6～12微米，具短柄。子囊内有8个子囊孢子。子囊孢子卵圆形，有1个隔膜，分隔处缢缩。上胞较小，顶部较尖；下胞较大，成熟时为青褐色。大小为11～15微米×5～7微米(图23)。为子囊菌亚门真菌的苹果黑星菌〔*Venturia inaegualis* (Cook.) Wint.〕，是苹果黑星病菌的有性世代。

用解剖针挑取黑星病斑上的黑色霉层，放到载玻片的蒸馏水中，盖上盖玻片，在显微镜下观察，可见病菌的分生孢子梗丛生于子座上，短而直，不分枝，暗褐色，单胞，少数有分隔，大小为56～60微米×5～5.5微米。分生孢子单生，暗褐色，纺锤形，单胞，有时有分隔，大小为12.7～22.7微米×6.8～9.5微米(图23)。为半知菌亚门真菌的树状黑星孢菌〔*Fusicladium dendriticum* (Wallr.) Fuck.〕，是苹果黑星病菌的无性世代。

温度为20℃、pH值为4.5～5.8时，最适苹果黑星病菌生长。子囊壳发育温度为13℃，子囊孢子成熟温度为10℃～24℃，最适温度为20℃。分生孢子萌发适温为22℃。子囊孢子萌发适温为15℃～21℃，侵染最适温度为19℃。病菌有生理分化现象，不同地区、不同苹果品种上的主要致病菌类型，可能不同。

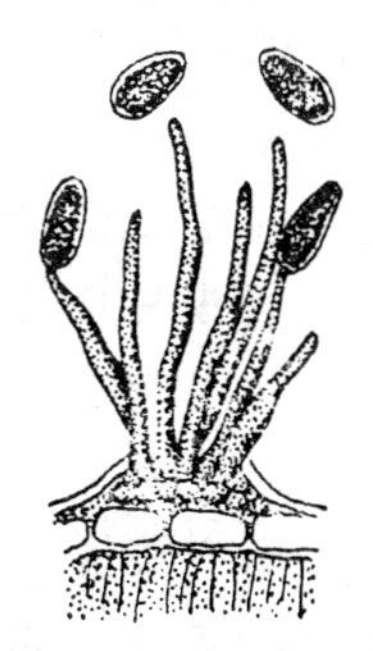

图23　苹果黑星病病菌分生孢子梗及分生孢子

【发病规律】　苹果黑星病菌，多以子囊壳在落地病叶中越冬。翌年春天，子囊孢子成熟，降雨后从子囊壳中弹射出来，随风雨传播，成为当年的初侵染源。苹果树发病后，病斑上产生分生孢子，不断进行再侵染。病菌的潜育期为9～14天，叶片和果实上的病斑，15天左右后可产生分生孢子。在辽宁省沈阳地区，苹果树一般从5月下旬开始发病，6 月下旬至 7 月上旬为发病盛期，9 月下旬发病停止。果实从膨大期开始发病，膨大后期发病最重，成熟期发病较少。在陕西渭北地区，6～7 月份是发病盛期。每年的发病早晚和轻重，与降雨多少和早晚密切相关。降雨早、雨量大的年份发病重。特别是 5～6 月份的降雨量，是决定病害流行的重要原因。一般此期间降雨量达到 140 毫米以上时，将是苹果黑星病的大发生年；降雨量在 80 毫米以下，将是苹果黑星病的轻发生年。

不同的苹果品种，发生黑星病的情况有明显的差别。富士和国光品种较感病；金冠和新红星品种较抗病。试验证明，大苹果和小苹果上的黑星病，可相互交叉感染。

【防治方法】

1. 加强检疫 因苹果黑星病仅在我国局部果区发生，所以做好黑星病的分布调查和划定疫区工作，十分重要。严禁从疫区调运苗木和接穗，以防病区扩大蔓延。

2. 减少侵染源 苹果树落花后，及时清扫园内落叶，收集病果，予以集中烧掉。早春子囊孢子散发前，用 10%硫酸铵水液喷洒树盘，杀死树下病菌。

3. 药剂防治 从苹果落花后到春梢停止生长的时期，对树上喷洒 50%多菌灵 600～700 倍液，或 70%甲基托布津 800～1 000 倍液，15%粉锈宁 1 000～2 000 倍液、40%氟硅唑（福星）8 000 倍液、12.5%烯唑醇 2 000 倍液。在中后期，可用以与 1∶2.5～3∶200～240 倍式波尔多液交替使用。

（二十六）苹果树银叶病

苹果树银叶病（彩图 1-21），危害叶片和枝干，造成树势衰弱和死树。在河南、安徽和江苏等省局部果区发生。20 世纪

60～70 年代，曾是当地苹果树的重要防治对象，重病树经 2～3 年即会死亡。此病还危害梨、桃、李、杏、樱桃和枣等果树。

【症状诊断】 苹果树银叶病，主要表现在叶片和枝干上。侵入到树体的菌丝在树干的木质部中生长蔓延，并分泌一种毒素，沿木质部的导管进入到叶片中，使叶片表皮和叶肉组织分离，其间隙充满空气。在光线的反射作用下，该病表现出两种症状：一种是典型银叶，其叶片如同蒙上一层银灰色薄膜，带有光泽，叶片小而脆，用手轻捻，叶肉与表皮容易分离，表皮破裂卷缩，露出叶肉。如果对着太阳光看叶片，似有灰色半透明感觉。后期病叶边缘焦枯，沿主脉出现锈斑，易早期脱落。另一种是隐性银叶，多发生在新病树或经过治疗的轻病树上。其特点是叶片褪色，上面产生灰、绿、黄相间的斑纹。病树不开花，或开花后坐果率很低，果实小而色淡，产量很少。

病枝的木质部变为褐色，较干燥，有腥味，但组织不腐烂。病菌在木质部中向上可扩展到一二年生枝上，向下可扩展到根部。在极度衰弱的病树枝干上，产生紫色或肉红色覆瓦状子实体。在 20℃～24℃下，将感病木质部进行保湿培养，木质部可长出大量白色绒毛状菌丝。病树春天发芽晚，叶片小，根部易死亡、腐烂。

【病原菌鉴定】 苹果银叶病的病原菌，为担子菌亚门真菌的紫软韧革菌〔*Chondrostereum purpurenm* (Pers. ex Fr.) pouzar〕。病菌的菌丝无色，菌丝团白色，后变为乳黄色。在琼脂培养基上，菌丝呈白色疏松状，边缘呈圆形或放射状。病菌子实体单生或群生于枯死树枝干的背面，呈覆瓦状。初为紫色，后略变灰，边缘色较浅，有很浓的腥气味。担孢子单胞，无色，近椭圆形，一端稍尖（图 24）。病菌的最适生长温度为 24℃～26℃。

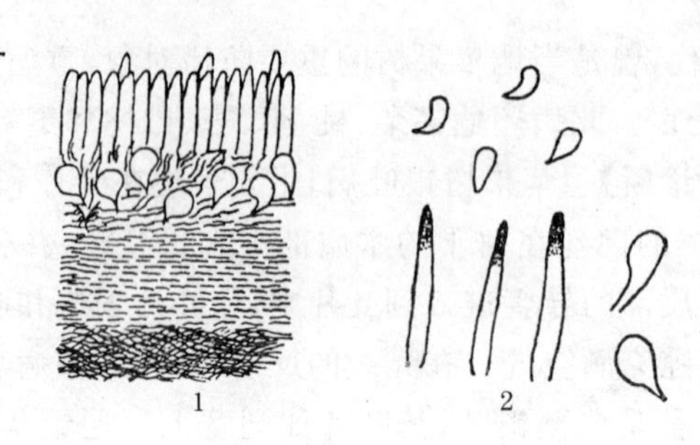

图 24　苹果树银叶病病菌

1. 子实层的剖面　2. 间孢和担孢子

【发病规律】 苹果银叶病菌，以菌丝形态在病枝的木质部内越冬，或以子实体形态在死树枝干上越冬。在黄河故道地区，病死树枝干上每年 5～6 月份和 9～10 月份阴雨时，产生子实体。子实体成熟后，产生担孢子，随风雨传播。病菌从剪锯口或其他伤口侵入，也能经叶痕和皮孔侵入。当天气阴雨潮湿时，担孢子极易萌发，并侵入到木质部。病菌在木质部中蔓延，产生霉素，使木质部变色，并逐渐向树体各部位扩展，引起叶片出现银叶症状。9～10 月份，病菌侵入木质部后，活动时间较短，入冬后停止蔓延。第二年春暖后，又重新活动并扩展。每年 4～5 月份，发病株数最多，占全年发病株数的 60%～70%。5～6 月份散发的担孢子，侵入树体后蔓延迅速。6 月份以后，树体陆续显出症状。发病时，通常在单个小枝或单个大枝上出现症状，逐渐蔓延到全树。树上银叶病情的发展，与菌丝在木质部内的扩展程度有关。有的树银叶病菌扩展得很慢，所以病树还能生活很长时间，甚至能自行康复；有的树病菌扩展很快，一二年后全树即死亡。在田间，病树周围的健树容易感病，所以常出现病树成片的现象。

银叶病的发生，与栽培管理有一定的关系。坡地、排水良好和树势强健的苹果园，发病轻；平地、土壤黏重、地下水位高、排水不良和树势衰弱的果园，发病重。修剪不当、树上大伤口多，或结果多、枝干压断劈裂的树，易发病。在当前，主栽品种中元帅系、金冠和富士品种系，发病较轻，而国光品种则发病重。

【防治方法】

1. 培养和保护树体 苹果树整形修剪时，注意从小树开始培养坚实骨干枝，防止树大时过多去大枝，以减少大伤疤。对剪锯口和伤疤，要及时涂抹843康复剂原液或10%果康宝50倍液、1∶3∶100倍式波尔多浆。控制大树结果量，防止树枝被压劈。

2. 消除病源 雨后及时检查，当发现树上产生子实体时应全部刮除并烧掉。及时将银叶病死树、死枝和治疗无望的重病树清除掉，运到园外烧毁。

3. 及时锯除病枝 对个别枝开始发病的初病树，及时锯掉病枝，防止木质部病菌向其他好枝上蔓延。锯除病枝时，需在变色木质部下面下锯。

4. 提高树体的抗病能力 对发病园，增施农家肥，改良土壤，及时排水，提高树体抗病能力。

5. 施药防治 对轻病树，在果树发芽前，试用土施10%三唑醇（羟锈宁、百坦）可湿性粉剂，可能对病树有一定治疗效果。

（二十七）套袋苹果黑点病和红点病

为了提高主栽品种红富士的外观质量和减少果实轮纹烂果病的发生，近10年来在我国的红富士苹果产区，大量推广应用生长期苹果套袋技术。套袋果果点小，果面光洁，亮丽，呈粉红色，同时采收时，轮纹烂果病一般可控制在3%以下，使果实增值。果袋分双层纸袋和膜袋，2004年全国约套两种果袋400亿个左右。其中塑料膜袋因为透光，所以对改善果实着色基本不起作用。果实套袋后，环境发生了明显变化，因而果实也伴随产生了一些新的问题。其中套袋果的黑点病和红点病（彩图1-22），在各果区较为普遍。采收时，黑点病一般为10%～20%，重者达30%～50%，使果实成为等外果，往往造成严重的经济损失，甚至得不偿失。红点病的病果率，较黑点病还多一些，轻者不影响果实等级，重者也能使果实降等降级。

【症状诊断】 黑点病多发生在果实的萼洼附近，以皮孔为中心，在果面上产生圆形或近圆形黑褐色凹陷斑点，其直径为1～3毫米。开始时，病斑中心有病组织液渗出，风干后有的中间留有白色粉末状小点。病皮下1毫米左右深处果肉变褐，坏死，但无异味。重者除萼洼部位外，在果实胴部、肩部也形成绿豆粒至小手指甲大小的黑褐色凹陷斑，病斑呈圆形或近方形，边缘不规整。病斑中间，早期有白色果胶状物。病皮较硬，下面果肉变褐，坏死较深，约2～3毫米，按一般削皮习惯，不能将其去除干净。病斑在采收后和贮藏期，不再发展扩大。一个果实上的黑点病斑，数量不等，少则两三个，多者一二十个。有的病斑互相融合和重叠，一片一片地分布在果面上，使果实失去商品价值。

套袋果红点病，多发生在果面和果实肩部附近，有时果顶部也有少量发生。以皮孔为中心，形成直径1～3毫米的浅褐色斑点，周围有红色晕圈，一般不深入皮下果肉，只限于果皮。按通常削皮习惯，可以将其削掉。果实采收后，斑点不扩大，不腐烂，因而仅影响外观。

【病原菌鉴定】 套袋果黑点病的病原菌，为半知菌亚门真菌的粉红聚端孢菌〔*Trichothicium roseum*(Bull.) Link〕。病菌的形态特点，请参考苹果霉心病的粉红聚端孢菌(图14)。

苹果红点病的发病原因，尚不完全清楚。有人认为是苹果斑点落叶病菌侵染所致；有人认为与果实缺钙有关；有人认为与药害有关；还有人认为是苹果摘袋后果面受不良刺激所致。日本的植病工作者泽村健三研究认为，苹果斑点落叶病菌侵染苹果后，所出现的症状有四种类型，即黑点锈斑型、疮痂型、斑点型和黑点褐变型。其中斑点型和黑点褐变型的症状均以果点为中心，周围形成褐色或黑褐色小斑点，外周有红色晕圈。前两种症状的病菌侵染期分别是果实生长的前期和中期，斑点型症状的病菌侵染期为9月上旬至9月下旬，黑点褐变型症状的病菌侵染期是10月上旬。我国的红点病与上述后两者相似，但尚缺乏深入的研究。

【发病规律】 套袋苹果黑点病菌，在自然界广泛存在，多在果园内、外的杂草、枯枝、树皮、烂果、秸秆和植物残体上等进行腐生。春天气温回升，果树开花前后，空气湿度大时，病菌开始大量产生分生孢子，通过气流和雨水传播。在苹果花期和落花期，着落在枯死花瓣、柱头和花丝等花器残体上的病菌，在这些部位营腐生生活，并进行增殖。其中在萼筒、萼心间组织开放的北斗、元帅等品种上，一些病菌菌丝沿着上述通道向心室组织蔓延，以后成为霉心病。在红富士等萼心间组织基本封闭的品种上，很少能进入果心，而在花器残体上短时腐生，在通风、干燥的自然条件下，基本对果面不造成危害，但在果实套袋的特殊小气候条件下，因温暖和高湿，病菌可大量产孢，侵染花器附近和果面中下部皮孔死组织，并产生病菌毒素，杀死皮孔周围果皮和浅层果肉，成为黑点病。据崔潇等报道（2000 年），在 6 月下旬和 7 月上旬的 12～14 时，测定套膜袋、双层纸袋和不套袋果实，套内温度和不套袋果实外围温度，分别为 39.5℃、35.5℃和 33.8℃，果面温度分别为 37.2℃、33.0℃和 31.2℃。膜袋内露水较多，纸袋潮湿。黑点病一般从套袋后 20 天左右开始出现，7～8 月份为发生盛期。发生的轻重与袋内湿度、结果部位及果袋的透气性密切相关。落花前后温暖潮湿，有利于病菌的产孢和在花器残体上腐生；下垂枝和内膛枝，袋内湿度大及果袋透气性差的袋内果，发病重。研究测定结果表明，病果和健果的果皮含钙量，与发病轻重无明显相关性。

关于苹果红点病的发生规律，目前还不清楚。

【防治方法】

第一，苹果开花前，结合防治蚜、螨类害虫，在药液中加入45％硫悬浮剂 300～400 倍液，或 10％宝丽安可湿性粉剂1 500倍液、3％多抗霉素 500 倍液、80％代森锰锌（喷克、大生等）可湿性粉剂 1 000 倍液、25％施宝克（咪鲜胺）乳油 1 000 倍液，杀灭果园和花瓣外的病原菌。

第二，苹果套袋前喷洒药效期长、成膜性好的杀菌剂7.2％果优宝（甲硫酮）300～400 倍液，或 50％多菌灵 600 倍液、70％甲基托布津 800 倍液、80％代森锰锌 800 倍液，也可喷洒用药倍数实在的混配剂。喷药时，要注意喷好病菌的主要存在部位果实萼洼处。

第三，选用透气性好、内袋没有对幼果果面产生有毒物质的果袋。对塑膜袋，可扎一定数量的针孔，增加其透气性，这对减少黑点病具有一定的效果。

对套袋苹果红点病的防治，目前尚无明确有效的方法。摘袋后，可试喷 10%宝丽安 1 500 倍液，或成膜性好的 7.2%果优宝 500 倍液。

（二十八）苹果树圆斑根腐病

苹果树圆斑根腐病（彩图 1-23），又称苹果根腐病，是分布广泛、危害较重的一种烂根性病害，多发生在盛果期结果树和老树上。发病初期不容易被发现，一旦发现时，往往根系发病已相当严重，加之又是在土壤中的根上，不容易防治，所以经常造成死树的结果。该病以山西、陕西、河南省西部果区发生较普遍，受害较重。一般发病株率为 10%左右，重病园发病株率达 30%以上。本病除危害苹果外，还危害梨、桃、李、杏、葡萄、柿和枣等果树，以及桑、柳、榆、杨等林木。

【症状诊断】 春季苹果树展叶后，树上枝条和叶片开始出现症状。由于染病时间长短、病情轻重和气候条件的不同，病树地上部常出现以下四种症状类型：

1. 萎蔫型 生长弱的大树多出现此种症状。整株树或部分枝条叶丛萎蔫，叶片小，色淡，叶缘上卷，新梢抽生慢，花丛萎缩，不能开放，或开花后不能坐果。枝条皮层皱缩，呈失水状态。

2. 青枯型 春天长叶后，天气干旱、气温较高时，长出的叶片突然青干，病情发展很快。多从叶缘向叶内发展，有的从主脉向外扩展。青干部位与健部交界处，有明显红褐色晕带。青干叶片容易脱落。

3. 叶缘焦枯型 病情发展缓慢的树常表现此种症状类型。病树叶片尖端或边缘变褐、焦枯，叶片中间部分仍保持绿色，病叶并不很快脱落。

4. 枝枯型 大根已烂到根颈部时出现此种症状。病树地上部与烂根相对应的骨干枝，树皮坏死，表层变褐凹陷，坏死树皮与健树皮之间界限明显，并沿树干向上呈条状蔓延。后期，坏死树皮与木质部剥离，易脱落。病枝木质部导管呈带状变褐，与地下病根的变色导管相连接。

病树的根部，先是须根变褐枯死，以后逐渐向上蔓延，到达肉质根上，在须根基部肉质根上，形成褐色圆斑。病斑扩大后，数个小圆斑相连，互相融合，围绕根部多半圈，深达木质部，使整段根变黑枯死。所以，圆斑根腐病是先由吸收根的毛根、须根开始，再往小根、大根上逐渐蔓延。在整个发病过程中，由于病根反复形成愈伤组织和再生新根，致使病健部交错，表面凸凹不平，形成畸形根现象。

【病原菌鉴定】 苹果圆斑根腐病，是苹果根系在不利的立地条件下，造成生长衰弱，受土壤中弱寄生菌镰刀菌侵染，而引起的病害。检查诊断病原菌，应先将新鲜病根取回室内，进行病菌分离，然后在显微镜下观察病菌的形态特征，进行病菌的种类鉴定。其具体方法是，将田间取回的病根，放在自来水下冲洗 3 分钟，洗除病根表层的附着物，剪取根上病斑，然后在无菌条件下，用 85%酒精棉球，或 10%漂白粉蒸馏水液，涂抹病斑，进行表层消毒。再用无菌解剖刀削掉病斑表层病皮，同时将下层病健组织树皮切成 2～3 毫米方块，放到 PDA 培养基的培养皿中，置于 26℃左右恒温箱中培养 5 天左右。然后进行病菌培养性状观察和在显微镜下检查，可以看到以下三种病原菌：

1. 尖孢镰刀菌(***Fusarium oxysporum* Schl**) 在 PDA 培养基上，正面纯白色，背面瓤粉色。菌丝宽度为 2.5～2.7 微米。大孢子两头较圆，中部宽，形状较弯曲，具 3～9 个格。3 格大孢子为 30.0～50.0 微米×5.0～7.5 微米；5 格小的为

32.5～51.3 微米×5.0～10.0 微米。小孢子椭圆至长椭圆或卵圆形，单胞或双胞，单胞小孢子大小为 7.5～22.5 微米×3.0～7.5 微米；双胞小孢子为 12.5～25.0 微米×3.8～7.5 微米(图 25)。

2. 弯角镰刀菌(***F. Camptoceras* W. et Rg.**) 在 PDA 培养基上，菌落正面白色，背面紫铜色。菌丝宽 2.5～5.6 微米。大孢子需长时间培养，才能少量产生出来。大孢子大多直立，少量稍弯曲，长圆形，顶部较尖，基部较圆，无足胞，最宽处在基部的 2/5 处，具 1～3 个膈膜。3 格的大小为 17.5～28.8 微米×4.5～5.0 微米。小孢子容易产生，为长圆形至椭圆形，单胞或双胞。单胞小孢子大小为 6.3～12.5 微米×2.5～4.0 微米；双胞的大小为 11.3～17.0 微米×3.3～5.0 微米(图 25)。

3. 腐皮镰刀菌〔***F. Solani* (Mart.) App. et Wellenw.**〕在 PDA 培养基上，正面为白色，背面玫瑰色。菌丝宽 2.5～5.0 微米，病菌大孢子两头较尖，足胞明显，两头弯曲，中间较直，具 3～4 个格，大小为 19～50 微米×2.5～5.0 微米；小孢子卵圆形至椭圆形，单胞，大小为 3.8～12.5 微米×2.3～5.0 微米(图 25)。

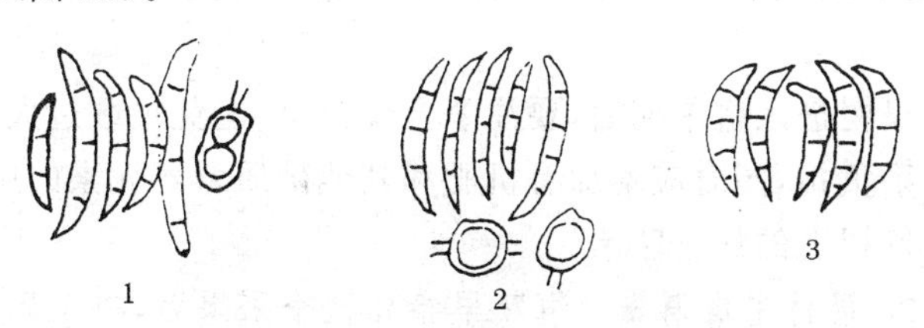

图 25 苹果树圆斑根腐病病菌

1. 腐皮镰刀菌 2. 尖孢镰刀菌 3. 弯角镰刀菌

【发病规律】 苹果圆斑根腐病的三种致病镰刀菌，均为土壤习居菌或半习居菌，可在土壤中长期营腐生生活。当苹果树根系生长衰弱时，病菌才能侵入根部，引起发病。所以，土壤干旱，缺少有机质、盐碱化严重，水土大量流失，质地板结黏重，通气性不好，树体结果过多，大小年结果现象严重，病虫害防治不好而导致大量早期落叶，以及其他因素所致的树势衰弱等原因，均能造成苹果树根系生长不良，从而诱发圆斑根腐病的大发生。

在一年中，春季地温上升、树液回流时，病菌开始为害。树上发芽后，开始显现症状。春梢生长期，危害明显加重。夏、秋季降雨后，发病减缓，症状减轻。秋季干旱时，病情再度明显加重。在果园中，发病多从几株树开始向周围树蔓延，几年中病树连片。树势强，发病轻；树势弱，发病重。

【防治方法】

1. 加强果园管理，提高树体抗病能力 对土壤瘠薄的山地果园，要修好梯田，防止水土流失。土壤板结果园，应深翻改土，逐渐加深熟土层。干旱地区的果园，注意在春天解冻后及时刨树盘保墒，有条件者应及时灌水。要积极种植绿肥或用秸秆、柴草覆盖树盘，以减少树下水分蒸发和改良土壤。地下水位高的果园，积水时应及时排水，防止长时间浸泡苹果树根系。

果树进入盛果期后，要注意合理留果，避免负载过大和加重根系负担，同时应增加有机肥和其他矿质营养元素的施入，并搞好树上的病害防治。

2. 进行土壤消毒 每年早春和秋季采果后，将发病大枝相对应的树下土层挖开，找到土中烂根，将其从病部上面剪断去净。对未烂一圈的粗根，可刮除病斑后用有机质较多表土，将坑填平，并灌入消毒药液。常用消毒液有 0.5～1 波美度石硫合剂，70％甲基托布津 1 500 倍液，50％退菌特 800 倍液，

50%代森铵800倍液或70%土菌消可湿性粉剂与50%福美双1∶1混剂300～400倍液。对全株发病的树，可参照此方法进行防治，并对全部树盘开沟灌药，至20厘米深左右土层灌透为止。

（二十九）苹果树根朽病

苹果树根朽病，主要危害老苹果树的根。在我国各苹果产区的老树均有不同程度的发生，一般造成的经济损失不大。此病除危害苹果树外，还危害梨、桃、李、杏、山楂、杨、柳和刺槐等多种果树和林木。

【症状诊断】 根朽病的树上症状，表现为局部或全株叶片变小，枝条上叶片由下往上逐渐发黄，甚至脱落，新梢生长量小，但结果多，果小味劣。根部发病，多从小根、大根或根颈部的伤口处开始，然后迅速蔓延。如果根颈部腐烂一圈，则全树死亡。病部树皮表面紫褐色，水渍状，有时渗出褐色汁液。树皮的皮层分层呈薄片状，之间充满白色菌丝。皮层和木质部之间也易分离，中间充满白色淡黄色扇状菌丝层。在菌丝层边缘，有羽毛状分枝，并略带有光泽。病组织有浓重的蘑菇气味。病情严重时，病部的木质部也腐朽。新鲜的病组织，在夜间能发出明显的淡绿色荧光，这是该病的重要特点。在高温多雨季节，病树根颈部常丛生蘑菇状子实体。

【病原菌鉴定】 病菌的子实体常六七个丛生，多者达20～50个。菌盖浅蜜黄色至黄褐色，直径为2.6～8.0厘米。初为扁球形，逐渐展开，后期中下部凹陷，覆有较密集小鳞片。菌肉白色，菌褶延生，浅蜜黄色，长短不一。菌柄浅杏黄色，基部棕灰色，略扭曲，上部较粗，内部松软，柄长4～9厘米，柄粗0.3～1.1厘米，表面有毛状鳞片，无菌环。担孢子椭圆形，单胞，无色，大小为7.3～11.8微米×3.1～5.8微米(图26)。菌丝体在暗处可发出浅绿色荧光。病菌为担子菌亚门真菌的发光小密环菌〔*Armillariella tabescens* (Scop. ex Fr.) Sing〕和小密环菌〔*A. mellea* (Vahl. ex Fr.) Karst.〕。

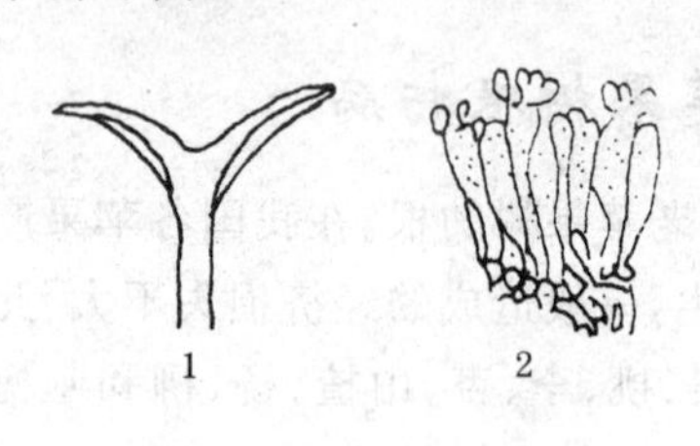

图26　苹果树根朽病病菌

1. 菌盖特点示意　2. 担子及担孢子

【发病规律】 苹果树根朽病的菌丝和菌索，在土壤中可长期腐生生活。主要靠菌索的蔓延进行侵染。当菌索与健树根接触后，菌索即分泌胶质，粘附在根上，然后侵入皮内。侵入根内的菌索迅速生长，穿透皮层组织，使大块皮层死亡和剥离。病菌还可侵入到根的木质部，并在其中形成许多菌线(一种抗毒素保卫反应)。

根朽病在林迹地(以前的林地)新开辟的果园中或补栽的小树上发病重。几年后，又可发病死树，形成所谓的再植病。

根朽病菌索的生长适温为25℃～30℃。在生长适温下，如土壤湿度大，菌索则扩展迅速。土壤长期干旱，相对湿度在5%以下，病菌则容易死亡。在富含树根和腐朽的木质及腐殖质土壤中，有利于菌索的蔓延。砂土地果园较黏土地的发病重。肥水条件差的果园，发病也较重。

【防治方法】

第一，在病树或果园病区周围，挖1米深以上的沟，对病菌进行封锁隔离，防止其向周围健康树根部蔓延。生长季的雨后，及时进行检查，挖除病菌子实体，予以烧毁。

第二，发现病树后，扒开根颈部土壤，寻找发病部位，从根颈部沿主根找起，追寻发病的主根、侧根，然后将整条腐烂根从基部切除，再用2%硫酸铜水溶液，或5波美度石硫合剂、50%退菌特100倍液、50%多菌灵100倍液，涂刷伤口部位，进行消毒保护，最后用表层好土填平。

第三，采用其他方法。可参考圆斑根朽病防治的相关内容。

（三十）苹果树白绢病

苹果树白绢病，又称茎基腐病，俗称烂葫芦。国内高温多雨果区发生较重。主要危害4～10年生幼树和初果期树。成龄大树和老树发病很少。此病除危害苹果树外，还危害梨、桃、葡萄、枣、杨、柳、花生、豆类和苜蓿等多种植物。

【症状诊断】 苹果树白绢病主要发生在根颈部，造成树皮腐烂。病树的叶片小而黄，枝条节间短，结果小而多。病部表面湿润，腐烂，为褐色至红褐色。后期，病皮腐烂成烂泥状，具明显刺鼻酸味；木质部变为暗青色，表面覆盖一层白绢状菌丝，天气潮湿时，病部表面产生很多如菜籽大小褐色至黑褐色菌核。有时菌核和菌丝蔓延到树干基部的地面，甚至周围的草本植物上。病树下部叶片，也可出现直径2厘米左右的水渍状轮纹斑，其中央也长出小的菌核。

【病原菌鉴定】 病菌初期的菌核为白色，后由黄色变为棕褐色或茶褐色。表面平滑，内部组织紧密，表层细胞小而色深，内部细胞大而色浅或无色，肉质，或软骨质。菌核球形或近球形，直径为0.8～2.3毫米，似油菜籽。担子棍棒状，无色，单胞，大小为1.60～6.6微米，上面对生4个小梗。小梗单胞，无色，长3～5微米，顶生担孢子。担孢子倒卵圆形，无色，单胞，大小为7.0微米×4.6微米（图27）。本菌为担子菌亚门真菌的薄膜革菌〔*Pellicularia roltsis* (Sacc.) West〕。无性世代为

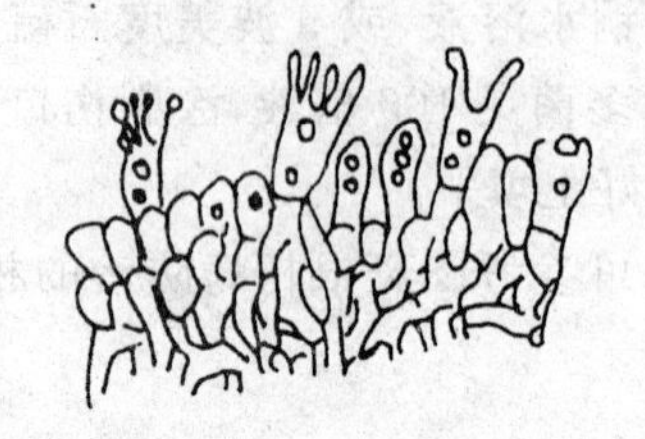

图 27　苹果树白绢病病菌担子及担孢子

半知菌亚门真菌的齐整小菌核(*Sclerotivm roctsii* Sacc.)。

【发病规律】 苹果白绢病菌，以菌核在土壤中越冬，或以菌丝在病树根颈部越冬。菌丝越冬后，第二年继续在病部扩展为害。菌核越冬后，翌年再生出菌丝侵染果树。病菌的近距离传播，主要靠雨水或灌溉水移动菌核和菌丝蔓延。菌核在土壤中可存活 5～6 年。其远距离传播，主要通过苗木调运。果园内的野苜蓿，可能是重要野生寄主，受害后在 7 月份即枯死，并产生大量菌核。

高温高湿是发病的重要条件。菌核在 30℃～38℃时，经 2～3 天即可萌发。因此，7～8 月份高温季节，是白绢病发病盛期。菌核从萌发到新菌核形成，一般需 8～9 天，从形成到老熟需 9 天左右。病菌的侵染，与果树根颈部受日晒灼伤造成死组织有关。杨、柳或其他林木，以及再栽果树，发病较重。

【防治方法】

第一，避免在新开的林地育苗或建园。如果用林地建园，则应先种几种禾本科作物。栽树时，要剔除病苗，栽无病苗。

第二，湖北海棠对白绢病抗性较强，在白绢病发病重的地区，可用其作苹果树苗木的砧木。

第三，地上部出现发病症状时，可将根颈部土壤扒开，晾晒根颈部。此项工作从早春至上冻前均可进行。但是，在雨季时，要注意扒开的树坑不要积水。为防止积水，可在根颈部四周筑一土埂。入冬前，将土填平。

第四，发现根颈部发病后，用快刀尖纵向划道，道与道间隔 5 毫米左右，四周超过病部边缘 2～3 厘米，然后涂 10%果康宝 20～30 倍液，或 843 康复剂原液。

第五，在病树周围挖隔离沟，防止病菌向附近好树上传染。

（三十一）苹果树紫纹羽病

苹果树紫纹羽病（彩图 1-24），危害苹果树根，在各苹果产区均有发生。其中，以河北、河南、山东和辽宁等省的部分果园发生较多。该病的寄主范围较广，除苹果外，还有梨、葡萄、枣、桑、杨、柳和槐等多种果树和林木。该病也能危害甘薯、花生、大豆和萝卜等作物。

【症状诊断】 苹果树发生紫纹羽病后，叶片小，叶色发黄，叶柄和中脉发红，节间短，植株生长衰弱。病根发病初期，形成黄褐色不规整形病斑，从小根逐渐往大根上蔓延，皮层组织变褐。后期，病根表面长出浓密的暗紫色，绒毛状菌丝层，并长有黑紫色菌索和直径 1～2 毫米的半球形真菌核，尤其在病健交界处最多。病根皮层腐烂，易脱落，木质部也容易腐烂。秋季，在病树根部周围土层中，特别是土缝中，可见大小、形状不同的紫色菌核块，内中有时夹杂病残组织或土粒。病情一般发展较缓慢，病树往往要经过多年后才死亡。

【病原菌鉴定】 利用肉眼和借助显微镜观察，病菌的菌丝在病根外表纠集成菌丝层。菌丝层紫黑或紫褐色，呈较厚羽绒状。其外层为子实层，上面并列担子。担子无色，圆柱形，由四个细胞组成，大小为 25～40 微米×6～7 微米，向一侧弯曲，每个细胞上各长一个小梗。小梗无色，圆锥形，大小为5～15微米×3.0～4.5微米。小梗上着生担孢子，大小为16～19微米×6.0～6.4微米，单胞，无色，卵圆形，顶端圆，基部尖。菌核半球形，大小为1.1～1.4毫米×0.7～1.0毫米，外层紫红色，内层白色，中间黄褐色。病原菌为担子菌亚门真菌桑卷担菌（*Helicobasidium mompa* Tanaka）。

【发病规律】 苹果树紫纹羽病菌，以菌丝层或菌丝块在病根上或土壤中越冬。可存活多年。遇到苹果树根后，即侵入为害。病树健树的根接触后，也可传染。每年5～7月份，病菌产生担孢子，但寿命很短，在侵染中不起主要作用。土壤干旱，或排水不良的湿地果园，其苹果树发病重。在杨、柳、蜡条等树的林迹地建园，或苗木栽植过深，或树势衰弱，其苹果树发病也重。

【防治方法】

第一，不在林迹地建园。果园周围不栽刺槐、杨、柳等树木。苹果树苗栽植前，应用70%甲基托布津或50%多菌灵100倍液浸根10分钟，消毒后再栽植。

第二，对地上部生长不良的苹果树，应及时扒土检查根部，若发现有病根，则要及时将其剪除。对根部土壤，每株用70%五氯硝基苯0.2千克，配成1∶50～100倍药土，均匀撒施到病根及其周围，或用70%甲基托布津或50%多菌灵500倍液灌根，将病根及附近土壤灌透。

第三，对重病树及时挖掉、烧毁。

第四，加强栽培管理，增强树体抗病能力。进行时，可具体参考苹果树圆斑根腐病的防治方法。

（三十二）苹果树白纹羽病

苹果树白纹羽病（彩图 1-25），危害苹果树根，在各苹果产区均有发生，其中以山东、河北和辽宁等省的部分果园发病较多。本病可危害苹果、梨、桃、李、杏、桑、茶、豆类和薯类等多种木本和草本植物。据统计，寄主有 27 科、40 多种植物。

【症状诊断】 病树地上部分，发芽晚，长势弱，新梢发得短，叶片小而淡，易变黄脱落。刨开病树根部检查，可看到根毛腐烂，病部外面覆一层白色绒毛状菌丝。病根皮层变黑、枯死，根内的柔软组织消失，外面干枯的病皮如鞘状套于木质部。有时病根木质部有黑色、圆形菌核。后期在病根的白色菌丝层表面，密生深褐色绒毛，上面生有黑色小点，为病菌的子囊壳。

【病原菌鉴定】 苹果白纹羽病的有性世代，为褐座坚壳菌〔*Rosellinia necatriy* （Hart.） Berl.〕，属子囊菌亚门真菌。在自然界不常见。子囊壳黑色，球形，着生于菌丝层上，顶端有乳突状突起，壳内有很多子囊。子囊有长柄，圆筒形，大小为 220～300 微米×5～7 微米。子囊内有 8 个子囊孢子，排成一列。子囊孢子单胞，纺锤形，暗褐色，大小为 42～44 微米×4.0～6.5 微米（图 28）。

病菌的无性世代为白纹羽束丝菌（*Dematophora necatrix*），属半知菌亚门真菌，在病根腐朽后才能产生。分生孢子单胞，无色，卵圆形，大小为 2～3 微米。

菌核在腐朽木质部上形成，近球形，黑色，直径为 1 毫米左右，最大者可达 5 毫米。老熟的菌丝可在分节的一端膨大，后分离，形成圆形的厚垣孢子。

【发病规律】 苹果树白纹羽病菌，以菌丝层和菌核在病根上和土壤中越冬。环境条件适宜时，菌核长出营养菌丝，侵

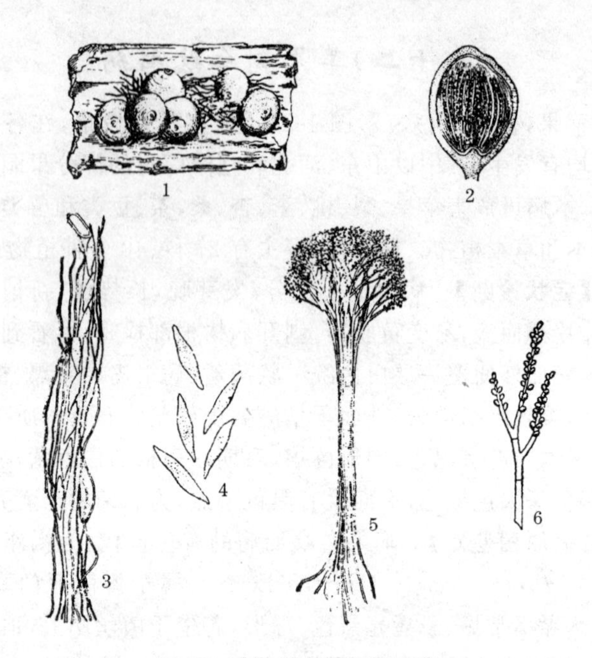

图 28　苹果树白纹羽病病菌

1. 子囊壳　2. 子囊壳剖面　3. 子囊及侧丝　4. 子囊孢子
5. 孢梗束　6. 分生孢子梗及分生孢子

害果树新根，在根的柔软组织中为害，以后逐渐蔓延到粗根上。病根健根接触也可传播。远距离传播通过苗木调运实现。栽培管理粗放、杂草丛生的果园，发病较多。夏、秋季为全年发病盛期。高温多雨年份和长势衰弱的树，发病重。

【防治方法】

第一，新建苹果园时，选择无病苗栽植。

第二，发现病树，要及时剪除病根，并按防治根朽病的方法进行治疗。

第三，病树蔓延较快时，在病树外围挖 1 米深封锁沟，防止病树向外传播蔓延。

第四，加强栽培管理，提高苹果树的抗病能力。具体方法参考圆斑根腐病的防治。

（三十三）苹果苗立枯病

苹果苗立枯病，是苹果树育苗时常发生的病害，在各地苗圃均有发生。如果育苗地不及时更换，还是连年育苗，则病株率常达10%以上，可造成较大经济损失。

【症状诊断】 苹果树幼苗茎基部变褐，呈水渍状，失水后病部缢缩，干枯后不倒伏。幼根腐烂，呈淡褐色，上覆絮状或蜘蛛丝状白色菌丝层。

【病原菌鉴定】 苹果苗立枯病菌的无性世代，为立枯丝核菌（*Rhizoctonia salani* Kühn），属半知菌亚门真菌。它的有性世代为丝核薄膜革菌〔*Pellicularia filamentosa* (Pat.) Rogers〕，属担子菌亚门真菌。病菌不产生分生孢子，初生菌丝无色，后变为黄褐色。菌核近球形或不定形，大小为0.1～0.5毫米，无色或浅褐色至黑褐色。担孢子近圆形，大小为6～9微米×5～7微米。病菌发育适温为24℃左右，适宜pH值约为6.8。

【发病规律】 病菌以菌核或菌丝体在病部或土壤中越冬。菌核在土中可存活2～3年。菌核细胞萌发长出菌丝，可直接侵入寄主。病菌由水流和农具等传播。土壤黏重，排水不良，植株过密及地势低洼的苹果园，发病重。阴湿多雨年份，也发病重。

【防治方法】

第一，育苗时，播种前用种子重量的0.1%～0.2%的40%拌种双拌种后，再播种。

第二，用40%五氯硝基苯与50%福美双粉剂配成1∶1混剂，或用40%拌种双粉剂，1平方米苗床用药8克加细土4.0～4.5千克，播前先用1/3药土撒到苗床上，其余2/3药土盖在种子上面，有效期可持续1个多月。

第三，苗木发病初期，对病苗基部喷洒15%恶霉灵450倍液，或70%甲基托布津700～800倍液，50%井冈霉素1 000～1 500倍液。

第四，加强苗圃管理，及时中耕除草。低洼地要及时排水，防止高温高湿。

二、细菌病害

（一）苹果树根癌病

苹果树根癌病，又称苹果树根瘤病、根肿病，在各苹果产区都有零星发生。它是一种根部细菌性病害，其中以苗木上较常见。此病除危害苹果树外，还危害梨、葡萄、桃、李、杏等数百种果树、林木和草本植物。

【症状诊断】 此病主要发生在根颈部，也能发生在根的其他部位。发病初期，病部形成大小不一的白色瘤状物。瘤状物外表灰白色，内部白色，组织较松软。随着瘤体的不断长大，表面逐渐变为褐色至暗褐色，粗糙、坚硬，内部木质化，成浅褐色。并往往在病瘤上长出一些细根。在二年生苗上，病瘤大的直径达5～6厘米，为球形或扁球形。病株根系发育不良。地上部叶小色黄，新梢长得短，生长矮小衰弱。

【病原菌鉴定】 苹果树根癌病的病原菌为根癌土壤杆菌〔*Agrobacterium tumefacines* (Riker et Al) Conn.〕，属于一种

细菌。病菌短杆状，单生或链生，大小为1.2～5.0微米×0.62～1.0微米，具1～3根极生鞭毛，有荚膜，无芽胞，革兰氏染色呈阴性。在琼脂培养基上，微呈云状浑浊，表面有层薄膜。不能使兽胶液化，不能分解淀粉。

病菌生育温度为10℃～34℃，最适温为22℃，致死条件为51℃，10分钟，发育pH值为5.7～9.2，最适pH值为7.3。

【发病规律】 病原菌在根瘤组织皮层内和土壤中越冬，主要借雨水、灌溉水和耕翻土壤传播，地下害虫、线虫也能传播。细菌由伤口侵入，从侵入到表现出症状，一般需要2～3个月。病菌侵入后，不断刺激寄主细胞增生，膨大，形成癌瘤。土壤偏碱和疏松，有利于发病。

本病菌分三个致病型（生物变种），其中Ⅰ、Ⅱ型寄主范围广，包括苹果、梨和桃等多种果树，Ⅲ型在果树上仅寄生在葡萄上。致病菌含的致病质粒为Ti-质粒，其中一小段DNA即J-DNA含致病基因。致病菌从伤口侵入后，T-DNA与寄主细胞核中的DNA结合，进行表达致瘤，并随着细胞分裂，使寄主细胞无控制地增生为肿瘤。

【防治方法】

第一，苹果嫁接育苗时，尽量用芽接，不用劈接，可减少该病的发生。

第二，苗圃地内要及时防治地下害虫，以减少苹果树根的伤口，从而减少病菌侵入的机会。

第三，在重病区栽植苹果树时，树苗砧木部位要用K84菌液浸根，然后再栽植。

第四，苗木出圃时，要严格检查，剔除病苗。

第五，重病苗圃地，应种植不感病作物3年以上，以减少菌源。

（二）苹果树毛根病

苹果树毛根病，又称苹果发根病，是苹果苗木和幼树根部的一种病害，一般不多见。此病对生产的危害性不大。在辽宁、山东和河北等省有发生。

【症状诊断】 发病树苗或幼树，地上部发育不良，叶片小而黄，长势弱，严重时植株枯死。地下根部的主根不发达，根颈部密生许多毛发状须根。

【病原菌鉴定】 病原菌为毛根土壤杆菌〔*Agrobacterium rhizogenes* (Riker et al.) Conn.〕，属于一种细菌。其形态与根癌土壤杆菌基本相同。不同点是，根癌土壤杆菌以氨基酸、硝酸盐和铵源为惟一氮源，能产生 3-酮乳酸。毛根土壤杆菌不含冠瘿碱合成基因，所以不能使病部造成根癌症状。

【发病规律】 病菌在根部病皮和土壤中越冬。主要靠雨水和灌溉水传播，由伤口侵入。之后刺激根颈周围的根大量增殖。其发病条件与根癌病基本相同。

【防治方法】 防治苹果树毛根病，可参考根癌病的防治方法进行。

（三）苹果泡斑病

苹果泡斑病（彩图 1-26），在我国苹果产地不多见，已知仅在山西省南部和河北省西北部少数苹果园有发生，影响果实外观和食用。

【症状诊断】 苹果在果实膨大后，果面以皮孔为中心，产生水渍状隆起泡斑，逐渐扩大成直径为 2～6 毫米、深 1～2 毫米的黑褐色泡状斑点。斑点圆形或近圆形，略深入到果内。果肉变褐，无苦味，采后一般不扩大，不腐烂。1 个果上的病斑少则几十个，多者达数百个，严重影响果实外观和商品价值。

【病原菌鉴定】 苹果泡斑病的病原菌，为丁香假单胞菌〔*Pseudomonas syringae* pv. papulans (Rose) Dhonvantari〕，它是一种细菌。病菌杆状，呈丝状或链状连生，大小为0.7～1.2微米×1.5～3微米，极生多鞭毛。病菌属好气性细菌，在缺铁培养基上，可明显形成扩散性荧光色素。生长适温为25℃～30℃，41℃时不能生长。

【发病规律】 病菌主要在芽、叶痕及落地病果中越冬。果树开花展叶后，病菌生活在叶片、花朵及幼果上，借助风雨传播。初夏，气温高、湿度大、多雨，有利病菌的传染和发病。在苹果品种中，陆奥、国光及富士系部分品种发病重。

【防治方法】

第一，在苹果落花后两周左右，开始喷72%农用链霉素可溶性水剂3 000～3 500倍液，或1 000万单位新植霉素3 000～4 000倍液，50%琥胶肥酸铜(DT杀菌剂可湿性粉剂)400～500倍液，10天左右喷一次，连喷2～3次。

第二，及时摘除病果，防止再侵染。

三、病毒病害

(一)苹果花叶病

苹果花叶病，在我国各苹果产区均有发生，其中以陕西、甘肃、山西、河南和山东等省的苹果产地发病较多。叶片感病后，明显影响光合作用，新梢短，节数少，好果率低，果实耐贮性差。由于大量栽培感病品种红富士和金冠等，因而发病严重地区病株率常达30%以上。在苹果品种更新换代中，生产上常将引进的无病新品种接穗，高接在有花叶病的大树上，因而使引进的新品种不能充分发挥其优势。

此病除危害苹果树外，还危害花红、海棠、沙果、槟子、山楂、梨、木瓜和榅桲等果树。

【症状诊断】 苹果花叶病，主要在叶片上形成不同类型的褪绿鲜黄色病斑。根据病毒株系和病情轻重的不同，苹果花叶病大致可分为五种症状类型。

1. 斑驳型 病斑从小叶脉开始发生，形状不规则，大小不一致，边缘清晰，呈鲜黄色。有时数个病斑融合成大病斑。是花叶病中最常见的一种症状类型。

2. 环斑型 叶片上产生圆形、椭圆形或近圆形黄色环斑，或近似环状斑纹。病叶出现得最晚，数量也较少。

3. 花叶型 病斑不规则，有较大的深绿和浅绿相间的色斑，边缘不清晰。病斑发生得较晚，数量较大。

4. 条斑型 病斑沿叶脉失绿黄化，并蔓延到附近叶肉。有时仅主脉和支脉黄化，变色部分较宽；有时主脉和小叶脉都呈较窄的黄化，如网状纹。病斑发生较晚。

5. 镶边型 病叶边缘发生黄化，形成很窄的一条黄色镶边。其他部位正常。

在田间自然条件下，各种类型常发生在同一株树甚至同一叶片上。各类型间还有一些中间型。有时症状比较隐蔽。

【发病原因】 苹果花叶病，是由一种球状植物病毒侵染引起的，为等径易变环斑病毒组的苹果花叶病毒。病毒粒体圆球形，直径为25～29纳米。病毒钝化条件为54℃，10分钟。

引起苹果花叶病的病毒，除苹果花叶病毒之外，还有土拉苹果花叶病毒和李坏死环斑病毒中的苹果花叶株系。

【发病规律】 苹果花叶病毒主要靠嫁接传染，病害潜育期为3～27个月。苹果树一旦感染花叶病后，病毒在树体内不断增殖，全树带有病毒，终生造成危害。接穗或砧木是病害主要侵染来源。种子一般不传染，但在自然条件下，海棠种子实生苗偶尔有花叶现象。果园中病树有缓慢增长趋势。这些现象的原因目前还不清楚，有待研究。

田间发病，从春天展叶后不久即出现症状，病情发展迅速，7～8月份炎热期，病害停止发展，秋季又短期恢复发病。发病严重时，5月下旬即可出现落叶。不同苹果品种的感病性明显不同。高度感病的，有金冠、富士、秦冠和青香蕉等，轻度感病的，有红星和元帅等品种。

【防治方法】

第一，苹果育苗时，需用无病毒接穗和种子实生苗做砧木，不能用根蘖苗作砧木。在苗圃发现有花叶病苗时，应立即拔除。

第二，加强病树的肥水管理，提高树体抗病能力。对重病树和花叶病幼树，应予刨除，改栽无病树，以防后患。目前，尚无根治花叶病的药剂。即便使用了一些药剂，那也只能暂时缓解或抑制病害症状的显现。

（二）苹果锈果病

苹果锈果病（彩图1-27），又叫花脸病或裂果病。原为国内检疫对象，但现已遍及各苹果产区，各地发病株率不等，从千分之几到百分之五六十。病树结的果小而畸形，表面生有锈斑或着色不匀，大多失去商品价值。

【症状诊断】 苹果锈果病的症状，主要表现在果实上，有些品种的幼苗和徒长枝上也表现症状。在果实上的症状，常表现有三种类型：

1. 锈果型 在苹果落花后 1 个月左右，病果先从果顶部出现淡绿色水渍状病斑，沿果面向果柄发展。不久形成上下五条锈纹。横切病果检查，五条绣纹正好与果实心室相对应。锈纹逐渐由黄绿色变为铁锈色，并木栓化。随着果实生长发育，在五条纵纹之间常有纵横交错的小裂纹或斑块。重病果经常在锈纹处开裂，果实发育受阻，形成凸凹不平的畸形果。有时果面无明显锈斑，但发生很多深入果肉的纵横裂纹，裂纹处凹陷，这种病果常萎缩早落。病果比健果小，果肉汁少，质地较硬，甜味明显，失去商品价值。

2. 花脸型 病果在着色前无明显变化，着色后整个果面散生很多近圆形黄绿色斑块。果实成熟后，表现出红绿相间的花脸状。黄色品种病果成熟时，果面色泽不匀，出现浓淡相间的斑块，果面略呈凸凹不平。病果小，品质变劣。

3. 锈果花脸复合型 病果着色前，多在果顶出现锈斑，或在果面散生零星锈斑。着色后，在未发生锈斑部位或锈斑周围，出现不着色斑块，果面红绿相间，成为既有锈斑又有花脸的复合症状。

上述三种症状，在不同品种上有一定的规律，但也不能截然划分。有些品种，在一棵树上可同时出现几种症状，或同一品种在不同年份，出现不同症状类型。

在病树或病树的徒长枝上，国光品种等病苗，长到 35～50 厘米时，约在 7 月中旬，苗的中部及以上叶片，明显往背面反卷，叶中脉附近急剧皱缩，从侧面看，叶片卷成弧形或圆圈状。病叶硬而脆，常从叶脉中部断裂脱落。病苗矮小细弱，苗的中上部树干发生木栓化锈斑。三年生以上病幼树，或成龄树上生长旺盛的徒长枝，其上部叶片也表现出与病苗相似的弯叶症状。

【发病原因】 苹果锈果病是由苹果锈果类病毒侵染所致。用聚丙烯酰胺凝胶电泳法，可以测定出锈果病中存在这种病毒，即一种环状低分子量的核糖核酸(DNA)，并对苹果树有侵染性。

【发病规律】 苹果锈果病，是由带毒接穗和砧木，通过嫁接而相互传染的，也能通过病健树接触传染，还可能通过在病树上用过的刀、剪、锯等修剪工具传染。梨树是此病的带毒寄主，但不表现症状，苹果树和梨树混栽或靠近梨树的苹果树，发病多。

【防治方法】

第一，在育苗时，严格从无病果园选取接穗，并用实生苗作砧木。在苗木生长期，从 7 月下旬开始，认真检查苗圃，发现病苗即随时拔除。

第二，新建苹果园时，应避免与梨树混栽。苹果园要与梨园保持一定的距离，一般相距 150 米以外，以免互相传染。更不要在梨园培育苹果苗。

第三，对病树可试用药剂包扎树干或灌根，可缓解症状，但不能灭毒治本。

(三)苹果绿皱果病

苹果绿皱果病，危害苹果果实，造成果实畸形龟裂，完全失去商品价值。在甘肃、陕西、河南和辽宁等省的果园有发现。国外欧、美、日等一些国家有发生。

【症状诊断】 苹果落花后 20 天左右，果面开始出现水渍状略凹陷病斑。凹陷斑形状不规则，大小不等。随着果实的生长，病斑逐渐凸凹不平，成为果形不正的畸形果。7 月下旬以后，病部果面呈铁锈色，木栓化，并产生裂纹。剖开病果检查，凹陷斑下面的维管束绿色，弯曲变形。有的病果无明显凹陷斑，但产生丘状突起或条沟。丘状突起和条沟也呈铁锈色，木栓化。有的病果果形正常，但着色前果面发生浓绿色斑痕，斑痕处也木栓化。病果在树上分布无一定规律，有的整株树果实发病，有的仅在部分枝上发病，甚至一个花序上也有病果和健果之分。

【病因及发生规律】 苹果绿皱果病，是由一种病毒危害所致。对其特性目前了解得还很少。

该病可通过嫁接传染，潜育期一般为2年左右。也可通过病、健树根接触传染。已知苹果是苹果绿皱果病的惟一寄主。

【防治方法】

第一，栽培无病毒苗木时，要从无病毒母本树上或没有发生过绿皱果病的大树上取接穗，并用种子实生苗作砧木。

第二，发现病树应及时刨掉，防止传染给附近的好树。

（四）苹果小果病

20世纪80年代，相继在陕西、河南、甘肃和京、津等地发现苹果小果病。在新西兰和欧洲的一些国家，早有发生此病的报道。

【症状诊断】 苹果小果病主要表现在果实上，严重时树的枝叶也表现有异常现象。病树一般先从少数枝上开始发病，然后逐渐扩展到全株。6月份生理落果前，病树果实无明显异常。但从果实膨大后开始，果实发育受阻，到果实采收时果个大小仅有正常果的1/3～1/2。病果着色不良。红星品种的病果呈淡红色，金冠苹果的病果，采收时仍为淡绿色。病果种子发育正常。发病严重时，病树新梢节间缩短，叶片狭小，有向上直立生长趋势。

【病因及发生规律】 苹果小果病是由病毒侵染所致。试验证明,从病树采取接穗,接于健树,可使健树发生小果病。

【防治方法】 防治苹果小果病,可参照苹果绿皱果病的防治方法进行。

(五)苹果树扁枝病和肿枝病

苹果树扁枝病和肿枝病,仅在陕西、河南、山西和辽宁等省的个别苹果园有发现。伏花皮(生娘)品种最易感病。此病在国外发生较普遍。

【症状诊断】 扁枝病主要表现在大枝上。发病初期,枝条出现轻微扁平或线条状凹陷,以后凹陷部分发展成深沟,枝条变成扁平状,扭曲变形。病枝变脆,且出现坏死区。嫩枝和1年生枝有时也发病。病果小而扁,脐部凸起,果肉坚硬。

肿枝病多在4～6年生枝上,形成长达15～30厘米的肿大部分,同一枝上可形成几个肿大区。肿大原因,是皮层组织过度发育和木质部发育不良。病枝长势弱,易受冻害。

【病因及发生规律】 根据用这两种病枝做接穗均可传染健树的结果进行分析,可知该两种病均由病毒侵染所致。但目前还有不同看法。病害通过嫁接传染,潜育期一般为1年,最短8个月,最长15年。许多苹果品种都能受感染,但不表现症状。其中明显表现症状的品种,有伏花皮、兰蓬王、古德伯格和伍斯特等品种。

【防治方法】 防治苹果树扁枝病和肿枝病,可参考苹果绿皱果病的防治方法进行。

(六)苹果衰退病

苹果衰退病,在日本和朝鲜称为高接病。该病在我国各苹果产区广泛发生，一般带毒株率为60%～80%，有些品种高达100%。其危害损失程度与使用的砧木种类有关。如果所用的砧木耐病，则病树不表现明显症状，只造成慢性危害，树势生长不良，明显减产。如果所用砧木不耐病，则病树很快枯死，造成毁灭性损失。在北方地区，特别是辽宁果区，为适应品种更新和提高抗寒、抗病能力，最近10多年高接一批富士品种，几年后发现有600万株发生高接病。重者病株率达41.7%～88.5%，死树株率达15.2%～70.6%，高接树多感染两种以上潜隐性病毒。苹果衰退病在国外发生普遍。

【症状诊断】 发病初期，苹果树的一部分细根产生坏死斑块，其后发展到支根和侧根，最终全部根系相继枯死。剥开根皮检查，在木质部表面有凹陷斑或纵向条沟。根系开始死亡后，地上部新梢生长量逐渐减少，叶片小而硬，叶色淡绿，落叶早，病树开花多，坐果少，果个小，果肉坚硬。病树在三五年后衰退死亡。

苗木或大树高接树发病常表现出以下症状：①嫁接后接芽不萌发而枯死。②接芽虽萌发，但生长不正常，植株矮小，节间短，叶片小，由上而下地逐渐枯死。③接芽萌发后生长停滞，多呈莲座状，不能抽枝生长。④病苗或病枝前一二年生长较正常，但到3年后新梢顶端叶片变小，节间缩短，枝条逐渐枯死。

【发病原因】 苹果衰退病，是由苹果褪绿叶斑病毒(ASLSV)、苹果茎痘病毒(ASPV)和苹果茎沟病毒(ASGV)单独侵染，或其中的两种或两种以上病毒复合侵染所致。这三种病毒统称为苹果潜隐病毒。一般须经过指示植物鉴定，才能区别苹果树是否带毒和带有哪种病毒。

苹果褪绿叶斑病毒粒体，曲线条状，大小为12×600纳米，稀释限点为 10^{-4}，致死温度为 52℃～55℃，体外存活期为 4℃条件下 10 天，由汁液传播。苹果茎痘病毒粒体线状，长 800～3 200 纳米，宽 15 纳米。失活温度为 50℃～55℃，体外保毒期为 25℃下 19～24 小时，稀释限点为 10^{-2}～10^{-3}。苹果茎沟病毒粒体呈纤维状，极弯曲，大小为 600～700 纳米×12 纳米，失活温度为 60℃～63℃，体外存活期为 20℃下 2 天，4℃时为 27 天以上，稀释限点为 10^{-4}左右。

检测苹果衰退病的常用方法为指示植物检测法。利用双重芽接法，苹果褪绿叶斑病毒在俄国苹果幼苗的嫩叶上，产生不规整褪绿斑，叶片以主脉为中心生长不对称，植株矮化，木质部散生凹陷痘斑。在扁果海棠叶片上产生不规整褪绿环纹和线纹斑。

苹果茎痘病毒的通用鉴定指示植物，为君袖 227（SPY 227）和光辉（Radient）苹果品种。病毒在指示植物上，造成病苗叶片向背面反卷，皮层坏死，木质部散生凹陷痘状斑。

苹果茎沟病毒的标准鉴定指示植物为弗吉尼亚小苹果。病毒在该指示植物上，嫁接口肿胀，接合部的木质部表层有深褐色坏死环纹，接口以上木质部产生纵向条沟，条沟表层组织变褐坏死。

【发病规律】 苹果衰退病的三种潜隐病毒，通过嫁接途径传染，随苗木、接穗和砧木传播蔓延。病树及健树的种子不带毒，也没有昆虫能传染。因此，用种子繁育的实生砧木是无病毒的。如果从病树上剪取枝条作接穗，繁殖苗木，或在有毒大树上高接无病毒接穗，则会造成所有苗木和高接后的大树带有病毒。由于我国目前栽培的苹果树大多数都带毒，所以从这些树上采集的接穗和繁殖的苗木，也基本上是带毒的。

我国常用的苹果砧木红果三叶、威宁海棠、庐山海棠、泰山海棠、德钦海棠、栾川山定子、巴东海棠、石屏野海棠和平邑甜茶等，都不耐茎痘病毒和茎沟病毒。楸子中的烟台沙果和楸子的变种圆叶海棠等，不耐褪绿叶斑病毒。在这些砧木上嫁接带毒接穗，将会造成接芽不能成活或成活后生长不正常，逐渐衰退枯死。用山定子和八棱海棠作砧木，对三种潜隐病毒抗性较强，嫁接带毒接穗后，不表现明显症状，只引起慢性危害。

【防治方法】

1. 培育无病毒苗木　培育无病毒苗木是防止苹果衰退病毒和苹果其他病毒的主要方法。用无病毒接穗嫁接在种子繁育的实生苗砧木上，就能杜绝苗木带毒。新建果园用这类无毒苗木栽培，就可以达到新果园不受病毒危害的目的。我国已培育出一批生产主栽品种的无病毒母本树，并在各苹果主产省区建立起供应无病毒接穗的母本园，供生产无病毒苗木用。

2. 禁止在未检验大树上高接繁育或保存无毒新品种　一般杂交育成的或从国外引进的新品种，多数是无病毒的。因此，禁止把无病毒的苹果接穗嫁接到未经检验是否带毒的苹果大树上繁殖或保存，以免使引进的无毒新品种传上病毒。

3. 加强病毒检疫，防止新病毒侵入和扩散　应制定和遵守从国外引进苹果苗木的病毒检疫制度，严防新病毒的侵入和传播扩散。

四、线虫病害

（一）苹果树根结线虫病

【症状诊断】　苹果树根结线虫病，仅在国内个别果园有发现。发病初期，苹果树的细根上寄生很多米粒大小的根瘤。

有的根瘤重叠，使新根生长量减少，变硬变细，重者不能再发根而逐渐枯死。地上部新梢生长缓慢，长势弱，结果少而小。

【发病原因】 苹果树根结线虫病，是由苹果根结线虫(*Meloidogyne mali* Itoh，ohshima et Ichinohe)危害所致。线虫雌雄异形。雄成虫线状，尾部稍圆，无色透明，体长1.5毫米左右。雌成虫为梨形，多埋生在寄主组织内。幼虫细长，蠕虫状。卵混生在胶质介质中，呈块状。

【发病规律】 苹果树根结线虫以卵或2龄幼虫在土壤中或病根内越冬，翌年春季开始活动，幼虫从根的先端侵入，在根里生长发育。当虫体长成香肠状时，使根组织肿胀，约在8月份形成瘤。8月下旬以后，瘤内产生明胶状卵包。初孵化幼虫又侵染新根，在原根附近形成新的瘤。该虫两年发生3代，多生活在土壤耕作层内。

【防治方法】 防治苹果树根结线虫病，应加强苗木检疫。施有机肥时，应腐熟后再用。发现苹果树受害时，可用杀线虫剂防治。

（二）苹果树根腐线虫病

苹果树根腐线虫病，危害苹果树根。国内在四川省平武、北川两县有发现。此病除危害苹果树外，还危害梨树。

【症状诊断】 苹果树的吸收根或细根上，产生褐斑或根痕，使根系生长受到抑制，严重受损的根系缺乏吸收营养的小细根，或有一些短的坏死的成丛细根。幼树不能大量长出新根。病树地上部枝条矮化或叶片褪绿，树势衰弱。

【发病原因】 苹果树根腐线虫病，是由胡桃根腐线虫(*Pratylenchus vulnus* Allen et Jensen)危害所致。其雌成虫长0.46～0.91毫米，雄虫较雌虫略短，稍细。低龄线虫纤细，成熟后变宽，吻针长 15～18 微米，具圆形吻针基球，食道具一中食球，窄，有瓣。雌虫阴门位于体后，侧区具等距纵向侧线四条，尾部逐渐变细，末端圆形，无侧线。雄虫交合刺小，稍弯。

【发病规律】 苹果树根腐线虫的 2 龄幼虫至成虫，均可侵入苹果根系。4 龄幼虫和成虫为主要侵染阶段。雌虫将卵产在根的皮层和土壤中，第一次蜕皮在卵中进行，产生 2 龄幼虫，从卵中孵出幼虫蜕皮三次。幼虫在根部皮层中移动和取食，使须根受到伤害。

苹果树根腐线虫的最适生活温度为 30℃，发育历期 25～50 天。土壤高湿不利于其生活。主要靠土壤移动进行传播。当 100 立方厘米土壤有线虫 25～150 条时，就会对苹果苗造成较大的伤害。

【防治方法】 防治苹果树根腐线虫的方法是，选育抗病砧木。新建果园选用无病苗。用杀线虫药剂杀灭病树根部的根腐线虫。

五、生理病害

（一）苹果缩果病

苹果缩果病，是由缺硼引起的生理病害，我国各苹果产区均有发生，其中以土层瘠薄的山地、河滩地及盐碱地发生较重。近些年来，此病有加重趋势。

【症状诊断】 苹果缩果病主要表现在果实上，严重时枝、叶也表现出症状。

1. 果实上的症状 果实从落花后到采收，都可出现症状。因发病早晚不同，此病可分为干斑型和果肉木栓化型两种。

(1)**干斑型**　从落花后半个月开始,幼果表面出现水渍状近圆形病斑,皮下果肉也呈半透明水渍状,有的病果溢出黄褐色黏液。后期果肉变褐坏死,干缩凹陷,果实畸形。重病果病斑处开裂。

(2)**果肉木栓化型**　从落花后20天至采收前陆续出现,果肉发生水渍状病变,逐渐变成褐色海绵状,不久病变组织木栓化,病果表面凸凹不平,手按有松软感,木栓化部位具苦味,不能食用。

2. 枝叶上的症状　通常有枝枯型、丛枝型和簇叶型。

(1)**枝枯型**　初夏,当年生新梢上部叶片淡黄色,叶柄、叶脉淡红色,微扭曲,叶尖和叶边缘出现不规则坏死斑,新梢自顶端向下枯死。新梢顶部的韧皮部和形成层组织内产生褐色坏死斑点。

(2)**丛枝型**　春季发芽时,叶芽不能萌发,或发出纤细枝,不久回枯死亡。在死亡部位以下,又发出很多新枝或丛生枝,这些新生枝条也往往回枯死亡。

(3)**簇叶型**　春夏季,新梢节间缩短,叶片狭小,质脆,肥厚,簇生。常与枝枯型同时发生。

【发病原因】　苹果缩果病是由于缺硼所造成的。苹果缺硼的土壤临界值一般为0.5毫克/千克。山地砂石土、棕壤土的水溶性硼含量在0.3毫克/千克时,为潜在缺硼状态。山地砂砾土、滩地砂土果园缺硼现象较多,天旱能加重缩果病的发生。苹果树在生长过程中不断需要硼,而硼素又不能贮存于体内和再运输到新生部位,所以在果树生长期陆续表现出缺硼症状。果树缺硼的原因很复杂。当土壤偏酸时,硼素变为水溶性,易被雨水淋洗流失。而土壤偏碱或施用石灰过多,钙离子与硼酸根结合，成为不溶于水的偏硼酸钙，不能被果树吸收，也引起缺硼。土壤板结，根系发育不良，土壤高湿或干旱，偏施氮肥，促进树体生长量大，需硼量增加等，均可引起缺硼现象的发生。

【防治方法】

1. 加强栽培管理 对山地、沙土、盐碱土和黏重土果园，深翻改土，增施有机肥和绿肥，加强水土保持，干旱时灌水或用麦草覆盖。

2. 土施硼砂 早春或秋季结合施有机肥，每株树按干径（距地面30厘米处）大小施用硼砂。一般干径7.5～15厘米粗的苹果树，每株施硼砂50～150克，干径20～25厘米粗的苹果树，每株施120～210克，干径30厘米粗以上的苹果树，每株施210～500克。施用时应与有机肥拌匀，用沟施法施入，施后灌水。根据缺硼情况2～3年施一次。

3. 喷施硼砂液 苹果树开花前、开花期和开花后，对苹果树上各喷一次0.3%硼砂水溶液。落花后喷施时可混加0.3%尿素。这种方法见效快，效果明显，但效果只能维持一年。

（二）苹果树小叶病

苹果树小叶病，在国内各苹果产区均有发生，其中以河北、山西、陕西、河南和山东等省的部分苹果产地发生较重。

【症状诊断】 苹果小叶病主要表现在新梢和叶片上，春天病枝发芽晚，发叶后叶片异常窄小，质地硬脆，叶缘略向上卷，叶面不平展，叶片黄色，浓淡不匀。长出的新梢节间短，叶片丛生似菊花状，严重时病枝枯死，下部再发新枝，但仍表现相同症状。病枝上不容易形成花芽，开的花小而淡，不易坐果。

结的果小而畸形。病树地下部根系发育不良，老病树根系多腐烂。重病树生长势和发枝力弱，树冠扩展慢，产量低。

【发病原因】 苹果树小叶病是由于缺锌所引起的。秋季枝条含锌量在28毫克/千克（干重）以下时，则为缺锌；叶片含锌量低于54毫克/千克（干重）时，为缺锌。土壤中缺锌量标准，因品种、土壤酸碱度和测定方法的不同而不同。用黑曲霉法测定，含锌量低于2毫克/千克干土，则为缺锌。锌以二价阳离子形态（Zn^{++}）被果树吸收，与有机物的螯合态锌也可被吸收。土壤中锌的有效利用与土壤溶液的pH值呈负相关，当pH值在7.85～8.40时，锌几乎全被土壤吸附，所以碱性土壤果园缺锌较重，酸性和富含有机质的果园，很少发生缺锌。偏施磷肥会加重缺锌症状。锌与土壤中的其他元素含量不平衡，如Cu^{++}、Mn^{++}、Fe^{++}等二价阳离子浓度高，会与二价锌离子发生拮抗，因而抑制锌的吸收。

果树缺锌时，色氨酸减少，而色氨酸是合成生长素吲哚乙酸（IAA）的原料，缺锌便会导致生长素的减少，因而影响枝叶生长，出现小叶病现象。锌是某些酶的组成部分，缺锌能造成许多酶的活性降低。同时，锌又存在于叶绿素中，催化二氧化碳和水生成碳酸根和氢气，所以缺锌也影响果树的光合作用。锌还能促进根系碳水化合物和蛋白质含量的增多，促进根系生长。因此，缺锌果树表现出明显的根系发育不良症状特点。

【防治方法】

第一，苹果树开花前，对树上喷洒或对病枝涂抹0.3%硫酸锌加0.3%尿素混合液，半个月后再喷一次。效果显著。

第二，秋季采收果实后，结合施基肥，每株大树用硫酸锌500～1 000克混入有机肥中，一同施入。施后灌水。

第三，增施农家肥和绿肥，改良土壤。

（三）苹果树黄叶病

苹果树黄叶病，在国内各苹果产区均有发生，以华北和黄河故道的盐碱和石灰性过高的果园，发生较重。

【症状诊断】 苹果树的嫩叶，叶肉呈黄白色或柠檬黄色，但主脉和支脉仍保持绿色。严重时，叶脉也失绿，叶片几乎变成白色，叶缘焦枯，早落叶，新梢顶端常枯死。新梢下部失绿较轻，停止生长后，轻病树又可逐渐恢复过来。

【发病原因】 苹果树黄叶病，是苹果树缺铁引起的一种生理性病害。叶片含铁量小于150毫克/千克干物重，则容易出现缺铁症状。树体内铁不易转移，所以嫩叶易表现缺铁现象。土壤过碱或碳酸盐含量高，使可溶性二价铁转变为不可溶性的三价铁，不能被植物根系吸收利用，苹果树因此而缺铁。因此，凡加重土壤盐碱化程度的因素，如干旱时随着地下水蒸发，盐分向土壤表层集中，或地下水位升高，盐分随地下水积于地表的洼地，以及土壤黏重，排水不良，盐分不易随灌溉水下沉淋洗等，均有利于黄叶病的发生。

砧木种类与黄叶病的发生轻重，也有明显关系。用黄海棠、新疆野苹果作砧木，所育苹果树基本不发生黄叶病；用东北山定子作砧木，在盐碱性土壤中，黄叶病发生重。

【防治方法】

第一，土壤偏碱地区，应选用抗盐碱和抗黄叶病的砧木。

第二，果园应增施有机肥和绿肥。低洼地和地下水位高的果园，应注意排水。

第三，施有机肥时，每株树混施1～2千克硫酸亚铁，施后灌水。

第四，在新梢加速生长期，对树上喷0.3%～0.5%硫酸亚铁液加0.3%尿素，隔15天左右喷一次，共喷3～4次。

（四）苹果苦痘病和苹果痘斑病

苹果苦痘病（彩图1-28）和苹果痘斑病，是苹果近成熟期和贮藏期常见的生理性病害，在各苹果产区均有发生。特别是近些年苹果大量套袋后，这两种病害的发生更为普遍，危害更为严重，一般病果率达10%左右。

【症状诊断】 苹果苦痘病和苹果痘斑病的症状如下：

1. 苦痘病症状 果实近成熟时开始出现症状，贮藏期继续发展。发病初期，以皮孔为中心出现颜色较深的圆斑。圆斑在红色果面上为暗红色，在绿色或黄绿色果面上为浓绿色，四周有红色或绿色晕圈。病斑以果顶和果肩及下部为多。之后，病斑表皮坏死，形成褐色凹陷病斑。病斑下面果肉坏死，变褐，成海绵状，以圆锥形或半圆形深入果肉。坏死果肉具苦味，严重时皮下5毫米左右深处的果肉不能食用。病斑大小不等，直径由二三毫米至一厘米左右。轻病果上病斑有三五处，重病果上的病斑多达几十处，果面布满坑坑洼洼的斑点。贮藏后期，病组织易被其他真菌腐生，发生腐烂。

2. 痘斑病症状 苹果痘斑病也是果实近成熟时开始出现症状，贮藏期明显加重。发病部位也是以果顶和果肩部为多，以皮孔为中心，果皮、果肉变褐、坏死，病斑凹陷。

苦痘病与痘斑病的区别，痘斑病的病斑比苦痘病的多，早期的发病部位比苦痘病浅，多为1毫米左右深，按通常的削皮习惯，可把这层变褐果肉削掉，更主要的是痘斑病最先变褐发生在表层，由外面向里面变褐，前期果肉苦味不太明显。而苦痘病最先变褐发生在果肉里层，在果肉中由里向外坏死，变褐，果肉具明显的苦味。其发病前期病斑凹陷已较明显，而痘斑病则不太明显。痘斑病发病有明显的方向性，果实阳面比阴面重，阳坡果比阴坡果重，外围果比内膛果重。

【发病原因】 苹果苦痘病和苹果痘斑病，都是由于果实缺钙和钙氮比偏低所引起的。叶片含钙量低于0.5%～0.7%、果实中钙/氮小于1∶10时，容易发病。

1. 钙的作用 钙对果树的作用是多方面的：

(1)**参与细胞壁的组成** 钙以果胶酸钙的形态参与细胞壁和胞间层的组成，将细胞相互连接形成组织，使植物器官或个体具有一定的机械强度。所以果实缺钙时，因无法形成细胞壁而抑制了细胞的分裂和形成，造成果实硬度的降低和不耐贮藏。

(2)**具有生理调节功能** 钙可与植物体代谢过程产生的过多而且有毒的有机酸结合，形成难溶性钙盐，如钙与草酸形成不溶性草酸钙等，从而消除了有机酸的毒害，同时调节了体内的酸碱度。钙还能消除植物体内某些离子过多所产生的毒性，如钙能加速植物体内铵离子的转化，减轻铵离子对植物的毒害。对酸性土壤，钙能减轻土壤中氢离子和铝离子的毒害；对碱性土壤，钙能减轻钠离子和钾离子过多的毒害。

(3)**参与植物体的生物化学反应** 钙参与植物体的生化反应，可活化环式核苷磷酸酯酶和Ca^{++}-ATP酶等，调节多种代谢活动。同时，钙也是植物内一些酶，如三磷酸腺苷水解酶、α-淀粉酶、琥珀酸脱氨酶及磷酸水解酶的活化剂，能促进蛋白质的合成和碳水化合物的运送。

(4)**稳定细胞膜** 钙能维持细胞膜结构，降低膜的透性，改变膜对离子的亲和性和选择性，防止细胞和液泡内的物质外渗及外界病菌的侵入和滋生，从而提高果树的抗逆性和抗病性。

(5)**提高果实的贮藏性**　钙能降低乙烯合成酶的活性，从而降低果实的呼吸强度，延迟呼吸跃变期，抑制细胞衰老，延长果实的贮藏保鲜期。

2. 果树缺钙的原因　影响果树缺钙的原因是多方面的，土壤、气候、施肥、修剪和果实套袋等，都有直接和间接的关系。

(1)**果实吸钙能力比叶片低**　钙是通过尚未木栓化的幼根吸收的，且经木质部中的导管以树液的蒸腾流的压力输送到果树的旺盛生长器官。钙在植物体内移动性差，在果树体内基本不能进行二次分配利用。所以蒸腾强度越大的器官，运到的钙素也越多。果实的蒸腾强度远远小于叶片，所以运到果中的钙比叶片中少得多，加之叶片中的钙基本不能向果中移动，因此果实中常明显表现出缺钙症状，特别是重剪果树的果实和套袋果实缺钙更为严重。因为果树重剪之后，长出的枝条生长势旺，叶片肥大，蒸腾作用提高，吸钙能力增强，而果实吸钙能力却相对减弱；果实套袋后，果面的蒸腾能力进一步变弱，所以吸收钙能力比不套袋果差，更容易出现缺钙症状。

(2)**土壤中其他离子对钙的拮抗作用**　土壤中往往不缺钙，但由于溶解在土壤中与钙离子有拮抗作用的铵、钾、钠、镁等离子过多，表现为高氮、高钾、高镁、低硼及氨态氮与硝态氮的比值高(NH_4/NO_3)时，都会影响钙的吸收和运转。当K/Ca达50时苦痘病严重；叶片中的Mg/Ca达0.5以上时，果实品质很差，因为过多的镁取代了钙的位置，致使生物膜的稳定性遭到破坏，贮藏能力降低。硼能促进光合作用产物向根输送，促进果树根系的生长，改善根系对钙的吸收能力。锌对钙的吸收和运输有促进作用，并能增加土壤中可溶性钙的比例。

(3)**土壤中有效钙含量不足**　土壤中的碳酸钙与磷酸钙

是果树吸收钙的主要来源，一般不缺乏。但土壤干旱、过涝和pH 值高时，会导致有效钙含量的不足。

(4)**苹果树各生育期吸钙量不同** 坐果后3～6周，是果实吸收钙的高峰期，这期间的吸钙量约占全年吸钙量的70%～90%，其余主要是采收前6～8周，此期间如果气候异常或管理不妥，均会加重果实缺钙。

【防治方法】

1. **加强栽培管理** 增施有机肥，避免偏施氮肥。适当轻剪，保持树势中庸。

2. **有效补钙** 落花后3～8周喷施0.3%氯化钙或硝酸钙液加0.3%硼砂液。果实补钙选品种时，要明确产品的含钙量。选择可溶性及能成为水溶性离子状态的含钙剂，才能达到真正的补钙效果。纯氯化钙的含钙量为53%，纯硝酸钙的含钙量为19.4%，且均为可溶性离子状态，所以它们是有效补钙首选的品种。二者在国外也广泛应用。

(五)苹果水心病

苹果水心病，又称苹果蜜病、苹果糖蜜病，是元帅系苹果常见的生理性病害。各苹果产区均有发生，其中以陕西省北部黄土高原、甘肃省天水、山西省晋中及河南省豫西果区，发生较重。

【症状诊断】 苹果水心病的特点是，果肉细胞间隙充满细胞液，局部果肉组织水渍状，半透明，具甜味。因病情轻重不同，病变有以下几种情况：①病变发生在果心中间，以后扩展到整个果心，直至心皮壁。②病变发生在果肉维管束周围。③同时发生在果心和果肉维管束周围。④病害发生在果肉的任何部位，有的可发生在果皮下，从表皮就可以看到皮下果肉呈半透明状，甚至果面溢出黏液。病果因细胞间隙充水，所以果实较重。病果含酸量特别是苹果酸含量较低，有乙醇的积累，味酸甜，略带酒味。后期，病组织腐败，变褐。

【病因及发病规律】 苹果水心病病组织细胞间隙的液体中，有山梨糖醇积累。山梨糖醇是光合作用的产物。在正常情况下，山梨糖醇进入果实后即转化为糖，不会积累。水心病的发生是由于果实中山梨糖醇、钙、氮代谢转化失衡所致。山梨糖醇在山梨糖醇脱氢酯作用下，变为果糖而进入果实细胞内。当这种酶失活时，山梨糖醇便无法进入细胞内，而充溢在细胞间隙，致使细胞间隙渗透压增高，从细胞中吸水，当细胞间隙充水后，因光线易于通过而出现透明状。果实的萼洼及心室部位，维管束多而密，山梨糖醇容易积累，所以这些部位常表现出水心病症状。此外，病果的含钙量和钙氮比值明显偏低，影响了一些酶或辅酶的活性，使糖的代谢、运输和转化失衡，也加重了水心病症状的表现。

水心病的发生与树势、品种、气候及管理情况有关。偏施氮肥，修剪过重，幼树钙营养不良，发病重；采收期晚，果实过度成熟，树势弱，树冠阳面易受太阳照射的果及大果，发病较多。

【防治方法】

第一，加强栽培管理，适当修剪；增施复合肥和磷肥；感病品种应适时采收，不要晚采。

第二，苹果落花后 3 周、5 周和采果前 10 周与 8 周，各喷一次 0.3%～0.5%氯化钙或硝酸钙水溶液。

第三，苹果贮藏前，用 4%～6%氯化钙水溶液浸泡 5 分钟，干后再贮。

（六）苹果果锈

苹果果锈（彩图 1-29），主要发生在金冠品种上，所以又称金冠苹果果锈，是沿海和内陆潮湿地区苹果的一种常见生理性病害。

【症状诊断】 果实表皮粗糙，木栓化，呈褐色铁锈状，严重时果皮外观似马铃薯皮。轻者主要分布在果面胴部的中下部，重者布满果面。果个较小，果肉较硬，果实外观和内在品质变劣，商品价值明显低。套袋的富士苹果，在萼洼或梗洼部位也易于产生成片的果（水）锈。

【病因及发病规律】 苹果在幼果期，表皮受到不良刺激后，下皮层细胞分裂产生木栓层，使上面角质层龟裂和剥落，木栓化皮层组织外露，形成果锈。致锈的主要时期为落花后 10～25 天，也有人认为是落花后 10～40 天之内。这一时期的幼果，如遇到空气湿度过大，或气温急剧变动，连续几天低温高湿、海风或冷风刺激、喷药压力大、喷洒高浓度波尔多液或对果皮有刺激作用的其他农药，均有可能形成或加重果锈。果锈发生的轻重，还与地势、地形、土壤和管理水平等方面，有一定的关系。套袋时所用的果袋抗水能力差，使袋内渗水或破损进水，萼洼或梗洼长时间积水，是套袋果（水）锈发生的常见原因。

【防治方法】 在果锈发生严重地区，栽植无锈或少锈品种。致锈敏感期不喷波尔多液等对果皮有刺激作用的杀菌、杀虫剂。喷药时，喷头不要离果面太近，不要使喷头孔径和压力过大，以免对果面形成淋洗式刺激。果实落花后，提早在幼果致锈期套袋，对防治果锈有一定效果。

（七）苹果日烧病

苹果日烧病（彩图 1-30），主要危害果实，造成果面产生日光烧伤斑。烧伤部位不能正常着色，容易腐烂。苹果日烧病在各苹果产地均有发生，以内陆的山坡丘陵果园受害较重，特别是套袋果，发病更为普遍和严重，其中套膜袋的苹果日烧病果率达 15%以上。

日烧病还常常表现在苹果树的树干和大枝中下部。这种情况多发生在冬季北方或高海拔果园。苹果树上的枝干被阳光灼伤后，会加重受冻和容易发生腐烂病、干腐病。

【症状诊断】 夏、秋季，从果实将要着色时开始，在白天强烈阳光照射下，果实肩部或胴部及斜生果迎光面的中下部果面，被烤晒成灰白色圆形或不规整形灼伤斑。西部高海拔地区的果实或套袋果，午后 13 时至 15 时，没有叶幕遮盖的强光照果面，往往 2 小时就由绿色变成灰白色，不久变成褐色。受害轻时，被烤伤的仅限于果皮表层；受害重时，皮下浅层果肉也变为褐色，果肉坏死，木栓化。在灼伤斑周围，有时有红色晕圈或凹陷。病斑后期也不着色。

苹果枝干上的日烧，主要发生在冬季。枝干在中午至午后的强阳光照射下，浅层皮层失水变成红褐色，局部枯死，成为椭圆形或不规整形烤伤斑。此部位易发生冻害和感染腐烂病和干腐病。

【病因及发生规律】 日烧是由温度和光照两方面因素综合作用所造成的。内陆的山坡、丘陵地果园，夏秋季光照充足，树上外围或内膛枝叶不多，果面易受阳光直接照射，或套袋果接触果袋部位受到光照和烘烤，短时温度高达 45℃，局部果皮水分蒸腾加强，严重失水，导致果皮和浅层果肉被烤伤，产生烧伤斑。据人工日烧诱导试验，苹果发生日烧的临界温度为46℃～49℃。临界温度的高低因品种不同而有所差别，一般认为45℃为日烧的临界值。无风和空气相对湿度小于26%时，易发生日烧。引发日烧的综合气象条件为：在晴天11～14时，平均日照强度大于700瓦/平方米，相对湿度小于26%，气温高于30℃，风速小于1.3米/秒，未来1～3小时就有发生日烧的可能。

北方地区的苹果园，冬季冻土层较厚，绝大多数根系处在冻土层范围内，停止活动，不能吸收水分，树皮含水量很低，加之此时太阳偏南、偏低，阳光对树干和大枝基部的照射角度变大，近于直角，有利于枝干吸收热量。所以，在晴朗无风的天气，一些丘陵、坡地树冠枝条少的苹果树枝干树皮易于晒伤。如此反复数日，部分树皮形成红褐色烧伤斑，造成浅层树皮死亡。

【防治方法】

第一，夏、秋季果实易发生日烧病时，果面喷洒200倍石灰乳(生石灰水)，以减少果实表面光照强度和降低果面温度。对易发生日烧的地区和果园，修剪时应适当重剪，以促进发枝，增加外围枝条和叶片数量，提高对果面的覆盖率。

第二，对容易发生日烧的套袋果，套袋时要注意鼓起果袋，使果实处于袋的中间。对早期发生日烧较多的套袋果，套袋前果园应浇透水，提高湿度，或避开幼果时的高温期，适当晚套。

第三，冬季苹果树枝干发生日烧较重的果园，在初冬用白涂剂涂刷主干和大枝中下部。白涂剂配制方法为：配制原料是生石灰10～12千克，食盐2～2.5千克，大豆浆(粉)0.5～1千克，水36升。配制时，先将生石灰用一部分水化开，再加剩余的水，过滤去掉杂质。然后将其他原料加入过滤的石灰乳中，搅匀待用。有灌水条件的果园，上冻前要灌足封冻水。

（八）苹果裂果病

苹果裂果病，是果实生长期常见的生理性病害。内陆干旱果区的富士和国光等品种发生较重。

【症状诊断】 果实生长的中后期，在果实的梗洼、萼洼或果肩附近，果皮发生许多横向小裂口，小者长约1毫米，大者长4～5毫米。裂口处露出的皮下果肉变褐，木栓化。裂果在贮藏期易腐烂。另一种是在果面出现纵向大裂口，长1～4厘米，重者从果肩一直开裂到萼洼处，长达5厘米以上，果肉外露、变褐，成为畸形果。

【病因及发生规律】 造成果面纵向大裂口的原因，是果实生长期水分供应失调，前期或中期天气干旱，果皮厚，弹性低，以后突降大雨，果实急剧吸水，细胞膨胀，撑破果皮，造成纵向大裂口。造成横向小裂口的原因比较复杂。一种是与水分供应不均匀或天气干湿变化大有关，另一种是与果皮缺钙有关。

【防治方法】 为了防止发生苹果裂果病，在果实膨大期的天气干旱时，及时灌水。在裂果敏感期，要小水勤灌。要改良土壤，增施有机肥和绿肥，进行树盘覆草等。采用这些措施，均有一定的防治效果。

（九）苹果树干旱症

随着全球异常气候的频繁出现，各苹果产区春、夏季出现旱灾的现象常有发生，给苹果树带来不利的影响，造成干旱症状，严重时导致苹果产量减少、质量降低与树势削弱，甚至死树(彩图 1-31)。

【症状诊断】 果树生长期,先从下部老叶开始,逐渐蔓延到枝条的上部叶片,从外向内叶肉迅速变黄,但叶脉仍保持绿色,造成从下往上大量落叶。还有的白天叶丛或花丛萎蔫,叶片向内卷曲,夜间能恢复正常。此为慢性干旱症。有干旱症的苹果树,吸收根大量萎缩,变褐,以至枯死。

【病因及发生规律】 果树缺水所致。此症在土层浅、瘠薄的山坡丘陵地及河沙地果园发生重,土壤黏重果园发生也重。

【防治方法】 除自然降水外,应搞好果园水土保持和水利工程建设,保证能及时灌水,良好保水。

(十)苹果树冻害

我国地域辽阔,地形复杂,气候多变,在苹果栽植区每年都出现不同程度的多种类型冻害,对生产造成损失。

【症状诊断及发生规律】 苹果树的冻害,因发生时间、地区的不同,冻害的症状类型也不同。常见的有晚秋初冬型冻害、冬季低温型冻害、抽条型冻害、晚霜型冻害和幼果期霜环型冻害五种类型。

1. 晚秋初冬型冻害 北部果区在 11 月中下旬,中部果区在 11 月下旬至 12 月上旬,苹果采摘后至落叶之前,树体尚未完全休眠阶段,天气异常温暖,日平均气温达 15℃左右,诱使休眠晚的主枝基部、主干根颈部的形成层和树皮生理活动活跃,不能及时进入休眠,抗寒能力较低,紧接着突然出现大风降温或寒流,气温降至－3℃～－5℃,经数十小时后,使这些部位的形成层和深层树皮受冻,变成浅褐色。第二年春季果树发芽期,受冻部位以上的大枝或树体迟迟不能发芽,待正常果树落花后,受冻重的枝或全树仍不能发芽,受冻部位的形成层和深层树皮变成黑褐色，最终死亡。但浅层树皮常保持白绿色。落花后1个月左右，受冻部位树皮凹陷，干缩。面积大的或受冻严重的树皮裂缝、翘离，皮下的木质部呈黑褐色。受冻树皮附近易发生腐烂病。

2. 冬季低温冻害型 冬天果树进入休眠期后，树干、大枝的抗冻能力很强，但冬季出现异常低温时，树皮相对较薄的小枝常发生低温冻害，轻者髓部变褐而死亡，重者木质部及树皮变褐和枯死。同时花芽也受冻、变褐，有时冬季气温降至－25℃以下，大枝树皮也被冻伤，变褐枯死。

3. 抽条型冻害 春季土壤开始化冻前后，气温上升很快，并且空气干燥，有大风，枝条水分蒸发量大，而树下土壤湿度大或根系过深，根层所在位置的土壤尚处于结冰状态，不能充分吸收水分供给地上部开始活动的枝条，造成树上皮薄、细嫩树皮严重失水和皱缩，变成紫褐色以至暗紫色，韧皮部和木质部发白、发干，后期干枯死亡，不能发出新的枝叶。这种症状类型的冻害在北方地区潮湿的河滩地，春风大的阴坡下湿地，以及新疆、甘肃河西走廊和山西、河北省北部、辽宁省西北部果园，常有发生。

4. 晚霜型冻害 近几年，在北方果区的春天，晚霜型冻害发生频繁。如2001年4月9日，陕西渭北、山西晋南果区，气温降至－4.7℃，出现明显霜冻，许多苹果树花芽受冻，芽锥体变褐，特别是海拔较高的半山腰和山顶的苹果树，受冻严重，果树的中下部花芽受冻率80%以上。2001年3月，河北省中南部果区气温偏高，多数果树比常年萌发提早5～7天。但3月26日夜间突降小雪，27日和28日夜间连续出现0℃以下低温，凌晨气温最低达－0.9℃～－1.6℃，此时苹果树处于花芽膨大、花序分离期，梨树处于含苞待放期，均受到严重冻害。同期(3月28日),强冷空气袭击到山东的西、南部果区,当地出现大风降温,使前10天因异常温暖而进入萌芽至花期的苹果等多种果树严重受冻,总经济损失达5亿元。特别是2002年4月24日,山东烟台市的主要苹果产地,气温降至-3℃以下,使苹果、梨、桃等刚落花的幼果和葡萄花穗、新梢严重受害,损失达52亿元。

苹果花芽膨大至开花期的冻害,一般初期表现为花柱、柱头、花药由绿色变为褐色,继而萎蔫、干枯。轻者雄、雌蕊受冻,花朵仍然可以开放,但不能坐果,冻害严重时,花瓣呈水渍状,枯萎脱落。

5. 幼果期霜环型冻害 苹果幼果期,一般在落花后7~10天左右,遇到3℃以下低温或晚霜,在萼片以上部位出现环状缢缩,不久形成月牙形凹陷斑,并继续发展成围绕果顶的紫红色凹陷斑,其皮下浅层果肉变褐,坏死,木栓化。随着果实的生长,受害果大量脱落,没落的果实至成熟期,萼部周围仍留有环状或不连续环状黑褐色凹陷伤疤。此类低温冻害一般坡上发生轻,坡下发生重,凹地的幼树果发病重,平地的大树发病轻。在主栽品种中,秦冠和富士品种树发病重,金冠品种树发生较轻。

【防治方法】

第一,晚秋、初冬容易发生冻害的果园,在7月份以后应控制施用氮肥,同时对树上喷施磷、钾肥,控制旺长,促进枝条成熟和营养回流。有灌溉条件的果园,要及时灌足封冻水。晚秋时,要对主干和大枝中下部涂白。幼树入冬前,要进行地表培土。根颈部易受冻的地区,可在深秋时扒开根颈部土,吹晒半个月后再填平土。

第二,对春季晚霜型发生频繁的果园,在春季果树发芽前要灌水。发芽后至开花前，要再灌2～3次水。这样可延迟果树物候期2～3天，以减轻受冻的程度。如能根据天气预报，在芽萌动后提前灌水，提高果园的热容量，对短期的－3℃左右降温有明显防冻作用。

第三，春季花芽萌动前，结合防治枝干病害，喷洒10%果康宝膜剂80～100倍液，对防止－3℃以上时的花芽冻害，有一定的效果，可使花芽受冻率减少30%左右。

第四，防治晚霜和花期冻害，可根据天气预报，在果园每隔20～30米放一堆杂草，在气温降至0℃以下时，开始点火，压土熏烟。也可以对树枝喷水，加大热容量，以减轻冻害。

（十一）苹果树生理性烂根病

苹果树生理性烂根病(彩图1-32，33，34)，各地比较常见，对生产有一定的损失。

【症状诊断】 苹果树生理性烂根病，常见的有水涝烂根、冻害烂根、肥害烂根和盐碱害烂根四种类型。

1. 水涝烂根 初期，枝条基部叶片发黄并脱落，后逐渐往上部叶片发展，严重时不脱落叶片也变黄，有的叶缘焦枯。挖开树根检查，其侧根和细根皮孔膨大，发青，突起，有很浓的酸腐气味。受害轻时，仅部分吸收根前部变褐和死亡，叶柄和小枝木质部发白、发干。

2. 冻害烂根 在北方果区较常见。大树靠近地表的根，早春形成层变成浅褐色，前端新根生长慢，重者支根变褐死亡。

3. 肥害烂根 吸收根先成团变黑死亡，同时支根上形成黑色坏死斑，大根根皮也变黑死亡，根皮易剥离，严重时木质部也变褐死亡。被害根表面覆有白色至褐色黏液，具氨气臭味。严重时，地上部主干和大枝一侧树皮成带状变黑坏死，干缩后凹陷，易剥离，其下面木质部也变褐，成条状坏死。同时，与烂根相对应的树上叶片，其边缘焦枯变褐。变褐从主脉开始，逐渐发展到侧脉和小叶脉，从叶脉向叶肉发展，往往造成急速大量落叶。斜切叶脉或小枝，在放大镜下可见到输导系统变褐。

4. 盐碱害烂根 树根前端须根大量变褐枯死，与之相接的侧根也相继形成黑色圆斑。整株树的吸收根和细根明显减少。土壤水分高时，根表面覆有黏液。地上部叶片色浅，边缘呈黄绿色，向内扩展，之后由边缘向内焦枯。

【病因及发生规律】 各种类型生理烂根的原因及发生规律如下：

1. 水涝导致烂根 因积水浸泡，造成根系呼吸缺氧及腐生微生物发酵，使根系腐烂。水涝烂根，与果园地势、地形、地下水位、土壤黏重情况、苹果树品种和砧木抗性等关系密切。

2. 冻害导致烂根 北方冬季寒冷果区，在秋雨较多年份，或施肥过浅造成根系上引的果园，早春容易出现冻害烂根。苹果树根系的抗冻性较差，往往在周围土温－11℃～－13℃时即发生冻伤。而地上部一般可耐－20℃以下低温。根部冻害烂根的轻重，与品种、砧木、土壤含水量、树势及根的贮藏营养状况等，有密切关系。

3. 肥害导致烂根 施化肥时没撒开，成团施入或成堆施入未腐熟的有机肥，当降雨后被水分溶化，树根周围溶液浓度急剧增高，使树体水分出现倒吸现象。同时，肥料中的大量离子，对生长的根系也会造成毒害。

4. 盐碱害导致烂根 高浓度盐碱钠、镁离子，造成树体水分倒流和外渗，使叶片和细根失水，腐烂。同时，有害离子过多，对根系也造成毒害。

【防治方法】

第一，果园积水时，及时排水。

第二，施有机肥时，适当深施，下引根群。晚秋对树干周围培土，翌年春化冻时将培土扒开。

第三，有机肥应腐熟后再施用。施用时，要将其与土混匀后进行沟施。施化肥要撒匀，不要成堆。发生肥害后，要大量灌水解救。

第四，对盐碱重的果园，要加强春季灌水洗碱，增施有机肥和绿肥。栽树时，要用有抗盐碱砧木的苗木。

（十二）苹果树再植病

苹果树再植病，也叫重茬病。随着果树品种更新换代的加快和栽植周期的缩短，越来越多的老、劣果园被淘汰更新和重栽。由于间隔时间不够，新栽果树因而常发生再植病。

【症状诊断】 在重茬地，新栽果树苗木成活率低，幼树生长缓慢、根系不良，进入结果期后，结果少，产量低，品质差，树体抗性弱，树势早衰，易成小老树。

【病因及发生规律】 果树再植病，是前茬果树或林木遗留到土壤中的有害微生物、有毒物质积累、可用营养减少和土壤结构变劣等因素，综合作用的结果。前茬树因固定在同一位置生长多年，根系广泛，在根际微生物中积累许多有害真菌、细菌、放线菌和线虫，对新栽果树根系生长有一定抑制或致病作用，造成新栽果树根系不发达。前茬果树根系在多年生长中，也产生许多分泌物，如根皮苷等物质，在土壤中残存，经土壤微生物分解，产生有毒物质，使新栽果树根系的呼吸和代谢受到抑制。前茬树在固定位置生长多年，造成根系范围内的多种矿质营养元素的缺乏或过剩，使新植苹果树营养失调。前茬树根系周围土壤板结，物理性状差，抑制新栽树根系活动和对水分、营养的吸收。

【防治方法】

第一，在淘汰果园和林迹地再栽苹果树时，应先耕翻土壤，种豆科或禾本科作物3～4年，待恢复正常的土壤微生物群系、土壤结构和理化性状后，再栽植苹果树。

第二，新栽苹果树时，应与原栽的苹果树行间错开，栽树前最好挖栽植沟，深翻改土，然后再晾晒2～3个月，栽植前沟内，应施一定量的碎秸秆和柴草（约20厘米厚），然后再施够有机肥、过磷酸钙和氮素化肥，并将其与土混匀。

第三，有条件的果园，栽树后进行土壤分析。然后再根据分析结果，追施一定量的矿质营养肥料和有机肥。

（十三）苹果树二氧化硫伤害

随着农村乡镇企业发展和城市范围的扩大，原来栽植苹果园附近，常建起热电厂、冶炼厂、造纸厂和化工厂等大量排放二氧化硫的工厂，造成果树中毒，产量下降，甚至死树。因此，必须重视并做好苹果树二氧化硫伤害的防治工作。

【症状诊断】 二氧化硫对苹果树的伤害（彩图1-35），最常见的是表现在叶片上。有急性和慢性两种。当空气中二氧化硫浓度较高，超过一定界值（伤害阈值）时，短时间接触，苹果叶面就会有轻微水液渗出，叶色短时间变深，似开水烫伤状，叶表发黏，不久即出现暗绿色水渍状斑点，一二天后变成黄褐色、不规整形与边缘清晰的坏死斑。当空气中二氧化硫浓度达1.3毫升/升，经6小时，第二天即出现急性中毒症状。如果二氧化硫浓度较低，短期内叶片虽然不产生坏死斑，但接触时间较长以后，叶片可产生慢性伤害。主要症状是叶片失绿，严重时也会发展到组织坏死，与急性中毒后期症状相似。苹果花对二氧化硫抗性相对较强，但受害严重时，花瓣和花柄易出现水渍状态，渗出黏液，不久后便萎蔫。幼果受害以后，初期果面变色，渗出水滴，不久后便脱落，没有脱落者也往往形成果锈，果面有木栓化斑块。枝条较抗二氧化硫，中毒初期略呈水渍状，继而出现黄褐斑，后期粗糙、变黑，严重时从上往下逐渐枯死。二氧化硫伤害，往往伴有粉尘等污染物存在，产生协同增效作用。

在对二氧化硫伤害苹果树的症状诊断和技术鉴定中，特别是涉及到损失评估时，往往都是经过司法部门委托进行的，直接关系到原、被告方的经济利益。在经济损失中，还经常存在侵染性病害、虫害等致灾性生物原因，缺素症等生理性病害，以及冻害、农药伤害、干旱和管理不当等其他因素，鉴定时应予以排除，并按照二氧化硫在田间的分布规律和作物上的含硫量，来进行全面分析，力求做到科学、客观、公正和合理。

【病因及发生规律】 影响苹果树受害轻重的因素，有以下几个方面：

1. 二氧化硫排放量 工厂超标排放或发生事故泄漏的二氧化硫，经烟囱排出后，不能充分在大气中扩散，稀释后降落到地面及果树上，经气孔进入叶片组织内，在具有氧气和水分的条件下，进行光化学反应，形成亚硫酸，伤害叶片，出现漂白、脱水、失绿、枯死斑和脱落等特有的症状。二氧化硫排放量大，对苹果树的危害自然就重；排放量小，对苹果树的危害就轻。

2. 烟囱高度 工厂烟囱所排放二氧化硫的毒害情况，因高度不同，其污染距离远近也不同。如无烟囱，二氧化硫气直接从门、窗中排出，则污染距离较近；烟囱越高污染距离越远，烟囱附近则污染程度较轻。据报道，烟囱30米高的某化工厂，距烟囱8倍高度的距离，树冠迎风面叶片中含硫量为0.32%，叶片焦枯，为急性中毒；背风面叶片含硫量为0.31%，落叶多，也为急性中毒；距烟囱20倍高度的距离的苹果树，全树叶片平均含硫量为0.19%，出现叶缘焦枯，少量落叶，表现为慢性伤害；距烟囱50倍高度距离的苹果树，全树叶片平均含硫量为0.11%，叶片基本无症状，为隐性伤害。所以，工厂排放的二氧化硫对果园污染鉴定的最大特点，是以烟囱为中心，症状的轻重和叶片含硫量高低呈圆形或偏心椭圆形轮纹状分布。

3. 气象因素　在短时间大量排放二氧化硫的急性中毒中，气压低、空气湿度大、阴雨天时及顺风向的果树受害重。

4. 环境条件　在二氧化硫排放量较少的慢性中毒中，适宜的光照和温度，充足的水分供应，较高的大气湿度等，有利于叶片气孔的开放和二氧化硫进入叶内，经常处于下风向的果树叶片容易受到慢性伤害。

5. 品种情况　在苹果品种中，对二氧化硫由重到轻的敏感程度，依次为新红星、红富士、金冠、青香蕉、红玉、辽伏、祝光和秦冠。在相同的排放量下，敏感度越重，受害越重。

6. 生长发育时期　苹果不同生育期，对二氧化硫敏感程度不同，其中旺盛生长的春、秋梢阶段最敏感，落叶后和休眠期抗性强。

7. 土壤与光照情况　果园土壤理化性质、光照时间和波长与伤害程度也有一定关系。其中酸性土壤上的苹果树受害重，碱性土壤上的受害轻；在有利于气孔开放的天气和光照时，苹果树受二氧化硫危害重。

8. 粉尘情况　二氧化硫与粉尘复合污染时，苹果树受害重。

【防治方法】

第一,依据环保法规定,健全环保责任制,限期进行治理。坚持二氧化硫的排放标准,强化环保意识。

第二,根据果树生育期和气象条件,安排工厂机器设备的试车生产和废气排放。在果树敏感期,选用低硫燃料,提高排放温度,增加烟囱高度。有条件的可改进燃料或烟气脱硫处理,人为控制污染的发生。

第三,选栽抗性强的树种和品种,并加强管理,提高树体抗污染能力。

第四,新建苹果园,应远离污染源地区。

(十四)苹果树常见农药药害

苹果树的农药药害(彩图 1-36,37,38),近些年来时有发生,往往造成重大经济损失。例如 1994 年,某外国公司的一种铜制剂杀菌剂,在山东烟台、辽宁大连等地苹果园,产生大面积药害,赔偿损失 80 多万元;1995 年,某工厂在售出的杀螨剂个别包装箱中,混有除草剂甲磺隆,致使 1 000 多株苹果树、梨树和桃树死枝、死树,经济损失达数百万元。因此,对于苹果树的农药药害,千万不可忽视。

【症状诊断及发生规律】 苹果树的常见农药药害,主要有以下三个方面:

1. 铜制剂杀菌剂药害 近些年,为取代波尔多液,工厂化生产碱式硫酸铜、氧化亚铜、氢氧化铜、氧氯化铜和络氨铜等多种铜制剂杀菌剂,在市场有销售,用其防治苹果轮纹烂果病和早期落叶病,常在果实上和叶片上出现药害。幼果期,喷药 2～3 天,轻者果面皮孔开始逐渐增生,后期皮孔变大、开裂,表皮粗糙,果面不平,影响外观和商品价值。重者喷药3天后,皮孔变黑和坏死。有些小黑点发生在果面上,呈蝇粪状,凹陷,坏死。随着果实的生长,后期疮痂化,易翘离。严重的药害斑点直径达1毫米以上,近圆形或不规整形,后期略凹陷,皮下浅层果肉变褐,木栓化,失去商品价值,贮藏期不腐烂。叶片受害,多在喷药后3～5天出现。受害叶片的叶缘变成红褐色,有微细斑点,重者焦枯,或叶脉附近出现焦枯斑,叶片易早落。药害多发生在幼果敏感期和连阴雨天。其药害是因铜离子大量释放或用药浓度过高而造成的。

2. 有机磷杀虫剂药害　一般发生在乳油剂型上。在叶片或幼果容易积留药液部位,产生热水烫状深绿斑,表面发黏,失水后,呈浅绿色油渍状,最后焦枯,果柄、叶柄产生离层,叶果易脱落。油乳剂农药药害,多因药剂乳化剂性能不好,或与其他农药、肥料混用,破坏乳化剂性能,使药剂中的原药、有机溶剂外露,在药液中分布不均匀而造成的。

3. 除草剂草甘膦药害　随着农药工业的发展和劳动力成本的提高,近些年一些地区果园应用除草剂进行果园除草者,日益增多。其中草甘膦为果园常用除草剂品种,如使用不当常使果树产生药害。果园地面喷洒草甘膦时,药液溅洒或因风飘移到果树中下部新叶上时,会使新叶生长点发黄或变成红紫色,后转为褐色,经10～14天后死亡。严重者,在翌年春天长出的叶片细长,带白边,扭曲,丛生,并常有条纹状斑,在芽眼附近发生大量抽枝。草甘膦发生药害,多因喷药时风力较大,药液飘移严重,或喷头上缺少定向罩,使药液四处飞溅,落到果树上而造成。

【防治方法】

第一,铜制剂农药在投放市场销售前,应做好用药时期、浓度和苹果不同品种用药条件的安全性试验。一般在苹果幼果期(麦收前)和连阴雨时期不能使用。坡谷阴湿地和湿度大时也应慎用。

第二,乳油型杀虫剂,在农药加工时,除试验、筛选乳化剂乳化性能外,也应全面试验用水稀释后,药液对苹果不同品种、生育期、天气条件及常用药剂混用的安全性。用户应严格按包装标签上的使用方法用药。

第三,使用草甘膦除草剂时,要在无风天进行,喷头上应配装定向喷药罩。最简单办法是在喷头上固定一个方便面盒,且喷头尽可能接近地面。

(十五)苹果雹伤

苹果雹伤(彩图 1-39),是苹果生长期常见的一种自然灾害,各苹果产区均有发生。苹果受雹伤后,果品质量受影响,一般都成为等外果。因此,对苹果雹伤,也要认真加以防治。

【症状诊断及发生规律】 苹果在果实膨大期和果个生长期,遭受冰雹打击以后,果皮破裂,果面出现坑洼,几天后伤口逐渐愈合,凹陷坑表面形成一层黑色、粗糙的伤斑死组织。由于果实仍在长大,而受伤部位却停止生长,因而果实逐渐变成畸形,伤口附近果皮也易开裂,成为裂果。苹果生长后期,受到雹伤后,虽然果个大小已经定型,果实不再变成畸形和裂果。但遭受冰雹打击的部位仍然出现黑色凹陷坑。在运输和贮藏期,雹伤果实基本不腐烂,伤斑也不再扩大。

苹果树枝干受雹伤后,树皮被打破,严重时坑斑成片;树叶被打烂打碎。因此,果树易得腐烂病,树势严重削弱。

果实和树干被冰雹打了以后,表现出明显同一方向性,伤、坑多分布在受害当时的迎风面,背风面很少。

【防治方法】

1. 驱云防雹 在冰雹常发生地区，苹果园生产者应与气象部门结合，采取打炮或土火箭方法，驱散含有冰雹的强对流云团。

2. 加强伤后管理 树体受伤后，应加强肥水管理。对树上喷杀菌剂时，应连同苹果树枝干一同喷洒，以防止伤口被病菌感染，促进伤口愈合，尽快恢复树势。

六、贮藏病害

苹果贮藏期病害

苹果贮藏期，除继续发生轮纹烂果病、炭疽病、褐腐病和霉心病等侵染性病害之外，还经常发生青霉病（彩图1-40）和软腐病，以及生理性病害粉绵病、果肉褐变病、虎皮病和褐心病。

【症状诊断及发生规律】

1. 苹果青霉病 此病开始发生在果实的伤口部位，病斑黄白色，圆形或近圆形，果肉变褐，湿软腐烂，往果心呈锥形扩展。烂果肉有很浓的霉味，表面长出青绿色霉层，为病菌的分生孢子梗和分生孢子。

病害由多种青霉菌侵染所致，常见的有扩展青霉〔*Penicillium expansum* (Link) Thom〕和意大利青霉〔*Penicillium italicum* Wehmer〕。前者分生孢子梗长500微米以上，帚状分枝1～2次，间枝3～6个（大小为10～15微米×2.2～3.0微米），小梗5～8个，大小为8～12微米×3微米。分生孢子呈链状着生于小梗上，椭圆或近圆形，光滑，长径为3～3.5微米。意大利青霉的分生孢子梗呈帚状分枝三次，间枝1～4个，大小为15～20微米×3.5～4.0微米，小梗为8～12微米×2.5～5.0微米。分生孢子初为圆筒形或近圆形，后变为椭圆形。其大小早期为9.0×5.0微米，后为4.0～5.0微米×2.5～3.5微米。病菌孢子在2℃～30℃时均可萌发，适温为10℃～25℃。菌丝生长温度为13℃～30℃，最适温度为20℃。孢子萌发需要饱和湿度。

病菌在自然界广泛存在。当病菌接触果实伤口时，即萌发，侵入果肉。当其在死组织上积累一定菌量后，即向活组织上扩展。贮藏初期和后期库温高时，发病快；冬季低温，扩展慢。破伤果多时发病重。

2. 苹果软腐病 苹果在贮藏后期，或受冻伤、碰压伤及生理性衰老时，易发生此病。病果果面病斑为水渍状，淡褐色，果肉变褐软化腐烂，形状不规整，条件适宜时整个果实很快烂掉。

软腐病，是由多种弱寄生真菌对生理衰老苹果的侵染所致。常见的有梨形毛霉菌（*Mocor piriformis* E. Fischer）、葡枝根霉菌〔*Rhizopus slolonifer*（Ehernb. ex Fr）Wuill〕和曲霉（*Aspergillus* sp.）。

病菌在空气中广泛存在，多从伤口或其他病的病斑上侵入。在0℃～2℃时缓慢发病，温湿度升高时，病斑扩展加快。

3. 苹果粉绵病 此病也叫崩溃病。果肉和果心发绵，细胞离散，呈粉质化颗粒状，果汁减少，甜、酸度基本消失，果实失去食用价值。

该病为高温引起的生理衰老性病害，在红星系苹果上常有发生。苹果在高温贮藏时，呼吸作用增加，贮藏物质淀粉很快水解成糖和果酸等物质，再进一步分解为水和二氧化碳。其蛋白质、氨基酸和脂肪类物质，也被呼吸作用转化为碳氢化合物、氨化物和硫化物，果实失去原有的性状和风味。同时，纤维素分解酶和果胶酶活性提高，使果实中的纤维素和果胶被很快分解，组织解体，发生粉绵。

4. 苹果果肉褐变病 为苹果在气调贮藏中常见的生理性病害，多发生在贮藏的前期和中期。发病初期，外观不易鉴别，但切开果实，可见果实的维管束发生褐变，果心线有红褐色水渍状病斑分散在果肉中，呈放射状向外扩展，使果肉变褐。开始时，果肉变甜，稍具异味，后期变成深红色，失水、干缩成海绵状，具很浓的酒味，用手捏果实，有绵软弹性感。在非气调的常规贮藏中，因果库通风不良，除果心线出现红褐色水渍斑外，果实也发生褐变斑，边缘明显，后期变黑凹陷。

该病的发生，是贮藏期低氧气、高二氧化碳所造成果实中毒的结果。当贮藏环境中二氧化碳达 20%，氧气降至 1%时，经 2～3 天即可造成明显的中毒症状。当二氧化碳浓度为 10%、温度为 0℃时，果实经 14 天也可出现中毒。当二氧化碳降至 2.5%时，便基本不出现此类症状。采收晚，果实过度成熟，容易发生此病。

5. 苹果虎皮病 此病是贮藏后期常发生的生理性病害，对有些品种能造成较大的经济损失。病害发生初期，果皮出现淡黄褐色、水烫状和不规则形病斑。病斑多发生在成熟度不够、着色不良或未着色的果实背阴面。病皮稍下陷，易撕离，皮下浅层果肉细胞松散，变褐坏死，果肉发绵，略有酒味，失去正常香味。发病后期，病果易受青霉菌等侵害而腐烂。

苹果在贮藏期，果蜡中能产生挥发性物质，半萜烯类碳氢化合物 α-法尼烯，并自动氧化产生共轭三烯，伤害果皮细胞，引起发生虎皮病。国光、倭锦、红星、金冠和元帅等虎皮病敏感品种的果实，以及成熟度不足的果实、贮藏后期明显衰老的果实，当贮藏后期库温升高、通风不好时，易发病；修剪过重、偏施氮肥和秋雨多时，发病重。

6. 苹果褐心病 苹果贮藏时，果心周围果肉出现微小褐变，以向阳面近萼洼处为多，并呈放射状由内向外发展，很快达到果皮，使果面出现潮湿软腐状病块。病组织细胞松散、软腐，有酒味，最后整个果实软腐，不能食用。

【防治方法】

第一，贮藏果适期采收，剔除病伤果。在苹果入库前，库房用乳酸或福尔马林、过氧乙酸等进行消毒和换气。

第二，果实采收后，应进行分级和清洗。并用 2 000 毫克/升水二苯胺或 50 克分子/升甲基亚油酸乙醇水溶液进行浸果，或喷布纸箱隔板，以预防发生虎皮病。入库前，应进行田间预冷或人工预冷。经过预冷的果实，可一次性入库。未经预冷的果实，分批入库。

第三，入库后 48 小时内，用 1-MCP（1-甲基环丙烯）乙烯作抑制剂，对塑料大帐或冷库、气调库内的苹果，进行熏蒸处理，常用浓度为 0.25～1.00 微升/升，以延迟果实的后熟和衰老，提高贮藏期对侵染性病害和生理性病害的抗病能力。

第四，保持适宜库温和二氧化碳与氧气的比例，以防止发生冻伤和二氧化碳毒害。

第二章　苹果树害虫及其防治

一、果实害虫

（一）桃蛀果蛾

桃蛀果蛾（*Carposina niponensis*），又叫桃小食心虫，属鳞翅目蛀果蛾科（彩图 2-1，2）。全国落叶果树栽培区都有分布，北方果区发生严重。寄主有苹果、海棠、沙果、梨、李、杏、山楂和枣等，苹果和枣受害最重。

【危害状】　桃蛀果蛾以幼虫蛀果为害。果实被害后，在果面出现针头大小的蛀果孔，由此流出珠状汁液。汁液干后呈白色蜡状物，蛀孔变褐呈点状。幼虫在果内串食，虫粪留在果内。果实内成豆沙馅状。被害果生长发育不良，形成凹凸不平的猴头果。后期被害的果实，果形变化不大。大多数被害果都有圆形脱果孔，老熟幼虫由此脱果。脱果孔常有少量虫粪，并有丝相连。前期的被害果不能食用。

【形态特征】

1. 成虫　体长约 7 毫米，灰褐色。触角丝状。雌虫下唇须较长，向前伸直。雄虫下唇须短小，向上弯曲。前翅近中部靠前缘有一个蓝黑色近似三角形的大斑。后翅灰色。

2. 卵　椭圆形，长约 0.4 毫米。初产出时橙黄色，后渐变为深红褐色。顶部环生三圈“Y”字状刺。

3. 幼虫　初孵出的幼虫黄白色。老熟幼虫桃红色，腹面色较淡，头和前胸背板褐色或暗褐色，体长约12毫米。腹足趾钩单序环状。腹部末端无臀栉。

4. 蛹 长约7毫米，黄白色至黄褐色，羽化前变为灰黑色。

5. 茧 分冬茧和夏茧。冬茧圆形，稍扁，长约6毫米，质地紧密。夏茧纺锤形，长约13毫米，质地疏松。虫茧表面粘有土粒。

【发生规律及习性】 桃蛀果蛾在我国一年发生1～3代，在各地的发生代数为：甘肃、宁夏一年发生1代；吉林、辽宁、河北、山西、陕西等地一年发生1～2代；山东、江苏、河南一年发生3代。据报道，桃蛀果蛾的发育起点温度为9.7℃，完成一代所需有效积温为611.9℃。因此，在一年有效积温高于1 570℃的地区，则可以发生2.5～3代。以老熟幼虫在土中越冬，大部分幼虫分布在3～6厘米深的土层内。越冬幼虫的分布受地面环境的影响较大。地面平坦，无杂草、石块时，幼虫多集中在主干周围；地面有杂草或石块时，幼虫则分散在整个树盘的范围内。

在苹果落花后半个月左右，越冬幼虫开始出土。此时如果遇上降雨，幼虫会连续出土。在辽宁苹果产区，越冬幼虫出土始期在5月中旬，盛期在6月上中旬（出土量占80%左右），末期在7月中旬。在山东胶东苹果产区，越冬幼虫出土始期在5月上旬，盛期在5月下旬，末期在6月下旬。幼虫出土后，在地面做夏茧化蛹。蛹期约半个月。在山东胶东地区，5月下旬开始出现越冬代成虫，成虫盛发期在6月上中旬，一直延续到7月上旬。每头雌成虫平均产卵130多粒。成虫昼伏夜出，主要产卵于果实萼洼处，梗洼处较少。第一代卵发生期在6月中旬至8月上旬，盛期在6月下旬至7月中旬。在胶东地区，卵发生期比辽西地区早15～20天。卵期约7天。初孵出的幼虫在果面爬行一段时间后，从果实胴部以上部位蛀果。幼虫一生在果实内取食，排粪便于其中，幼虫老熟后从果中脱出。7月下旬以前脱果的幼虫基本不滞育，脱果后在地面做茧化蛹，继续发生第二代。8月中旬脱果的第一代幼虫，有一部分入土做茧越冬，另一部分继续发生第二代。9月上旬以后脱果的幼虫，全部入土越冬。

【防治方法】

1. 人工防治　实行果实套袋，既能防止病虫为害，又能增加果实光洁度。在未套袋果园，于被害果落地时，经常拾取落果或摘除树上的虫果，集中处理，能减少虫源。

2. 药剂防治　①地面防治。于越冬幼虫出土期在地面施药，然后用耙轻耙表土，使土药混匀，消灭出土幼虫。常用药剂有：50%辛硫磷乳剂或48%乐斯本乳油，每667平方米用药量为0.5千克，加水稀释后喷雾于地面。施药前应先将树盘下的杂草除净，以利于施药。②树上喷药。从6月中旬开始在果园调查卵果率，每个果园随机调查500～1 000个果实，当卵果率达到1%时开始喷药。常用药剂有：50%杀螟硫磷乳油1 000倍液，30%桃小灵乳油2 000倍液，20%氰戊菊酯乳油、2.5%溴氰菊酯乳油、10%氯氰菊酯乳油、4.5%高效氯氰菊酯乳油均为3 000倍液，20%灭扫利乳油2 000倍液，25%灭幼脲3号悬浮剂1 000倍液。第一次喷药后间隔10天再喷一次，共喷2～3次。

（二）梨小食心虫

梨小食心虫（*Grapholitha molesta*），俗称梨小，属鳞翅目小卷蛾科（彩图2-3，4）。我国大部分落叶果树栽培区都有分布。寄主有苹果、梨、桃、李、杏和樱桃等，是果树的主要害虫。梨小食心虫以幼虫危害果树的新梢或果实，因寄主和发生季节不同，为害部位也有不同。在桃、李、杏和樱桃上，主要危害新梢，有时也危害果实；在梨和苹果树上，主要危害果实。

【危害状】 果实被害后，被害果蛀孔不明显，幼虫在果核周围蛀食，并排粪于其中，形成“豆沙馅”。有时果面有虫粪排出。被害果易脱落。

【形态特征】

1. 成虫 体长 6～7 毫米，翅展 13～14 毫米，体灰褐色。触角丝状。前翅前缘有 8～10 条白色斜纹，外缘有 10 个小黑点，翅中央偏外缘处有 1 个明显的小白点。后翅暗褐色，基部颜色稍浅。

2. 卵 长约 2.8 毫米，扁椭圆形，中央稍隆起，初产时乳白色，半透明，后渐变成淡黄色。

3. 幼虫 低龄幼虫头和前胸背板黑色，体白色。老熟幼虫体长10～14 毫米，头褐色，前胸背板黄白色，体淡黄白色或粉红色，臀板上有深褐色斑点。足趾钩单序，环状，细长，腹足趾钩 30～40 个，臀足趾钩 20～30 个。腹部末端的臀栉 4～7 根。

4. 蛹 体长约 7 毫米，长纺锤形，黄褐色，腹部第三至第七节背面各有 2 行短刺。蛹外包有白色丝质薄茧。

【发生规律及习性】 梨小食心虫在辽宁、河北和山西一年发生3～4 代；在山东、河南、安徽、江苏和陕西一年发生4～5 代；在四川一年发生5～6 代；在江西、广西一年发生6～7代。均以老熟幼虫在树干、主枝和根颈等部位的粗皮缝隙内、落叶或土中结茧越冬。因各地气候条件不同，越冬代成虫的发生期也不相同。在华北、山东、陕西等地，幼虫于 4 月上旬开始化蛹，越冬代成虫发生期在4月下旬至6月中旬，第一代成虫发生期在5月下旬至7月上旬。第一代卵期为7～10天，幼虫期为15～20天，蛹期为10～15天。在核果类和仁果类果树混栽的果园，前期发生的幼虫主要危害新梢，后期发生的幼虫主要危害梨或苹果的果实。故在仁果和核果类果树混栽或毗邻的果园，梨小食心虫发生严重。

成虫多在傍晚活动，夜间产卵，对糖醋液和烂果有趋性，对人工合成的性外激素趋性很强。危害新梢时，成虫产卵于嫩叶背面的主脉两侧。幼虫孵化后从新梢顶端蛀入，向下蛀食，一直到达老化的木质部，以后幼虫再转移到另一新梢上为害。一头幼虫可危害2～3个新梢。幼虫老熟后爬向枝干粗皮等处化蛹。危害果实者，成虫产卵于果实胴部。幼虫孵化后蛀入果实，大部分直入果实心部，在果核周围串食，被害果易脱落。幼虫老熟后向果外咬一个孔脱果，爬至枝干粗皮处或果实基部结茧化蛹。

【防治方法】

1. 人工防治 在果实采收前，在树干上束草把，能诱集脱果幼虫在此越冬，待到冬季解下草把烧掉。此法还可用以消灭山楂叶螨越冬雌成螨和卷叶虫越冬幼虫。结合果树冬剪，刮除树干和主枝上的翘皮，消灭在树皮缝隙中越冬的幼虫。同时清扫果园中的枯枝落叶，集中烧掉或深埋于树下，消灭越冬幼虫。及时拾取落地果实，集中深埋，切忌堆积在树下。

2. 诱杀成虫 利用成虫对糖醋液有强烈趋性的习性，用细铁丝或绳索将糖醋液水碗（盆）诱捕器悬挂于树上，能诱杀大量成虫，减少虫口密度。诱捕器距地面高约1.5米。在诱虫期间，要及时清除碗（盆）中的虫尸，并加足糖醋液。

还可利用人工合成的梨小食心虫性外激素，制成诱捕器诱杀雄成虫，减少雌雄交配的机会，达到杀虫的目的。诱捕器制作方法是：在水碗中盛满水，并加少许洗衣粉，以湿润掉入水中的成虫，使之不致逃走。在水面上方约1厘米处，悬挂一个用橡皮塞做成的含有梨小食心虫性外激素的诱芯。将诱捕器悬挂于树上，距地面1.5米左右高。每667平方米挂5～10个。在成虫发生期可诱集到大量雄成虫。

3. 药剂防治 药剂防治的关键时期，是各代卵发生高峰期和幼虫孵化期。由于不同地区或不同果园的成虫发生时期不同，所以最好用糖醋液或性外激素诱捕器，监测成虫发生期。当诱捕器上出现成虫高峰期后2～3天，即是卵高峰期和幼虫孵化始期，此时喷药效果最好。可选择以下药剂喷雾：50%杀螟硫磷乳剂1 000倍液、90%晶体敌百虫1 000倍液、48%乐斯本乳油2 000倍液、30%桃小灵乳剂2 000倍液、2.5%溴氰菊酯乳剂2 000倍液、4.5%高效氯氰菊酯乳剂2 000倍液、20%氰戊菊酯乳剂2 000倍液、10%甲氰菊酯乳油2 000倍液和25%灭幼脲悬浮剂1 500倍液。

（三）苹果小卷蛾

苹果小卷蛾（*Laspeyresia pomonella*），又叫苹果囊蛾，属鳞翅目小卷蛾科。为国际检疫对象。在国内仅分布于新疆。寄主植物主要是苹果、沙果和香梨。幼虫只危害果实，不卷叶为害。对果实品质和产量影响很大，是我国新疆地区苹果和梨的主要果实害虫。

【危害状】 被害果表面有蛀孔，蛀孔处常堆积以丝连缀成串的褐色虫粪。幼虫在果内生活，先在果肉处串食，再向果心蛀食，并可取食种子。被害果易脱落。

【形态特征】

1. 成虫 体长约 8 毫米，翅展 19～20 毫米，灰褐色，带紫色光泽。前翅外缘在臀角处有一个明显的圆形深褐色大斑块，内有 3 条青铜色条纹。前翅基部褐色，分布有斜行波状纹。翅中部颜色稍浅。雄成虫有翅缰 1 根，雌成虫有翅缰 4 根。

2. 卵 椭圆形，扁平，直径约 1.5 毫米。初产出时白色，半透明，渐变为黄褐色。

3. 幼虫 初孵出幼虫白色，逐渐变为淡红色至红色。老熟幼虫体长约 16 毫米，头部黄褐色，前胸背板淡黄色，腹部红色。腹足趾钩为单序缺环，有趾钩 19～23 根。臀足趾钩 14～18 根。腹末无臀栉。雄性幼虫第五腹节背面有一对紫红色性腺。

4. 蛹 体长 17～18 毫米，褐色，复眼黑色。第二至第七腹节背面各有 2 排刺，前排大，后排小。腹部末端具 6 根钩状刺毛。

【发生规律及习性】 苹果小卷蛾在新疆天山以南一年发生 3 代，在天山以北一年可完成 2 个完整的世代和 1 个不完整的世代。各代幼虫均有进入滞育的个体。以老熟幼虫在树干翘皮下、树皮缝隙或根颈处的土中结茧越夏或越冬。翌年春苹果花芽膨大期，越冬幼虫开始化蛹，5 月上旬开始出现成虫，越冬代成虫发生期持续到 6 月下旬。成虫一般在日落后活动，产卵于果实表面或叶片上，卵散产。第一代卵发生期在 5 月中旬至 6 月下旬。幼虫孵化后先在果实上爬行，寻找适当位置蛀果。幼虫蛀果后先在皮层下串食，逐渐向果心部蛀入，并可取食种子。幼虫在果实内经三次蜕皮后，开始转入另一果实为害。一头幼虫可危害 1～3 个果实，常引起大量落果。第一代幼虫期 30 天左右。幼虫老熟后从果实中脱出，在果实表面留下较大的脱果孔。幼虫脱果后寻找适当场所结茧，部分个体进入滞育状态，大部分个体化蛹，羽化成虫，继续发生下一代。第一代成虫发生期在7月上旬至8月上旬，第二代幼虫发生期在7月中旬至9月上旬。第二代幼虫老熟后，大部分个体进入越冬状态，少数个体继续发生第三代。第三代幼虫于9月中旬陆续脱果，寻找适当场所结茧越冬。

苹果小卷蛾成虫产卵对树种有一定选择性，在苹果和沙果上产卵量较多，而以中熟和晚熟品种上较多。卵在果树上的分布亦不均匀。以树冠上部的果实和叶片着卵量大，中部次之，下部很少。在果树种植稀疏、树冠周围空旷的果园，果实阳面着卵量多。

【防治方法】

1. 加强植物检疫 到目前为止，苹果小卷蛾在我国仅发生在新疆地区，内陆地区尚未发生。因此，防止该虫向内陆地区传播是防治的根本措施。害虫一旦传入内陆苹果产区，则难以根除。为了做好检疫工作，从该虫发生的地区向内陆调运苹果、梨等果实时，要进行严格检疫，不得将有虫果实在内陆地区市场上销售，以杜绝其传播蔓延。

2. 人工防治 在果树发芽前，结合果树冬剪，刮除树干上的翘皮，可消灭在此越冬的幼虫。在果实生长期，及时捡拾落地虫果，并将其深埋，以消灭其中的幼虫。在果实采收前，在树干上绑草把，以诱集脱果幼虫前来越冬，冬季时将其解下烧掉，也可消灭一部分幼虫。

3. 药剂防治 化学防治的关键时期，是各代成虫产卵盛期和幼虫孵化期。在一般情况下，早熟品种的果树喷药两次，中熟品种喷药三次，晚熟品种喷药四次，即可控制其为害。常用农药参考桃蛀果蛾或梨小食心虫的防治用药。

（四）苹小食心虫

苹小食心虫（*Grapholitha inopinata*），又叫苹果小食心虫、东北小食心虫，简称苹小，属鳞翅目卷蛾科。寄主植物有苹果、梨、花红、海棠、桃、山楂和山荆子等。这种食心虫主要分布在我国北方苹果产区。在20世纪50～60年代，曾经是苹果产区如河北、辽宁、山东等地的主要食心虫之一。进入70年代，由于加强了药剂防治，特别是使用有机磷杀虫剂以后，有效地控制了危害。近年来，在管理较好的果园，此虫发生很少，有些果园已近于灭绝。但在我国中部和西部苹果产区，管理粗放的果园仍时有发生，是威胁苹果生产的重要害虫。

【危害状】 以幼虫危害果实。幼虫从果面蛀入，在果皮下串食果肉，不蛀入果心。被害处逐渐扩大成黑褐色虫疤，大的直径可达1厘米左右，后期干枯，其上有2～3个排粪孔。干枯的虫疤周围凹陷，红褐色，其上堆积虫粪。

【形态特征】

1. 成虫 体长5毫米左右，暗褐色，稍带有紫色光泽，体翅上的鳞毛较细。前翅前缘具有7～9组白色短斜纹，近外缘处有数个黑色小点。

2. 卵 椭圆形稍隆起，表面光滑。初产出时黄白色，半透明，近孵化时微显红色，可透视出黑色眼点。

3. 幼虫 初孵出幼虫黄白色。老熟幼虫桃红色，体长6～10毫米。前胸背板浅黄褐色；腹部背面各节具两条深红色横纹，可与其他食心虫区别，臀板深褐色，臀栉4～6节。

4. 蛹 体长5毫米左右，黄褐色。腹部第二节至第七节各节背面有两排短刺，第八至第十节只有1排稍大的刺。

【发生规律及习性】 苹小食心虫一年发生2代，以老熟幼虫结茧越冬。越冬部位大多在果树主干、枝杈和根颈部等处的树皮裂缝内和锯口周围的缝隙内;树下的杂草、吊树绳和支撑竿上也有,但很少。在辽宁和河北苹果产区,越冬幼虫于翌年5月份开始化蛹,蛹期10余天。越冬代成虫发生期在5月下旬至7月中旬,盛期6月中旬。成虫白天不活动,对糖醋液或烂苹果发酵水有一定趋性,夜晚交尾,产卵。卵大多数产于果实胴部。卵期约8天。幼虫孵化后即从果面蛀入果内,在果皮下取食。表面形成虫疤。幼虫在果内为害20～30天后,从虫疤边缘向外咬一脱果孔脱果。脱果后的幼虫,沿树干爬到隐蔽处结茧化蛹。蛹期约10天。第一代成虫发生期在7月下旬至8月下旬,盛期在8月上旬。成虫继续产卵于果实上,卵经过4～5天孵出幼虫。幼虫直接蛀入果实,在果内为害20多天后,老熟幼虫于8月下旬至9月下旬陆续脱果,转移到越冬场所越冬。

苹小食心虫的危害轻重,与五六月份的降水有密切关系。越冬后的幼虫,需要吸收充足的水分才能顺利化蛹。在化蛹期间,若遇春旱无雨,幼虫则不能正常化蛹。因此,成虫发生量就少,第一代危害很轻,同时发生期也推迟。相反,遇上春雨多的年份,第一代发生量就大,危害也重。

【防治方法】

1. 人工防治 在春季果树发芽前,结合果树刮粗翘皮,彻底清除越冬场所的幼虫。在幼虫蛀果期,发现虫果时及时摘除,能减少虫源。

2. 药剂防治 在成虫发生期,调查国光或金冠苹果上苹小食心虫的卵果率,当卵果率达到0.5%～1%时开始喷药。在辽宁果区,6月中下旬和8月上中旬是成虫产卵盛期。在这两个时期各施药一次,就可控制危害。若在发生重的年份,第一次施药后10～15天，再防治一次。使用的药剂参考桃蛀果蛾防治的用药。

（五）桃白小卷蛾

桃白小卷蛾（*Spilonota albicana*），又叫白小食心虫，简称白小，属鳞翅目小卷叶蛾科。在20世纪50～60年代，此虫在北方苹果产区发生较重，是苹果的主要害虫。进入70年代，由于加强了桃蛀果蛾的防治，有效地兼治了这种害虫。近年来，在一般苹果园很少发生。但在新发展的山楂园，桃白小卷蛾发生为害较重，尤其是与山楂园邻近的苹果园，该虫发生更为严重。寄主植物有苹果、山楂、梨、海棠、桃、李和樱桃等。

【危害状】 幼虫主要危害果实，也可危害花芽和叶片。果实被害部位多在萼洼和梗洼处，幼虫在果皮下浅处蛀食，一般不深入果心。被害处表面常有虫丝粘连的虫粪。幼虫危害芽时有丝粘连，危害叶片时卷成虫苞。

【形态特征】

1. 成虫 体长约7毫米，全体灰白色。前翅大部分为灰白色，其上有两条灰黑色“S”形纹。近外缘部分暗褐色，暗褐色区域内有4～5条排列整齐的暗紫色短横纹，前缘有8组白色短斜纹，不甚明显。后翅灰褐色。

2. 卵 椭圆形，扁平，表面有细皱纹，初产出时乳白色，后渐变为淡红色。

3. 幼虫 幼龄幼虫污白色，稍带红色。老熟幼虫体长10～12毫米，红褐色或紫褐色，各体节毛片大而明显。

4. 蛹 长约8毫米，黄褐色。腹部第三至第七各节背面有两排短刺。腹部末端有臀棘8根，呈钩状。蛹外包有丝和叶片做成的茧。

【发生规律及习性】 桃白小卷蛾在辽宁、河北和山东等地一年发生2代。以幼虫在主干裂皮缝隙内结茧越冬。翌年苹果发芽时，越冬幼虫破茧而出，上树危害嫩芽，以后陆续危害叶片，并在卷叶里做茧化蛹。蛹期约1周。越冬代成虫发生期在6月上旬至7月中旬。在苹果与桃、樱桃、山楂混栽的果园，较早出现的成虫产卵于桃或樱桃树的叶上，出现晚的成虫则产卵于苹果或山楂的果实上。老熟幼虫分别在卷叶里或果实被害处化蛹。第一代成虫发生期在7月中旬至8月中旬，主要产卵于果实上。幼虫在果实内为害，老熟幼虫从果里脱出后，寻找越冬场所结茧越冬。

【防治方法】 参考苹果小食心虫的防治。

（六）棉铃实夜蛾

棉铃实夜蛾（*Heliothis armigera*），又叫棉铃虫，属鳞翅目夜蛾科（彩图2-5，6）。全国大部分地区都有分布，是棉花的主要害虫。近年来在苹果园亦有发生，在华北和中原地区有的果园发生较严重，幼虫主要危害果实，也危害叶片。

【危害状】 幼虫主要危害果实，将果实咬成孔洞，钻入其中取食果肉，但幼虫不在果实内生活。低龄幼虫取食嫩叶。被害叶片出现孔洞或缺刻。

【形态特征】

1. 成虫 体长15～18毫米，翅展35毫米左右，灰黄色。触角丝状，复眼绿色，圆球形。前翅黄褐色或青灰色，内横线为双线，褐色。环形纹和肾形纹均为褐色。外横线亦为双线，褐色，在其两侧有灰褐色鳞毛。后翅黄白色或淡黄褐色，端部褐色或灰褐色，翅脉褐色。

2. 卵 半球形，高约0.5毫米，顶部稍隆起，底部较平，卵表面有纵脊，初产出时为乳白色，后渐变为黄褐色至灰褐色。

3. 幼虫　初孵幼虫头黑色，前胸背板红褐色，臀板淡黑色。随虫龄增加，体色变化较大。老熟幼虫体长30～40毫米，头部黄褐色或褐色，有褐色网状花纹。各体节上的毛瘤不明显，其上生有细毛。体色有绿色、淡绿色、黄白色和灰褐色等。背线、亚背线和气门上线均明显，并随虫体颜色不同而有深浅变化。

4. 蛹　体长15～23毫米，纺锤形，初期为灰绿色，后逐渐变为深褐色，有光泽。腹部第五节至第七节背面有较大的刻点。腹部末端有两根臀刺。

【发生规律及习性】　棉铃实夜蛾在北方一年发生3～5代，以蛹在土中越冬。在苹果园发生的棉铃虫，仅是个别世代。据在河南的研究，危害苹果的棉铃虫是第二代和第三代的幼虫。在果园未见到越冬蛹。棉铃虫在苹果园的发生期，为6月下旬至8月下旬。从6月末开始见卵，7月上旬发现幼虫蛀果，7月上中旬为第一个危害高峰，8月上中旬为第二个危害高峰，8月下旬以后，幼虫逐渐减少。到9月下旬，几乎见不到幼虫。成虫产卵在新梢和果实上，以树冠外围和顶部新梢及果实着卵量大，内膛的枝或果着卵量少。幼虫孵化后，先吃掉卵壳，然后取食嫩叶，将叶片吃成孔洞，2龄以后的幼虫才蛀果为害，但不蛀入果内。蛀果孔较大，外面常有虫粪。幼虫有转果为害的习性。幼虫期为15～20天。

【防治方法】

1. 农业防治　不在苹果园间作棉花、番茄等棉铃虫嗜好植物，以免招引成虫产卵。

2. 物理防治　在棉铃虫发生严重的地区，在第一代成虫发生期，在果园内插杨枝把，诱集成虫，早晨予以捕杀。

3. 药剂防治 棉铃虫的发生期，与桃蛀果蛾和其他食叶害虫几乎一致，故在一般情况下，防治这些害虫时可以兼治。在发生量大的情况下，可在幼虫蛀果初期喷药防治。常用杀虫剂有30%桃小灵乳油1500倍液，10%氯氰菊酯乳油2000倍液，5%抑太保乳油1000倍液。

（七）玉米螟

玉米螟（*Ostrinia furnacalia*）又叫玉米钻心虫，属鳞翅目螟蛾科。全国各地都有分布，是危害玉米等旱粮作物的主要害虫，在部分地区的苹果园也有发生，在有的苹果园严重危害果实（彩图2-7），造成损失。

【危害状】 幼虫在果实膨大期危害果实。受害果表面有明显的蛀孔，蛀道不规则，蛀孔处常堆有褐色虫粪。

【形态特征】

1. 成虫 体长12～15毫米，土黄色，头小，下唇须向前伸，触角丝状，翅较大，虫体静止时呈三角形。前后翅翅面上均有2条褐色波浪状横线，翅面上有2个暗褐色斑块。

2. 卵 短椭圆形，扁平，略有光泽，初产出时为乳白色，后逐渐变为淡黄色。

3. 幼虫 初孵出幼虫乳白色，头壳黑色，有光泽。老熟幼虫体长20～30毫米，头壳深棕色。体淡红色或黄白色，背线、亚背线和气门上线为浅褐色。

4. 蛹 纺锤形，黄褐色至红褐色，体长15～18毫米。

【发生规律及习性】 玉米螟一年发生1～7代，以老熟幼虫在玉米和高粱等寄主的秸秆内越冬，翌年春季化蛹，并羽化为成虫。成虫飞翔力很强，产卵于玉米、高粱或谷子等农作物上。在果园发生的玉米螟,大多数是由农作物上迁飞来的成虫产卵于果树上造成的。在果园间作玉米、高粱等玉米螟嗜好的寄主,或果园周围种植这些作物时,果实受害就重。苹果受害期一般在果实膨大期。幼虫蛀入果实,留下蛀孔,排出虫粪。幼虫在果实内取食果肉,并造成不规则的虫道。被害果极易脱落。

【防治方法】

1. 农业防治 利用玉米秸秆作为果园地面覆盖物时,在秸秆内越冬的玉米螟幼虫很可能成为果园的主要虫源。因此,用于果园覆盖的玉米秸秆,要经过处理后方能使用,并在果树生长期注意防治玉米螟。

2. 药剂防治 一般情况下,在防治其他害虫时可以兼治玉米螟。在害虫发生量较大的果园,要在害虫发生初期喷药。使用的药剂参考桃蛀果蛾防治的用药。

(八)吸果夜蛾

吸果夜蛾的种类很多,危害苹果的常见种类有鸟嘴壶夜蛾(*Oraesia excavata*)、嘴壶夜蛾(*Oraesia emarginata*)、枯叶夜蛾(*Adris tyrannus*)、落叶夜蛾(*Ophideres fullonica*)和毛翅夜蛾(*Dermaleipa juno*)。它们均属鳞翅目夜蛾科。在我国分布范围很广,除东北和华北北部果区少见以外,其他果区都有发生,尤以南方果区受害较重。寄主除苹果外,还有梨、桃、杏、李和葡萄等果树。多数种类的幼虫不危害果树,只有毛翅夜蛾幼虫可食害苹果、梨和葡萄的叶片。

【危害状】 以成虫危害成熟或近成熟的果实。成虫的口器较硬,并很尖锐,能刺破未成熟果实的果皮,吸食汁液。受害轻者,果实变形、变质,不耐贮藏,重者腐烂脱落,味苦,不能食用。被害果表面出现针头大小的孔洞，果肉失水呈海绵状，用手指按压有松软感，以后变色凹陷，易脱落。

【形态特征】

1. 鸟嘴壶夜蛾 体长23～26毫米，翅展50～55毫米。头与颈板赤橙色，胸部褐色，腹部淡褐色。下唇须前端尖长似鸟嘴形。触角羽毛状。前翅紫褐至褐色，顶角细，成钩状，外缘中部圆形突出，后缘端部内凹较深。前后翅内面均为粉橙色，足赤橙色。

2. 嘴壶夜蛾 体长17～25毫米，翅展36～45毫米。头与颈板红褐色，胸腹部褐色，腹部腹面棕红色。前翅紫红褐色或褐色，顶角突出，外缘中部突出成角状，后缘中部内凹，翅面上有斜线和斑纹。后翅褐色。雌虫触角丝状，雄虫触角羽毛状。

3. 枯叶夜蛾 体长35～38毫米，翅展96～106毫米。头部棕褐色，腹部杏黄色。触角丝状。前翅黄褐色，顶角尖，外缘呈弧形突出，后缘内凹，从顶角到后缘中部有一条黑褐色斜线，近前缘处有一圆斑。后翅杏黄色，中部有一肾形黑斑，近外缘有一牛角形黑斑。

4. 落叶夜蛾 体长36～40毫米，翅展90～110毫米。头胸部淡褐色，腹部褐色，背面大部分枯黄色。前翅褐绿色，有大型黑色肾形斑，外缘黑色，边缘有6个小白斑。

5. 毛翅夜蛾 体长35～45毫米，翅展90～106毫米。头胸腹及前翅均为灰黄色，胸腹部被长鳞毛。下唇须向上弯曲超过头顶。触角丝状。前翅密布黑点，有3条横线和1个肾形斑，后翅基部2/3为黑色，中间有一淡蓝色半圆形纹，端部1/3为红黄色，内缘着生黄色长毛。

【发生规律及习性】 上述五种吸果夜蛾的年发生代数，因种类和地区不同而有所差异，一般为2～4代。越冬虫态因种类而异，越冬地点大都在果园以外的寄主上或杂草丛生的果园内。5月份就有成虫出现，先危害早熟果实，如樱桃等。到7月份，数量明显增加，尤其在7～9月份，各种水果已陆续进入成熟期，危害达到高峰。到11月中下旬，当夜间气温下降到10℃以下时，成虫停止为害。

成虫白天潜伏在石缝或灌木、杂草丛中，黄昏时陆续飞出为害，在日落后2小时左右，特别是天气闷热、无风雨并有月光的夜晚，出现最多，直到黎明时止。发生密度大时，一个果实上可有几头成虫刺吸，被害果有时多达二三十个刺孔。皮薄、汁多和味香的果实，受害尤其严重。苹果中以金冠、红玉、青香蕉、元帅和印度等品种受害重，国光受害较轻。

【防治方法】

1. 诱杀成虫 用糖醋液诱杀成虫效果较好。糖醋液的配制方法是：红糖5～8份，醋1份，水90份，将其混合均匀后，盛装在碗或小盆内，挂在树上，每667平方米挂3～5个，可诱到大量成虫。采用此法，应注意及时清除虫尸。大多数种类对黑光灯有趋性，安装黑光灯可收到诱杀效果。

2. 驱避成虫 用香茅油或小叶桉油驱避成虫。其方法是：用7厘米×8厘米的草纸片浸油，挂在树上，每棵树挂1片，夜间挂上，白天收回，第二天再加油。此法有一定驱避效果。

3. 药剂防治 常年发生严重时，应在果园周围及果园内的杂草上，喷药防治幼虫。常用杀虫剂都有防治效果。

（九）康氏粉蚧

康氏粉蚧（*Pseudococus comstocki*），属同翅目粉蚧科。寄主植物有苹果、梨、桃、李、杏、葡萄和柑橘等多种果树，全国大部分地区都有分布。近年来，在北方苹果产区普遍发生，尤其对套袋果危害严重，损失很大。

【危害状】 成虫和若虫均可刺吸果树嫩芽、嫩枝和果实的汁液，以套袋果实受害最重。成虫和若虫群集于果实萼洼处刺吸汁液。被害处出现许多褐色圆点，其上附着白色蜡粉。斑点木栓化，组织停止生长。嫩枝受害后，枝皮肿胀，开裂，严重者枯死。

【形态特征】

1. 成虫 雌成虫无翅，体长 3～5 毫米，略呈椭圆形，扁平，粉红色。体节明显，体外被白色蜡粉，体侧缘有 17 对白色蜡刺，腹部末端的 1 对蜡刺特长，几乎与体等长，形似尾状。雄成虫体长约 1 毫米，紫褐色，有翅 1 对，透明，后翅退化。

2. 卵 椭圆形，长约 0.3 毫米，淡黄色，数十粒排列成块状，表面覆盖一层白色蜡粉。

3. 若虫 初孵若虫淡黄色，椭圆形，扁平，形似雌成虫。

4. 蛹 只有雄虫有蛹期。蛹体长约 1.2 毫米，紫褐色，裸蛹。

【发生规律及习性】 康氏粉蚧一年发生 3 代，以卵在树干翘皮下、树皮缝隙内越冬。翌年春苹果树发芽后，越冬卵孵化为若虫。若虫刺吸嫩芽和嫩枝。第一代若虫发生盛期在 5 月下旬至 6 月上旬，第二代发生在 7 月下旬至 8 月上旬，第三代在 9 月上旬。若虫发育期为 30～50 天。雌若虫成熟后蜕皮变成成虫，静候雄虫交尾；雄若虫成熟后化蛹，成虫羽化后寻找雌虫交尾。交尾后的雌成虫爬到树干粗皮裂缝或果实萼洼处产卵。成虫产卵时分泌大量棉絮状蜡质物，产卵其中。若虫孵化后爬行分散到嫩枝和果实上为害，老熟后变为成虫。成虫继续产卵发生下一代。最后一代的成虫寻找适当场所产卵，以卵越冬。在枝条上为害的若虫和在无套袋果实上为害的若虫，喷药时易杀死，而在果实套袋时将若虫套在果袋内，则若虫得以在此生长发育，造成果实严重受害。因此，尤其要注意果实套袋前的防治。

【防治方法】

1. 人工防治 结合果树冬剪，刮除树干翘皮，消灭越冬卵。在秋季成虫产卵期，往树干上束草把，诱集成虫前来产卵，冬季解下烧掉，可消灭在此越冬的虫卵。

2. 药剂防治 在果树发芽前，结合防治蚜虫，全树喷一次40%乐果乳油1 000倍液，或10%吡虫啉可湿性粉剂3 000倍液。在果实套袋前，往树上喷药一次，消灭果实上的若虫。如果已将若虫套入袋内，需解袋治虫后再重新套上。

（十）梨笠圆盾蚧

梨笠圆盾蚧（*Diaspidiotus perniciosus*），又叫梨圆蚧，属同翅目盾蚧科。全国各地都有分布。寄主有苹果、梨、海棠、桃、李、杏、山楂和枣等果树，及杨、柳等多种林木。以雌成虫和若虫吸食枝条、果实和叶片的汁液，使树势衰弱（彩图2-8）。果实受害后，商品价值下降。

【危害状】 枝条被害处呈红色圆斑，严重时皮层爆裂，影响生长，甚至枯死。果实受害后，表面似有许多小斑点。虫体周围出现一圈红晕，虫多时则呈一片红色，严重者果面龟裂。危害叶片时，虫多集中在叶脉附近，被害处呈淡褐色，逐渐枯死。

【形态特征】

1. 成虫 雌虫无翅，体扁圆形，黄色，口器丝状，着生于腹面。体被灰色圆形介壳，直径约1.3毫米，中央稍隆起，壳顶黄色或褐色，表面有轮纹。雄虫有翅，体长约0.6毫米，翅展约1.2毫米。头胸部橘红色，腹部橙黄色。触角11节，鞭状。翅1对，白色，透明，脉纹简单。腹部末端有剑状交尾器。

2. 若虫 初孵出若虫体长约0.2毫米，扁椭圆形，淡黄色。触角、口器、足均较发达，口器是体长的2～3倍，弯于腹面。腹末有2根长毛。2龄若虫眼、触角、足和尾毛均消失，开始分泌介壳，固定不动。雌虫介壳圆形，雄虫介壳长椭圆形，壳顶偏于一端。

3. 蛹 仅雄虫化蛹，体长约0.6毫米，长锥形，淡黄略带淡紫色。

【发生规律及习性】 梨笠圆盾蚧在辽宁、河北、河南和山东等地一年发生3代，以2龄若虫和少数雌成虫在枝条上越冬。翌年树液流动后，越冬若虫继续为害。在辽宁兴城地区，越冬若虫到6月份发育为成虫，并开始产仔。以雌成虫越冬者，在5月份就开始产仔。由于越冬虫态不一致，产仔期拉得很长，造成世代重叠。第一代若虫发生期在7～9月份，第二代在9～11月份。在山东烟台地区，第一代若虫盛期在6月下旬，第二代在8月上中旬。在河南兰考地区，第一代若虫盛发期在6月上中旬。

成虫行两性生殖，也有孤雌生殖者。若虫胎生，即卵产出前在母体内已孵化为若虫，产出的是小若虫，因此叫产仔。若虫产生于母体介壳下，出壳后爬行迅速，分散到枝叶和果实上为害。以2～5年生的枝条上较多，且喜欢在阳面。若虫固定后一两天开始分泌介壳。雄成虫羽化后即行交尾，之后死亡。雌成虫继续在原处取食一段时间，同时产仔，产仔完毕即死。

远距离传播的主要途径是通过苗木、接穗和果品的调运；近距离传播借助于风、鸟及大型昆虫等迁移。

【防治方法】

1. 加强检疫 从疫区调运苗木、接穗或果品时，应严格检查，避免传播。

2. 保护天敌 梨笠圆盾蚧的天敌种类很多，主要是红点唇瓢虫和寄生蜂，应注意保护。

3. 药剂防治 于果树休眠期喷5波美度石硫合剂，或95%机油乳剂80倍液。在果树生长期，要抓住若虫出壳后至固定前的时机，用40%乐果乳油1 000～1 500倍液，或80%敌敌畏乳剂1 000倍液，50%辛硫磷乳剂1 000倍液，48%乐斯本乳油2 000倍液喷施防治。

（十一）绿盲蝽

绿盲蝽(*Lygus lucoorum*)，属半翅目盲蝽科。是近年来危害果树的主要害虫。全国各果产区都有发生，寄主有苹果、桃、李、杏、樱桃和葡萄等果树及棉花等多种农作物。

【危害状】 以若虫和成虫刺吸果树嫩叶和幼果的汁液。被害叶片生长畸形，被害处逐渐穿孔，使叶片支离破碎。果实被害处停止生长，出现洼陷斑点或斑块。

【形态特征】

1. 成虫 体长5～5.5毫米，雌成虫比雄成虫稍大，黄色至浅绿色。体被细毛。触角4节，比身体略短。前胸背板有微小刻点。小盾片和前翅革质部分绿色，前翅膜质部分暗灰色。

2. 卵 长茄形，初产时白色，以后变成淡黄色。上端有乳白色卵盖。

3. 若虫 初孵出的若虫体粗短，取食后为绿色或黄色。5龄若虫鲜绿色。触角淡黄色，末端颜色稍深。

【发生规律及习性】 绿盲蝽一年发生4～5代，以卵在果树枝条的芽鳞内或果园以外的杂草上越冬。第二年3月下旬或4月初，越冬卵孵化为若虫。在果树上的若虫先危害花器和嫩叶，约在5月上中旬出现第一代成虫。成虫继续危害果树嫩梢叶片和幼果，此时被害果树出现大量被害叶片和被害果。被害叶逐渐出现穿孔，呈破碎状；被害果的被害处生长缓慢，不久即凹陷并变深绿色。约在5月下旬至6月上旬，成虫陆续转移到果园以外的寄主植物上为害。到了秋后，有一部分成虫到果树上产卵越冬。成虫善飞和跳跃，若虫爬行迅速，受惊动立即逃逸。

【防治方法】

1. 人工防治 清除果园内及其周围的杂草，能消灭在此越冬的虫卵。

2. 药剂防治 防治的关键时期，在越冬卵孵化期和若虫发生期。一般在果树落花后，结合防治其他害虫喷药防治。常用药剂有50%辛硫磷乳油1 000倍液，20%氰戊菊酯乳剂2 000倍液，40.7%乐斯本乳油2 000倍液，1.8阿维菌素乳油4 000倍液。

（十二）茶翅蝽

茶翅蝽（*Halyomopha halys*），又叫臭木椿象，俗称臭板虫，属半翅目蝽科（彩图2-9）。分布范围较广，除新疆、宁夏、青海和西藏未发现外，其余各省（市、自治区）均有分布。寄主有桃、樱桃、杏、李、苹果、梨、山楂、梅和柿等。

【危害状】 以成虫和若虫刺吸果实汁液。受害果表面凹凸不平，生长畸形，不堪食用，失去经济价值。

【形态特征】

1. 成虫 体长12～16毫米，宽6.5～9.0毫米，略呈椭圆形，扁平。体茶褐色。口器黑色，很长，先端可达第一腹板。触角5节，褐色，第四节两端和第五节基部为黄褐色。前胸背板两侧略突出，背板前方横排着生4个黄褐色小斑。小盾片前缘亦横列5个小黄斑，以两侧的斑较为明显。

2. 若虫 初孵若虫体长约2毫米，无翅，白色。腹部背面有黑斑，胸部及腹部1～2节两侧有刺状突起，腹部3～5节各有一红褐色瘤状突起。后期若虫体渐变为黑色，形似成虫。

3. 卵 短圆筒形，顶部平坦，中央稍鼓起，长约1.2毫米，周缘着生短小刺毛。初产出时乳白色，近孵化时呈黑色。多为28粒排为一卵块。

【发生规律及习性】 茶翅蝽在辽宁、河北、山东和山西等北方果区一年发生1代，以成虫在墙缝、石缝、草堆、空房、树洞等场所越冬。4月下旬开始出蛰，出蛰后先集中在桑树及其他树上为害，至5月中下旬，迁飞到果树上为害。成虫清晨不活泼，午后飞翔、交尾。成虫于6月上旬开始产卵，至8月中旬结束。卵多产在叶背，卵期平均为5天。若虫孵化后，先静伏于卵壳上面或周围，3～5天后分散为害。若虫期平均为58天。成虫于7月中旬出现，为害到9月下旬至10月上旬，才陆续飞向越冬场所。

【防治方法】

1. 人工防治 在春季越冬成虫出蛰时和九十月份成虫越冬时，在房屋的门窗缝、屋檐下及向阳背风处收集成虫。在成虫产卵期，收集卵块和初孵若虫。收集后予以集中销毁。

2. 药剂防治 在发生严重的果园，于5月下旬往树上喷洒50%杀螟松乳剂1 000倍液，或48%乐斯本乳剂2 000～3 000倍液，或20%氰戊菊酯乳油2 000倍液。

（十三）麻皮蝽

麻皮蝽（*Erthesina fullo*），又叫黄斑椿象，属半翅目蝽科。在我国大部分果产区都有分布。寄主植物有苹果、梨、桃、李、杏和樱桃等果树，以及杨、柳、榆和桑等林木。食性极杂。在华北地区发生较重。

【危害状】 成虫和若虫主要危害果实，也可危害枝条。果实被害处组织停止生长，木栓化，果面凹凸不平，变硬，畸形，受害重者，不堪食用。

【形态特征】

1. 成虫 体长18～24.5毫米，宽8～11毫米，体较茶翅蝽为大，略呈棕黑色。头较长，先端渐细，单眼与复眼之间有黄白色小点，复眼黑色。触角丝状5节，第五节基部淡黄色。喙细长，4节，达第三腹节。前胸背板前侧缘前半部略呈锯齿状。前翅上黄白色小斑点，膜质部分黑色。腹部背面较平，黑色，腹面黄白色。

2. 若虫 初孵若虫近圆形，白色，有红色花纹。老熟若虫体长16～22毫米，红褐色，触角4节。腹背中部有3个暗色斑。

3. 卵 灰白色、鼓形，顶部有盖，周缘有刺，常排成块状。

【发生规律及习性】 麻皮蝽在东北、华北地区一年发生1代，在江西一年发生2代，以成虫在屋檐下、墙缝、石壁缝、草丛和落叶等处越冬。在华北地区越冬成虫于4月中旬开始出蛰，6月上旬基本结束，大量出蛰期在5月上中旬，并开始交尾。成虫于5月下旬开始产卵，卵多成块产于叶背，每块卵粒数多为12粒。卵期6～8天。若虫孵化后常群集在卵块附近，经过一段时间后才分散为害。若虫爬行迅速，刺吸果实或嫩枝汁液。成虫于7月上中旬出现，为害至9月上旬，9月中下旬飞向越冬场所。全年危害最重时期在6月下旬至8月上旬。在江西，越冬代成虫于3月底出蛰，4月下旬至7月中旬产卵，第一代若虫于5月上旬至7月下旬发生，6月下旬至8月上旬成虫羽化。第二代若虫发生期为7月下旬至9月上旬，成虫发生期为8月下旬至10月中旬，10月上旬至11月中旬成虫陆续越冬。成虫有假死性，早晚低温时受惊扰假死落地。离村庄较近的果园受害重。

【防治方法】

1. 人工防治 春季清扫果园落叶，集中烧毁，以减少或消灭麻皮蝽虫源。秋季捕杀飞入门、窗及屋檐下的越冬成虫。春季成虫出蛰后，早晚捕杀出蛰成虫。及时采集卵块和孵化后尚未分散的群集若虫。

2. 生物防治 寄生蜂对麻皮蝽卵块自然寄生率可达30%以上。将收集到的卵块集中起来，待寄生蜂羽化后，再放回果园。

3. 药剂防治 在危害严重的果园，可于成虫发生期喷药防治。常用药剂参考茶翅蝽的防治用药。

（十四）白星花金龟

白星花金龟（*Potossia brevitarsis*），又叫白星花金龟子，是危害果实的常见害虫。寄主植物有苹果、梨、桃、李和葡萄等多种果树。

【危害状】 成虫危害近成熟或有伤口的果实，也可危害花器和嫩叶（彩图2-10）。将果实吃成空洞或食去大部分果肉，只剩果皮。有时一个果实上有几头成虫同时取食。

【形态特征】

1. 成虫 体长20～24毫米,黑色,有深绿色或紫色闪光。前胸背板、鞘翅上密布大小不等的白斑或白点,有时白斑连在一起,成为较大的斑块。

2. 卵 椭圆形,乳白色。

3. 幼虫 称为蛴螬,体长35毫米左右,乳白色,身体弯曲,背部隆起,多皱纹。

4. 蛹 为裸蛹,体长约22毫米。

【发生规律及习性】 白星花金龟一年发生1代,以幼虫在土中越冬。翌年春季化蛹,5月份出现成虫。成虫发生期很长,直到9月份仍有成虫活动。成虫对烂果汁有强烈趋性,产卵于土中。幼虫在土中生活,取食植物根系,危害性不大。

【防治方法】

1. 人工防治 利用成虫群集为害的习性,在成虫害果期进行人工捕杀。也可将烂苹果或烂桃装在罐头瓶内,把瓶子挂在树上,能诱集成虫。

2. 药剂防治 在成虫发生期,用残效期短的杀虫剂喷雾防治。常用药剂有90%敌百虫晶体1 000倍液,80%敌敌畏乳剂1 000倍液。

二、芽、叶和花器害虫

(一)绣线菊蚜

绣线菊蚜(*Aphis citricola*),又叫苹果蚜、苹果黄蚜,属同翅目蚜科。在我国大部分果产区都有分布。寄主有苹果、梨、桃、李、杏、樱桃、山楂、山荆子、海棠和枇杷等果树,以成虫和若虫刺吸新梢和叶片汁液。

【危害状】 若蚜和成蚜群集在新梢上和叶片背面为害，被害叶向背面横卷。发生严重时，新梢叶片全部卷缩，生长受到严重影响。虫口密度大时，还可危害果实(彩图 2-11,12)。

【形态特征】

1. 成虫 无翅胎生雌蚜体长约 1.5 毫米，黄色或黄绿色。头淡黑色，复眼黑色，额瘤不明显，触角丝状。腹管略呈圆筒形，端部渐细，腹管和尾片均为黑色。有翅胎生雌蚜体近纺锤形。头、胸部黑色，头顶上的额瘤不明显，口器黑色，复眼暗红色，触角丝状。腹部绿色或淡绿色，身体两侧有黑斑。两对翅透明。腹管和尾片均为黑色。

2. 卵 椭圆形，长约 0.5 毫米，初期为淡黄色，后期变为漆黑色，有光泽。

3. 若虫 体鲜黄色，复眼、触角、足和腹管均为黑色。腹部肥大，腹管短。有翅若蚜胸部发达，生长后期在胸部两侧长出翅芽。

【发生规律及习性】 绣线菊蚜一年发生 10 余代，以卵在芽腋、芽旁或树皮缝隙内越冬。翌年果树发芽后，越冬卵开始孵化，若蚜先在芽和幼叶上为害，叶片长大后，蚜虫集中在叶片背面和嫩梢上刺吸汁液。随着气温的升高，蚜虫繁殖速度加快，到 5～6 月份已繁殖成较大的群体，此时有大量新梢受害，被害叶片出现卷曲。在华北地区，从 6 月份开始产生有翅胎生雌蚜，迁飞至杂草上为害繁殖。到 7 月下旬雨季到来时，在果树上几乎见不到蚜虫。到 10 月份，在杂草上生长繁殖的蚜虫产生有翅蚜，迁飞到果树上，经雌雄交配后产卵越冬。该虫全年只有在秋季成蚜产越冬卵时进行两性生殖，其他各代均行孤雌生殖。

【防治方法】

1. 保护天敌 绣线菊蚜的天敌很多，主要有瓢虫、草蛉、食蚜蝇和寄生蜂等。这些天敌对蚜虫发生有一定的抑制作用，应注意保护和利用。在北方小麦产区，麦收后有大量天敌（以瓢虫为最多）迁往果园，这时在果树上应尽量避免使用广谱性杀虫剂，以减少对天敌的伤害。

2. 人工防治 在春季蚜虫发生量少时，及时剪掉被害新梢，可有效控制蔓延。此法尤其适用于幼树园。

3. 药剂防治 在果树发芽前，喷布99.1%敌死虫乳油，或99%绿颖乳油（机油乳剂）100倍液，以消灭越冬卵。在果树生长期，防治的重点应放在生长前期，常用药剂有10%吡虫啉可湿性粉剂3 000倍液，2.5%扑虱蚜可湿性粉剂2 000倍液，3%啶虫脒乳油2 000倍液，99%绿颖乳油（机油）200倍液，48%乐斯本乳油2 000倍液。

（二）苹果瘤蚜

苹果瘤蚜（*Myzus malisuctus*），又叫苹果卷叶蚜，属同翅目蚜科。在我国各苹果产区都有分布。寄主植物有苹果、海棠、沙果、梨和山荆子等。

【危害状】 蚜虫主要危害新梢嫩叶（彩图2-13）。被害叶片正面凸凹不平，光合功能降低。受害重的叶片从边缘向叶背纵卷，严重者呈绳状。被害重的新梢叶片全部卷缩，枝梢细弱，渐渐枯死，影响果实生长发育和着色。被害梢一般是局部发生，受害重的树全部新梢被卷害。

【形态特征】

1. 成虫 无翅胎生雌蚜，体长约1.5毫米，纺锤形，暗绿色。头部额瘤明显，复眼褐色，触角端部和基部黑色。有翅胎生雌蚜体长约1.6毫米。头、胸部黑色，额瘤明显，复眼、触角均黑色。腹部暗绿色。

2. 若虫 体小，浅绿色。

3. 卵 黑绿色，有光泽。

【发生规律及习性】 苹果瘤蚜一年发生10余代，以卵越冬。越冬卵主要分布在1年生枝条上，2年生以上枝条上较少。卵多产在芽的两侧，少数产在短果枝皱痕和芽鳞片上。在苹果发芽至展叶期，越冬卵孵化，孵化期约半个月。在辽宁和陕西等地，越冬卵于4月底孵化完毕。若蚜都集中到芽的露绿部分和绽开的嫩叶上为害。五六月份，随着嫩叶生长，蚜虫转移到新梢上为害，这时已经出现成蚜并进行孤雌胎生繁殖，叶片受害加重。这时的蚜虫除危害叶片外，还危害幼果，使被害果实表面出现稍凹陷的线斑。从7月下旬开始，蚜量逐渐减少。10～11月份出现有性蚜，交尾后产卵越冬。苹果瘤蚜的为害对品种有较大选择性，以元帅系品种受害最重，其次为国光、祝光和红玉等品种。

【防治方法】 防治苹果瘤蚜，应抓紧早期防治，即越冬卵全部孵化之后、叶片尚未被卷之前进行。最佳施药时期是果树发芽后半个月左右，一般在苹果开花前防治完毕。常用药剂有10％吡虫啉可湿性粉剂3 000倍液，2.5％扑虱蚜可湿性粉剂2 000倍液，3％啶虫脒乳油2 000倍液。

（三）黑玛绒金龟

黑玛绒金龟（*Serica orientalis*），又叫东方金龟子，属鞘翅目鳃金龟科。全国各地均有分布。黑玛绒金龟食性杂，可取食45科140多种植物。除危害苹果、梨、李、杏、樱桃、桃和山楂等果树外，还危害杨、柳、榆等树木和棉花、西瓜等作物，以河滩地、山荒地果园发生较重。

【危害状】 以成虫危害果树花芽、花蕾、幼叶，危害轻时可将花蕾、花瓣、叶片食成缺刻状，重的可将全株叶片、花芽食光。

【形态特征】

1. 成虫 近卵圆形，体长 6～9 毫米，宽 3.4～5.5 毫米。体黑褐色或棕褐色，有丝绒光泽。触角一般为 9 节，少数为 10 节。鞘翅上有 9 条刻点沟，翅缘有成排纤毛。

2. 卵 长约 1.2 毫米，椭圆形，乳白色。

3. 幼虫 乳白色，头部黄褐色，体上有黄褐色细毛。

4. 蛹 黄褐色，头部黑褐色。

【发生规律及习性】 黑玛绒金龟在我国东北、华北及黄河故道地区，均为一年发生 1 代，以成虫在土中越冬。成虫发生期在 4 月上旬至 6 月上旬，盛期在 4 月中旬至 5 月中旬。成虫有雨后出土习性。出土早的成虫先集中在已发芽的杨、柳树上取食。果树发芽后，再迁到果树上危害花芽、嫩叶和花蕾。5～6 月份气温高时，成虫傍晚出土取食为害，觅偶交配，夜间气温下降后，又潜入土中。成虫飞翔力强，并有趋光性和假死性，振动树枝，即落地假死不动。成虫喜产卵于大豆田和草荒地。卵期 9 天。幼虫孵化后，在土中以腐殖质和植物嫩根为食，一般对作物危害不大。幼虫期 2 个月左右。幼虫老熟后大多在 25 厘米深的土壤中化蛹。蛹期 10 天。成虫羽化后在土中越冬。

【防治方法】

1. 人工防治 利用成虫的假死性和趋光性，可在成虫盛发期组织人力捕杀，或在果园安装黑光灯诱杀。

2. 地面喷药 利用成虫多在雨后出土的习性，在成虫发生初期的降雨后，于树冠下的地面喷洒 50%辛硫磷乳剂 300 倍液，或 48%乐斯本乳油 600 倍液，杀虫效果较好。

3. 树冠喷药 4 月中旬至 5 月中旬成虫发生盛期，往树上喷洒 2.5%溴氰菊酯乳油或 20%氰戊菊酯乳油 2 000～2 500 倍液，或 90%晶体敌百虫 1 000 倍液。

4. 保护生态环境 生态环境的破坏，是导致该虫暴发的主要因素。因此，必须切实保护农田生态环境，不要随便开垦荒地和砍伐林木，而应植树造林，提高森林覆盖率。

（四）苹毛丽金龟

苹毛丽金龟(*Proagopertha lucidula*)，又叫苹毛金龟子，属鞘翅目丽金龟科。分布于辽宁、河北、河南、山东、山西、陕西和内蒙古等省、自治区。除危害苹果、梨、桃、李、杏和樱桃等果树外，还危害杨、柳和榆等林木，寄主植物有 11 科 30 余种。

【危害状】 苹毛丽金龟成虫喜食花蕾、花瓣、花蕊和柱头，使受害花朵残缺不全，叶片呈缺刻状，重者全部叶被食光。

【形态特征】

1. 成虫 体长 8.9～12.2 毫米，宽 5.5～7.5 毫米。触角 9 节。体小型，呈卵圆形。头、胸部褐色或黑褐色，常有紫或青铜色光泽。鞘翅茶色或黄褐色，半透明，可透视后翅折叠成“V”字形。鞘翅上有排列成行的刻点。腹部两侧有黄白色毛丛，腹末露出鞘翅处。前足胫节外缘有 2 齿。

2. 卵 椭圆形，长径为 1.5 毫米左右，初产出时乳白色，近孵化时呈黄白色。

3. 幼虫 老熟幼虫体长 15 毫米左右，头部黄褐色，体乳白色。

4. 蛹 裸蛹，长约 10 毫米，羽化前呈深红色。

【发生规律及习性】 苹毛丽金龟在我国一年发生1代，以成虫在土中30～50厘米处的蛹室中越冬。成虫3月下旬至5月中旬出土活动，危害盛期在4月中旬至5月上旬。在果树开花期，成虫危害花和嫩叶。成虫有雨后出土习性，在平均气温10℃以上时，雨后常出现成虫发生高峰。成虫的活动与温度有关，早晚气温低时，栖息树上不大活动。中午气温升高时觅偶交尾，取食活动最烈。气温在10℃左右时，一般白天上树为害，夜间潜入土中；气温升至20℃以上时，成虫则昼夜在树上，不再下树。交配后的成虫下树潜入10～20厘米深的土层中产卵，每头雌虫可产卵20～30粒。卵期20～30天。幼虫孵化后在土中以腐殖质和植物根为食，一般对作物危害不大。幼虫期为60～70天。7月下旬至8月下旬，幼虫陆续老熟，并潜入1米左右深的土层中做椭圆形土室化蛹。蛹期20天左右。成虫羽化后不出土即越冬。

【防治方法】

1. 人工防治 在成虫发生期，利用其假死性，振动树枝，捕杀落地成虫。

2. 地面喷药 在3月下旬至4月下旬的成虫出土期，特别是降雨后，在地面喷洒50%辛硫磷乳油或48%乐斯本乳油300倍液。施药后浅锄耙平地面，防治效果较好。

3. 树上喷药 成虫发生量大时，在果树开花之前，对树冠喷洒48%乐斯本乳油2 000倍液，或50%辛硫磷乳油1 000倍液，杀灭成虫。

（五）铜绿丽金龟

铜绿丽金龟（*Anomala corpulenta*），又叫铜绿金龟子，属鞘翅目丽金龟科。国内分布较为普遍。在西北、华北沙荒地新建果园危害较重。寄主植物有苹果、梨、桃、樱桃、李、杏、山楂、海棠、核桃和柿等多种果树。

【危害状】 铜绿丽金龟以成虫危害果树叶片，使被害叶片残缺不全，受害严重时整株叶片全被食光，仅留叶柄。幼虫食害果树根部，但危害性不大。

【形态特征】

1. 成虫 体长卵形，长16～22毫米，宽8.3～12毫米，铜绿色，中等大小。头、前胸背板色泽较深，鞘翅色较淡而泛铜黄色，有光泽，两侧边缘黄色。腹面多呈乳黄色或黄褐色。触角9节，鳃叶节由3节组成。

2. 卵 椭圆形，乳白色。

3. 幼虫 乳白色，头部褐色。

4. 蛹 裸蛹，初化蛹时为白色，后渐变为浅褐色。

【发生规律及习性】 铜绿丽金龟在我国各地一年发生1代，以幼虫在土中越冬。春季土壤解冻后，幼虫开始由土壤深层向上移动。4月中下旬，当平均地温达14℃左右时，大部分幼虫上升到地表，取食植物的根系。4月下旬至5月上旬，幼虫做土室化蛹。6月上旬出现成虫。成虫发生盛期在6月下旬至7月上旬。成虫有趋光性和假死性，昼伏夜出，产卵于土中。在荒地新建果园，壤土和砂壤土果园，以及间作花生和大豆的果园，发生量大。幼虫孵化后取食植物根系，到下一季，便逐渐向深处转移并越冬。

【防治方法】

1. 人工防治和农业防治 在成虫发生期，可实行人工捕杀成虫；春季翻树盘也可消灭土中的幼虫。

2. 药剂防治 在虫口密度大的果园，可于6月上旬成虫出土时，在树冠下喷洒50%辛硫磷乳剂300倍液。在成虫发生期，往树上喷50%辛硫磷乳剂1 000倍液，或20%氰戊菊酯乳剂2 000倍液。

(六)小青花金龟

小青花金龟(*Oxycetonia jucunda*)，又叫小青花潜。在我国果树产区都有分布。寄主有苹果、梨、桃、李、杏、樱桃和山楂等果树。

【危害状】 以成虫危害花蕾和叶片(彩图2-14)。成虫将花蕾咬成孔洞，将花瓣咬成缺刻或食尽，有时将花蕊吃光，影响坐果。成虫还取食嫩叶。幼虫在土中取食植物根系。

【形态特征】

1. 成虫 体长约13毫米，暗绿色，有的个体颜色稍深。胸部背面和前翅密被黄色绒毛和刻点，有光泽。头部黑色，触角鳃叶状，黑色。前胸背板半椭圆形，前缘窄，后缘宽。前翅背面散生白色或黄色大小不等的斑块。腹面黑褐色，密生黄色短绒毛。足黑色。

2. 卵 椭圆形，长约1.7毫米。初期乳白色，孵化前变为淡黄色。

3. 幼虫 初孵幼虫橙黄色，腹部淡黄色。老熟幼虫体长约33毫米，身体弯曲，乳白色，头部棕褐色至暗褐色。胸足发达，腹足退化。

4. 蛹 长约14毫米，初期为淡黄色，后变为橙黄色。

【发生规律及习性】 小青花金龟一年发生1代，以成虫在土中越冬，也有以幼虫越冬者。在果树开花期出现成虫。成虫先危害桃、李、杏等早花果树的花器，以后逐渐转移到苹果、梨等果树上为害。成虫白天活动，尤以中午前后气温高时活动最烈，有群集为害习性。成虫产卵于土中，以荒草地和腐殖质多的地块产卵较多。初孵幼虫取食土中的腐殖质或植物的根系。到秋季，幼虫老熟后在土中做蛹室化蛹。成虫羽化后不出土，即在土中越冬。以幼虫越冬者，翌年春天化蛹并羽化为成虫。

【防治方法】

1. 人工防治 早晨成虫不太活动，可振树捕杀。

2. 药剂防治 在成虫发生量大的果园，可在果树花蕾期喷药防治。常用药剂有90%敌百虫晶体1 000倍液，20%氰戊菊酯乳剂2 000～3 000倍液。

（七）大灰象

大灰象（*Sympiezomias lewisi*），又叫日本大灰象，食性复杂。主要寄主有苹果、梨、桃、李、杏和樱桃等果树。

【危害状】 成虫危害果树的幼芽、叶片和嫩枝。在果树花序分离期，常有3～5头集在一起为害。被害芽、叶和花残缺不全，影响产量。

【形态特征】

1. 成虫 体长7～12毫米，灰色至灰黑色。复眼黑色，椭圆形。触角11节，端部4节膨大成棒状，着生于头管前端。头管粗短，表面有3条纵沟，中间有一条黑色带。前胸稍长，两侧略呈圆形，背面中央有一条纵沟。鞘翅灰褐色，上有10条纵沟，并有不规则的斑纹，中央有一条白色横带。后翅退化。

2. 卵 长椭圆形，长约1.2毫米，初产出时乳白色，后变为灰黄或黄褐色，20～30粒排在一起。

3. 幼虫 乳白色，身体稍弯曲，无足，老熟时体长约17毫米。

4. 蛹 长约10毫米，初期为乳白色，后变为灰黄或暗灰色。

【发生规律及习性】 大灰象在我国北方果区一年发生1代,以成虫在土中越冬。成虫在翌年4月份出土活动,在果树发芽后危害嫩芽或幼叶。成虫不能飞翔,动作迟缓,白天静伏不动,早晚和夜间活动取食。遇有强烈振动,随即落地假死。成虫出土后,经取食补充营养,于6月中下旬大量产卵。卵多产在叶片尖端,并将叶尖从两侧折起,将卵包于折叶中。偶有直接把卵产在土中者。每头雌虫可产卵100余粒。卵期7天左右。幼虫孵化后入土取食植物须根和腐殖质。老熟幼虫在土中化蛹,并羽化成虫,成虫不出土即越冬。

【防治方法】

1. 人工防治 大灰象不能飞翔并有假死性,可于成虫发生期实行人工捕杀。

2. 地面喷药 对发生量大、危害严重的果园,于春季越冬成虫出土期,在树冠下喷洒50%辛硫磷乳剂300倍液,或48%乐斯本乳剂300倍液,可有效杀死出土成虫。

3. 树上喷药 在成虫出土后产卵前,往树上喷洒50%辛硫磷乳剂1 500倍液,或40%乐果乳剂2 000倍液,40.7%乐斯本乳剂2 000倍液,可消灭成虫和卵。

(八)棉褐带卷蛾

棉褐带卷蛾(*Adoxophyes orana*),又叫苹果小卷叶蛾,属鳞翅目卷蛾科(彩图2-15,16)。国内除云南和西藏外,其他各水果产区都有分布。寄主有苹果、梨、桃、李、杏和山楂等,是果树的一种主要害虫。

【危害状】 以幼虫危害叶片和果实。幼虫吐丝将2～3片叶连缀一起,并在其中为害,将叶片吃成缺刻或网状。被害果的表面出现形状不规则的小坑洼，尤其是果、叶相贴时，受害较重。

【形态特征】

1. 成虫 体长6～8毫米，翅展13～23毫米，淡棕色或黄褐色。触角丝状，与体同色。下唇须较长，向前延伸。前翅自前缘向后缘有2条深褐色斜纹，外侧的一条较内侧的细。后翅淡灰色。雄虫较雌虫体小，体色较淡，前翅前缘基部有前缘褶。

2. 卵 扁平，椭圆形，淡黄色。数十粒排列成鱼鳞状卵块。

3. 幼虫 体长13～15毫米。头和前胸背板淡黄色。幼龄幼虫淡绿色，老龄幼虫翠绿色。3龄以后的雄虫腹部第五节背面出现一对黄色性腺。臀栉6～8根。

4. 蛹 体长9～11毫米，黄褐色。腹部第二节至第七节各节背面有两行小刺，后一行较前一行短小而密。臀栉8根。

【发生规律及习性】 棉褐带卷蛾在各地的发生代数不同，在辽宁、河北和山西等地一年发生3代，在济南和西安地区发生3～4代，在石家庄和郑州地区发生4代，均以2龄幼虫在果树的剪锯口、树皮裂缝和翘皮下等隐蔽处，结白色薄茧越冬。越冬幼虫于翌年果树发芽后出蛰。出蛰后先爬到嫩芽、幼叶上取食。稍大后吐丝，将几个叶片连缀一起，潜伏其中为害。幼虫很活泼，触其尾部即迅速爬行，触其头部会迅速倒退。有吐丝下垂的习性，也有转移为害的习性。老熟幼虫在卷叶内化蛹，成虫羽化时，移动身体，头、胸部露在卷叶外，成虫羽化后在卷叶内留下蛹皮。成虫白天很少活动，常静伏在树冠内膛遮荫处的叶片或叶背上，夜间活动。成虫有较强的趋化性和微弱的趋光性，对糖醋液或果醋趋性甚烈，有取食糖蜜的习性，饲喂糖蜜的成虫，其产卵量明显增多。卵产于叶面或果面较光滑处。大气湿度对成虫产卵影响很大，天旱时不利于其产卵。幼虫孵化后，先在卵块附近的叶片上取食，不久便分散。第一代幼虫主要危害叶片，有时也危害果实。

棉褐带卷蛾的寄生性天敌较多，以寄生于卵的赤眼蜂寄生率最高，在自然界有时可达70%。

【防治方法】

1. 人工防治 早春刮除树干上和剪、锯口等处的翘皮，消灭其中的越冬幼虫。在苹果树生长季，发现卷叶后及时用手捏死其中的幼虫。

2. 药剂防治 用50%敌敌畏乳剂200倍液涂抹剪、锯口，消灭其中的越冬幼虫。在越冬幼虫出蛰期和各代幼虫发生初期，选择下列农药喷雾防治：80%敌敌畏乳剂800倍液，50%辛硫磷乳剂1 500倍液，50%杀螟硫磷乳剂1 000倍液，48%乐斯本乳油2 000倍液，52.5%农地乐乳油2 000倍液，2.5%溴氰菊酯乳剂3 000倍液，4.5%高效氯氰菊酯乳油3 000倍液，30%桃小灵乳油2 000倍液，24%米螨悬浮剂1 500倍液。

（九）芽白小卷蛾

芽白小卷蛾（*Spilonota lechriaspis*），又叫顶梢卷叶蛾，属鳞翅目卷蛾科。是危害苹果的主要卷叶虫之一。寄主植物除苹果以外，还有海棠、梨和桃等果树。在我国各苹果产区都有分布。

【危害状】 幼虫仅危害新梢叶片（彩图2-17）。幼虫将新梢顶端的几个叶片卷在一起，吐丝与叶片的绒毛一起做成虫室，潜伏其中，取食时爬出，取食后再回到卷叶内。一个卷叶苞内可有2～3头幼虫。每个幼虫都有各自的虫室。被害新梢的顶芽停止生长，歪向一侧，影响新梢生长。越冬虫苞冬季不脱落。

【形态特征】

1. 成虫 体长6～8毫米，翅展13～15毫米，银灰色。前翅基部1/3处有较大的褐色斑纹，近臀角处有一个近似三角形的褐色斑块。成虫停息时，两翅合拢，两个三角形斑块合在一起，呈菱形。前翅外缘有六个平行排列的深褐色斑点。

2. 卵 长椭圆形，长约0.7毫米，扁平，乳白色。

3. 幼虫 初孵幼虫乳白色。老熟幼虫污白色，头、前胸背板和胸足均为漆黑色。各体节的毛瘤浅褐色。无臀栉。

4. 蛹 体长约6毫米，纺锤形，黄褐色。腹部末端有8根钩状刺。

【发生规律及习性】 芽白小卷蛾一年发生2～3代，以2～3龄幼虫在枝条顶端的卷叶苞内越冬。翌春苹果发芽后，幼虫开始出蛰，从虫苞内爬出，吐丝将几片叶缠缀在一起，在其中取食。幼虫老熟后在卷叶内化蛹。越冬代成虫发生期，在6月上旬至7月上旬。成虫白天不活动，栖息在叶背或枝条上，夜间飞行、交尾或产卵。卵主要产在叶片背面，单产。幼虫孵化后爬至枝条顶端，吐丝卷叶为害，并将叶片背面的绒毛啃下，与丝一起做成致密的虫茧，幼虫潜藏其中。幼虫老熟后在虫苞内化蛹。第一代成虫发生期在7月下旬至8月下旬。一年发生3代的地区，第二代成虫期在8月份，从10月上旬开始，幼虫陆续进入越冬状态。芽白小卷蛾在管理粗放的果园发生较重，幼树园比成龄果园发生重。

【防治方法】

1. 人工防治 芽白小卷蛾的越冬虫苞冬季不脱落。在果树冬剪时，将虫苞剪掉，深埋或烧掉；在果树生长季，及时用手捏死虫苞中的幼虫。这在幼树园极易做到，效果很好。

2. 药剂防治 防治的关键时期是越冬代成虫产卵盛期和幼虫孵化期。常用药剂与棉褐带卷蛾防治用药相同。

（十）黄色卷蛾

黄色卷蛾（*Choristoneura longicellana*），又叫苹果大卷叶蛾，属鳞翅目卷蛾科。分布于东北、华北、西北和华中等地区。寄主有苹果、梨、桃、李、杏和樱桃等果树。

【危害状】 以幼虫危害叶片和果实，也可危害花蕾和嫩叶。幼虫危害叶片时，将叶片卷起或吃成孔洞和缺刻，受害果实表面出现坑洼（彩图 2-18）。

【形态特征】

1. 成虫 体长 11～13 毫米。翅展：雄虫为 19～24 毫米，雌虫为 23～34 毫米。翅黄褐色或暗褐色，前翅近基部 1/4 处和中部自前缘向后缘有 2 条浓褐色斜宽带。雄虫前翅基部有前缘褶，翅基部 1/3 处靠后缘有 1 个黑色小圆点。

2. 卵 椭圆形，扁平，黄绿色，数十粒排列成鱼鳞状卵块。

3. 幼虫 幼龄时淡黄绿色，老熟时深绿色稍带灰白色。头和前胸背板黄褐色，前胸背板后缘黑褐色。体背毛瘤较大，刚毛细长，臀栉 5 根。体长 23～25 毫米。

4. 蛹 长 10～13 毫米，红褐色，尾端有 8 根钩状刺。

【发生规律及习性】 黄色卷蛾在辽宁、河北及陕西关中地区，一年发生 2 代，以幼龄幼虫在树干翘皮下和剪、锯口等处结白色薄茧越冬。翌年春果树花芽绽开时，幼虫出蛰危害嫩叶，稍大后卷叶为害。老熟幼虫在卷叶内化蛹。蛹期 6～9 天。

6月上旬出现越冬代成虫，6月中旬为成虫发生盛期。成虫昼伏夜出，趋光性和趋化性不强。成虫羽化后不久即可交尾和产卵。卵多产于叶上，卵期为5～8天。初孵幼虫有吐丝下垂的习性，低龄幼虫多在叶背啃食叶肉，2龄以后的幼虫开始卷叶为害。6月下旬至7月上旬，是第一代幼虫发生期，8月上旬出现第一代成虫，8月中旬为成虫发生盛期。成虫继续产卵，发生第二代幼虫。幼虫孵化后为害一段时间便寻找适当场所越冬。

【防治方法】 防治黄色卷蛾，参见棉褐带卷蛾的防治方法。

（十一）苹褐卷蛾

苹褐卷蛾（*Pandemis heparana*），又叫苹果褐卷叶蛾，属鳞翅目卷蛾科。寄主植物有苹果、梨、桃、杏和樱桃等多种果树。在我国，主要分布在东北、华北和华中果树栽培区。

【危害状】 以幼虫危害叶片（彩图2-19）和果实。危害叶片时，幼虫吐丝将叶片卷起，或将几个叶片连缀在一起，在其中隐蔽取食。危害果实时，幼虫啃食果皮，造成不规则形坑洼。

【形态特征】

1. 成虫 体长8～10毫米，翅展18～25毫米，棕黄色。前翅基部褐色，中部有1条自前缘向后缘的褐色宽带，前缘近顶角处有1个半圆形深褐色斑。翅面上有多条褐色横纹。

2. 卵 椭圆形，扁平，淡黄绿色。数十粒至百余粒排列成鱼鳞状卵块。

3. 幼虫 初孵幼虫白色，取食后变为淡绿色。老熟幼虫体长18～20毫米，头近方形，头和前胸背板淡绿色，腹部深绿色而稍带白色，各节的毛片颜色稍淡。大部分个体前胸背板后缘两侧各有1块黑斑。

4. 蛹 体长11～12毫米，初期为黄褐色，渐变为深褐色。胸部腹面稍带绿色。腹部各节背面有2排几乎等长的小刺，腹部末端有8根钩刺。

【发生规律及习性】 苹褐卷蛾一年发生2～3代，以2～3龄幼虫在树皮裂缝、剪锯口和翘皮下等隐蔽处，结白色薄茧越冬。第二年春季苹果花芽萌动后，越冬幼虫开始出蛰，并取食花芽或嫩叶，随着叶片的生长开始卷叶为害。幼虫老熟后在卷叶内化蛹。越冬代成虫发生期在6月下旬至7月份。成虫有趋光性和趋化性，主要产卵于叶片背面，少数产在果实上。第一代幼虫发生期在7月下旬至8月份。初孵出幼虫群栖叶片上取食叶肉，稍大后便分散卷叶为害。第一代成虫期在8月中旬至9月上旬。第二代幼虫于10月中旬开始越冬。

【防治方法】

1. 人工防治 结合果树冬剪，刮除树干上和剪锯口处的翘皮，或在春季往锯口处涂抹药液，均能消灭越冬的幼虫。

2. 药剂防治 防治的关键时期是越冬幼虫出蛰期和第一代幼虫孵化期。常用杀虫剂种类与棉褐带卷蛾防治用药相同。

（十二）黄斑长翅卷蛾

黄斑长翅卷蛾（*Acleris fimbriana*），又叫黄斑卷叶蛾，属鳞翅目卷蛾科。全国各苹果树栽培区都有分布。寄主植物有苹果、梨、桃、李和杏等果树。

【危害状】 低龄幼虫取食花芽和叶片，使被害花芽出现缺刻或孔洞，被害叶呈网状。大龄幼虫卷叶为害，将整个叶簇卷成团或将叶片沿叶脉纵卷，使被害叶出现缺刻或仅剩主脉。

【形态特征】

1. 成虫 体长7～9毫米，翅展17～20毫米，成虫有冬型和夏型之分。冬型成虫灰褐色，复眼黑色，雌蛾比雄蛾颜色稍深。夏型成虫前翅金黄色，其上散生银白色鳞片，后翅灰白色，复眼红色。冬型和夏型成虫的触角均为丝状，与体同色。

2. 卵 椭圆形，扁平。初产出时淡黄色，半透明，后逐渐变成暗红色。

3. 幼虫 低龄幼虫的头和前胸背板漆黑色，体黄绿色。老熟幼虫头和前胸背板黄褐色，体黄绿色。体长约22毫米。臀栉5～7根。

4. 蛹 长约10毫米，黑褐色，头顶有一个向背面弯曲的突起。

【发生规律及习性】 黄斑长翅卷蛾在辽宁、河北、山东和陕西等地，一年发生3～4代，以冬型成虫在果园内的落叶、杂草或阳坡的砖石缝隙中越冬。越冬代成虫抗寒力较强。翌年春果树萌芽期，成虫开始出蛰活动并产卵。成虫多在白天活动，晴朗温暖的天气尤为活跃。越冬代成虫产卵于枝条上，少数产卵于芽的两侧或芽基部。在山西晋中一带，第一代幼虫发生在4月中旬，幼虫先危害花芽，再危害叶簇和叶片。6月上旬出现成虫。成虫产卵于叶片上，老叶着卵量比新叶多，以叶背较多。卵散产。第二代幼虫发生在6月中下旬，8月上旬出现成虫。第三代幼虫期在8月中旬，9月上旬是成虫发生期。第四代幼虫期在9月中旬，10月中旬出现越冬型成虫。除第一代卵期约20天外，其他各代卵期均为4～5天。幼虫不活泼，行动较迟缓，主要危害叶片，并有转叶为害的习性。老熟幼虫大部分转移到新叶处卷叶做茧化蛹。

【防治方法】

1. 人工防治 清除果园内的杂草、枯枝和落叶等物，消灭越冬成虫。在幼树园，对幼虫进行人工捕杀。

2. 药剂防治 防治的关键时期是第一代卵孵化期，这一代卵发生比较整齐，有利于药剂防治。使用的药剂与棉褐带卷蛾的防治用药相同。

（十三）苹果雕翅蛾

苹果雕翅蛾（*Anthophila pariana*），又叫苹果雕蛾，属鳞翅目雕蛾科。主要分布在华北、西北等地。除危害苹果外，还危害沙果、海棠、山定子、桃和山楂等果树。

【危害状】 以幼虫卷叶为害。被害叶片纵卷成饺子状或成团状。幼虫将叶片食成纱网状或缺刻，卷叶上常有丝粘附虫粪。

【形态特征】

1. 成虫 体长约5毫米，暗灰色，腹面色浅，胸部背面棕黄色。触角丝状，有黑白相间的环纹。复眼黑色。前翅黄褐色，翅的1/3处有由前缘通向后缘的狭长波状条纹，其内侧为黑褐色，外缘为白色。2/3处有白色宽条纹，两侧呈黑褐色，外缘和缘毛均为黑褐色。后翅灰褐色。翅上的斑纹个体间有变异。

2. 卵 长约0.4毫米，近馒头形，黄色，中央有一红色圆环。

3. 幼虫 老龄幼虫体长约10毫米，黄绿色。头部黄褐色。腹部各节背面具黑色毛瘤一排或二排。

4. 蛹 体长约5毫米，初孵出的幼虫黄白色，后渐变为黄褐色。蛹外包有纺锤形白色丝质双层茧。

【发生规律及习性】 苹果雕翅蛾在甘肃天水地区，一年发生3～4代，以蛹越冬。翌年苹果发芽前后出现成虫。成虫从4月上中旬开始产卵。4月下旬至5月上旬为第一代幼虫发生盛期。第二三代幼虫为害盛期在6月上中旬和7月中旬，第四代幼虫发生期在8月上中旬。8月下旬以后，幼虫陆续化蛹越冬。第一代蛹期10天左右；第二代蛹期约6天，幼虫期约20天。在山西晋中地区一年发生3代，以成虫越冬。越冬场所为树皮缝、树下落叶、杂草和土缝。越冬成虫从3月下旬开始出蛰，上树活动并交尾产卵。4月下旬至5月下旬为第一代幼虫发生期，盛期在5月上旬；第二、第三代幼虫发生期分别在6月上旬至8月上旬和7月下旬至10月上旬。第三代幼虫于8月中旬开始化蛹，8月下旬出现成虫，一直延续到10月底，陆续进入越冬场所。第一、第二代卵期分别为15天和8～10天；蛹期分别为8～10天和7～8天。成虫寿命一般为5～6天。第一代幼虫期25天左右。

成虫夜间活动，卵散产于叶上。幼虫活跃，有转叶为害习性。幼龄幼虫多集中在新梢嫩叶上为害，稍大后转移到大枝上，先纵卷叶尖，渐卷全叶。受害严重的叶片早期干枯。幼虫老熟后在卷叶里化蛹。

【防治方法】

1. 人工防治 结合果树冬剪，清除果园杂草和落叶，消灭成虫和蛹。

2. 药剂防治 在第一代幼虫发生盛期，往树上喷布50%辛硫磷乳剂1 500倍液或拟除虫菊酯类杀虫剂，消灭幼虫。

（十四）黄刺蛾

黄刺蛾(*Cnidocampa flavescens*)，幼虫俗称洋辣子，是果

树的常见害虫，属鳞翅目刺蛾科。其身体上的枝刺含有毒物质，触及人体皮肤时，会发生红肿，疼痛难忍。全国各果产区几乎都有发生。其寄主范围很广，果树中有苹果、梨、桃、李、杏、樱桃、枣、山楂、柿、核桃和板栗等。

【危害状】 以幼虫危害叶片。低龄幼虫啃食叶片的表皮和叶肉，使被害叶呈网状。幼虫长大后将叶片吃成缺刻，有时仅残留叶柄，严重影响树势。

【形态特征】

1. 成虫 体长 13～16 毫米，翅展 30～40 毫米。体粗壮，鳞毛较厚。头、胸部黄色，复眼黑色。触角丝状，灰褐色。下唇须暗褐色，向上弯曲。前翅自顶角分别向后缘基部 1/3 处和臀角附近分出两条棕褐色细线，内侧线以内至翅基部黄色，并有 2 个深褐色斑点。中室以外及外侧线黄褐色。后翅淡黄褐色，边缘色较深。

2. 卵 扁椭圆形，长约 1.5 毫米，表面具线纹。初产出时黄白色，后变为黑褐色。常数十粒排列成不规则块状。

3. 幼虫 初孵出幼虫黄绿色。老熟时体长约 25 毫米。头小，淡褐色。胸部肥大，黄绿色。身体略呈长方形，体背面自前至后有一个前后宽、中间窄的大型紫褐色斑块，低龄幼虫的斑纹蓝绿色。各体节有 4 个枝刺，腹部第一节的枝刺最大。胸足极小，腹足退化。

4. 蛹 椭圆形，粗而短，长约 10 毫米，黄褐色。

5. 茧 灰白色，表面光滑，有几条长短不等或宽或窄的褐色纵纹，外形极似鸟蛋(彩图 2-20)。

【发生规律及习性】 黄刺蛾在东北和华北地区，一年发生 1 代，在山东发生 1～2 代，在河南、江苏和四川等地发生 2 代。以老熟幼虫在树干或枝条上结茧越冬。在发生 2 代的地区，幼虫于5月上旬开始化蛹，5月下旬至6月上旬出现成虫，成虫发生盛期在6月中旬。成虫羽化后不久开始产卵，卵期平均为7天。第一代幼虫发生期在6月中下旬至7月上中旬，老熟幼虫于枝条上结茧化蛹。一般情况下一处1茧，虫口密度大时，一处结茧2个以上。7月下旬始见第一代成虫。卵期平均4.5天。第二代幼虫在8月上中旬危害最重。8月下旬开始陆续结茧越冬。在一年发生1代的地区，越冬幼虫于6月上中旬化蛹，6月中旬至7月中旬为成虫发生盛期，幼虫发生期在7月中旬至8月下旬，8月下旬以后幼虫开始结茧越冬。成虫昼伏夜出，有趋光性。羽化后不久即交尾、产卵。卵多产于叶背，排列成块，偶有单产。初孵出的幼虫有群集性，多聚集在叶背啃食叶肉，稍大后逐渐分散取食。幼虫长大后，食量大增，常将叶片吃光。

黄刺蛾的寄生性天敌有上海青蜂、朝鲜紫姬蜂和黑小蜂，前两种蜂的寄生率较高，应加以保护利用。

【防治方法】

1. 人工防治 结合果树冬剪，彻底清除越冬虫茧。在发生量大的果园，还应在周围的防护林上清除虫茧。夏季结合果树管理，人工捕杀幼虫。

2. 药剂防治 防治的关键时期是幼虫发生初期。可选择下列药剂予以喷杀：90%晶体敌百虫1 500倍液，50%辛硫磷乳剂1 500倍液，80%敌敌畏乳油1 000倍液，25%灭幼脲3号胶悬剂1 000倍液，青虫菌800倍液或各种拟除虫菊酯类杀虫剂。

（十五）褐边绿刺蛾

褐边绿刺蛾（*Latoia consosia*），又叫青刺蛾，幼虫俗称洋辣子，属鳞翅目刺蛾科。是果树上常见的害虫之一。在全国各地都有分布。

【危害状】 同黄刺蛾。

【形态特征】

1. 成虫 体长15～16毫米，翅展约36毫米。头和胸部绿色，复眼黑色。触角褐色，雌虫触角丝状，雄虫触角基部2/3为短羽毛状。胸部中央有1条暗褐色背线。前翅大部分为绿色，基部暗褐色，外缘黄褐色，其上散布暗紫色鳞片，外缘线暗褐色，呈弧状。后翅和腹部灰黄色。

2. 卵 椭圆形，扁平，初产出时乳白色，后渐变为黄绿色至淡黄色。常数十粒排列成块状。

3. 幼虫 老熟幼虫体长约25毫米，略呈长方形，圆筒状。初孵化时黄色，长大后变为绿色。头黄色，很小，常缩在前胸内。前胸盾片有2个横列黑斑。腹部背线蓝色，胴部第二至末节每节有4个毛瘤，其上生一丛刚毛，第四节背面的1对毛瘤上各有3～6根红色刺毛，腹部末端的4个毛瘤上生有蓝黑色刚毛丛。腹面浅绿色。胸足小，无腹足，腹部第一节至第七节腹面中部各有1个扁圆形的吸盘。

4. 蛹 长约15毫米，椭圆形，肥大，黄褐色。

5. 茧 椭圆形，棕色或暗褐色，长约16毫米，似羊粪状。

【发生规律及习性】 褐边绿刺蛾在东北和华北地区，一年发生1代，在河南和长江下游地区发生2代，江西发生2代或3代。在一年发生1代的地区，越冬幼虫于5月中下旬开始化蛹，6月上中旬羽化为成虫。成虫昼伏夜出，有趋光性，产卵于叶背近主脉处，卵粒排列成鱼鳞状卵块。卵期7天左右。幼虫在6月中下旬开始孵化，有群集性，4龄以后逐渐分散，并能迁移到邻近的树上为害。8月份危害最重，8月下旬至9月下旬幼虫陆续老熟，入土结茧越冬。

【防治方法】

1. 人工防治 发生量大时，可在树干周围的土中挖茧，以消灭越冬幼虫。果树生长期，在幼虫未分散时人工捕杀幼虫。

2. 药剂防治 防治的关键时期，是从幼虫孵化初期到分散为害以前。使用的药剂及浓度参考黄刺蛾的防治用药。

（十六）扁刺蛾

扁刺蛾（*Thosea sinensis*），又叫黑点刺蛾，属鳞翅目刺蛾科。是危害果树的主要刺蛾之一，在我国各苹果产区都有分布。

【危害状】 同黄刺蛾。

【形态特征】

1. 成虫 雌虫体长13～18毫米，翅展28～35毫米；雄虫体长10～15毫米，翅展26～31毫米。体暗灰褐色，复眼灰色。触角羽毛状。前翅自前缘至后缘有1条向内倾斜的褐色条纹，中室上角有1个不太明显的黑点。

2. 卵 长椭圆形，扁平，表面光滑，长约1毫米。初产出时淡黄色，近孵化时变为灰褐色。

3. 幼虫 老熟幼虫体长21～26毫米，浅绿色。身体扁平，背部稍隆起，形似龟背状，背线灰白色。体两侧边缘各有10个肉瘤状突起，上生刺毛，每节背面有两丛小刺毛。第四节背面两侧各有1个红点。

4. 蛹 长10～15毫米，纺锤形，黄褐色，前端肥钝，后端略细。

5. 茧 椭圆形，暗褐色，长12～16毫米，似雀蛋。

【发生规律及习性】 扁刺蛾在北方地区一年发生1代，在江西南昌发生2～3代。以老熟幼虫在树干周围3～6厘米深的土中结茧越冬。北方果区越冬幼虫于翌年5月中旬化蛹，6月上旬羽化为成虫，成虫发生盛期在6月中下旬至7月上中旬。成虫昼伏夜出，有趋光性。成虫羽化后不久即交尾，约两天后产卵。卵多散产于叶面。每头雌虫产卵45～50粒，卵期约7天。初孵幼虫行动迟缓，极少取食，两天后蜕皮。蜕皮后的幼虫先在叶面取食叶肉，残留下表皮。7～8天后，幼虫开始分散为害，取食整个叶片。一般从叶尖开始取食，将叶片吃成齐茬，最后只剩叶柄。幼虫危害盛期在8月份。老熟幼虫于9月上旬开始下树入土结茧。入土结茧的深度，和距树干的远近与树干周围的土壤质地有关。黏土地结茧部位浅，且距树干远，茧比较分散；在腐殖质土和砂壤土中结茧部位深，距树干近，比较密集。

【防治方法】

1. 人工防治 利用幼虫下树在土中结茧越冬并对土壤质地有选择的习性，在春季挖出虫茧，能有效地减少虫源。

2. 药剂防治 防治的关键时期，是幼虫孵化后分散为害前。使用的药剂及浓度，参考黄刺蛾防治用药。

（十七）双齿绿刺蛾

双齿绿刺蛾（*Latoia hilarata*），又叫棕边青刺蛾、波纹绿刺蛾，属鳞翅目刺蛾科。是危害果树的主要种类之一，在我国的分布范围较广。

【危害状】 同黄刺蛾。

【形态特征】

1. 成虫 体长9～11毫米，翅展23～26毫米，体黄色，头小，复眼褐色。前翅浅绿色或绿色，基部及外缘棕褐色，外缘部分的褐色线纹呈波状。后翅浅黄色，外缘渐呈淡褐色。

2. 幼虫 体长约17毫米，略呈长筒形，绿色。前胸背板有一对黑斑，各体节上有四个瘤状突起，丛生粗毛。中、后胸及腹部第六节背面各有一对黑色刺毛，腹部末端并排有四丛细密的黑刺毛。

3. 茧 椭圆形，暗褐色，略扁平，长约11毫米，宽约7毫米。

【发生规律及习性】 双齿绿刺蛾在北方果区一年发生1代，以老熟幼虫在树干基部、树干伤疤处、粗皮裂缝或枝杈处结茧越冬。有时在一处有几头幼虫聚集结茧。越冬幼虫在翌年6月上旬化蛹，6月下旬至7月上旬出现成虫。幼虫在7～8月份为害。低龄幼虫群集危害叶片，大龄幼虫分散为害。老熟幼虫最早在8月份就开始结茧越冬。

【防治方法】

1. 人工防治 利用幼虫集中结茧越冬的习性，可实行人工除茧，消灭幼虫。

2. 药剂防治 参考黄刺蛾的用药防治。

（十八）苹掌舟蛾

苹掌舟蛾（*phalera flavescens*），又叫舟形毛虫，俗称秋黏虫，属鳞翅目舟蛾科。国内除新疆和西藏外，其他各果产区都有分布。寄主有苹果、梨、桃、李、杏、樱桃、山楂、梅和枇杷等。以幼虫危害叶片（彩图2-21），常将叶片吃光，造成二次开花，严重损害树势。

【危害状】 初孵幼虫仅取食叶片上表皮和叶肉，残留下表皮和叶脉，被害叶片呈网状。2龄幼虫危害叶片，仅剩叶脉。

3龄以后，可将叶片全部吃光，仅剩叶柄。

【形态特征】

1. 成虫 体长22～25毫米，翅展49～52毫米。复眼黑色。触角丝状，浅褐色。前翅淡黄白色，近基部中央有1个银灰色和紫褐色各半的椭圆形斑，另有6个颜色、大小相似的椭圆形斑，横向排列于前翅外缘，翅面上的横线浅褐色。后翅淡黄白色，外缘颜色稍深。

2. 卵 近圆球形，直径约1毫米。初产出时淡绿色，近孵化时变为灰褐色。

3. 幼虫 初孵出的幼虫浅红褐色，2龄以后变为红褐色。随着虫龄的增大，虫体颜色加深。老熟幼虫变为紫褐色，体长约50毫米，头黑褐色，有光泽。全身生有黄白色细长软毛。静止时头、尾翘起，形似小船，故称舟形毛虫。

4. 蛹 长约23毫米，紫黑色。腹部末端有6根短刺。

【发生规律及习性】 苹掌舟蛾一年发生1代，以蛹在土中越冬。在华北、山东和东北南部地区，成虫于6月下旬开始出土，发生盛期在7月下旬至8月上旬。雨后土壤湿润，有利于成虫出土。成虫白天静伏在树叶上或杂草丛中，傍晚开始活动，有趋光性。成虫羽化后数小时至数日后交尾，1～3天后产卵。产卵盛期在8月中旬。卵多产在树冠中下部枝条的叶片背面，数十粒或百余粒排列成块状。卵期10天左右。幼虫于7月中旬出现，8月中下旬是幼虫危害盛期。低龄幼虫群集叶背，头朝向叶缘，排列整齐，取食叶片，遇振动则吐丝下垂。幼虫稍大后即分散取食，白天群集在枝条或叶片上，不食不动，头尾翘起。老熟幼虫不吐丝下垂，受振动亦不落地。幼虫期为1个月左右。3龄以前的幼虫食量较小，4龄以后食量大增，常将叶片吃光。幼虫有群体转移到新枝条上为害的习性。约在

9月下旬，幼虫老熟后沿树干爬下入土，准备化蛹越冬。越冬蛹多聚集在一起，以树干周围0.5～1.0米处最多，入土深度多在4～8厘米之间。在表土坚硬、幼虫不易入土时，则潜伏在杂草、落叶和土块下等隐蔽处化蛹越冬。

【防治方法】

1. 人工防治 早春翻树盘，将在土中越冬的蛹翻于地表，使其被鸟啄食或被风吹干。在幼虫分散前，及时剪掉有幼虫群集的叶片，或振动树枝，趁幼虫吐丝下垂之机，将其收集起来，予以集中消灭。

2. 药剂防治 防治的关键时期，是3龄幼虫以前。可选择下列任何一种农药喷雾：80%敌敌畏乳剂1 000倍液，90%晶体敌百虫1 500倍液，50%杀螟硫磷乳剂1 000倍液，20%杀灭菊酯乳剂1 500倍液，25%灭幼脲悬浮剂2 000倍液，青虫菌粉剂800倍液，杀灭幼虫。

（十九）梨威舟蛾

梨威舟蛾（*Wilemanus bidentatus ussuriensis*），又叫黑纹银天社蛾，属鳞翅目舟蛾科。在国内分布范围较广，是危害苹果叶片的常见害虫。除危害苹果外，还危害梨、杏和山荆子等。

【危害状】 以幼虫为害叶片，将叶片咬成空洞或缺刻状。

【形态特征】

1. 成虫 体长14～16毫米，灰白色。头胸背面略带褐色，后胸中央有1条黑褐色横线。雄虫触角双栉齿状，雌虫触角丝状。前翅灰白色略带褐色，有大小不等的2个暗褐色斑。后翅灰褐色。

2. 卵 半球形，浅褐色。

3. 幼虫 体长35～40毫米，头部紫红色，身体绿色。体上有浅紫色花纹，腹部第一节和第八节背面各有 2 个小瘤状突起。

4. 蛹 体长约 18 毫米，黑褐色。腹部第五节和第六节腹面各有 1 对突起。尾末有刺突 1 对。

【发生规律及习性】 梨威舟蛾在辽宁西部地区一年发生 1 代，以蛹在土中越冬。翌年 6 月下旬至 7 月中旬出现成虫，产卵于苹果叶片上，卵多单粒散布。七八月间是幼虫危害期，幼虫将叶片吃成缺刻。进入 9 月份以后，老熟幼虫陆续下树入土，做长椭圆形茧，于其中化蛹越冬。

【防治方法】 防治梨威舟蛾，可参考苹掌舟蛾的防治方法。

（二十）黄褐天幕毛虫

黄褐天幕毛虫（*Malacosoma neustria testacea*），又叫天幕毛虫，俗称春粘虫、顶针虫等，属鳞翅目枯叶蛾科。在北方果区普遍发生。寄主有苹果、梨、桃、李、杏、樱桃和梅等果树，以及杨与柳等林木。

【危害状】 幼龄幼虫吐丝结网，群集网幕中取食叶片（彩图 2-22）。大龄幼虫分散为害。被害叶最初呈网状，以后呈现缺刻或只剩叶脉或叶柄。

【形态特征】

1. 成虫 雌雄虫差异很大。雌虫体长 18～20 毫米，翅展约 40 毫米，黄褐色。触角锯齿状。前翅中央有 1 条赤褐色斜宽带，两边各有 1 条米黄色细线。雄虫体长约 17 毫米，翅展约 32 毫米，黄白色。触角双栉齿状。前翅有 2 条紫褐色斜线，其间色泽比翅基和翅端部的为淡。

2. 卵 圆柱形，灰白色，高约 1.3 毫米。200～300 粒紧密粘结在一起，环绕在小枝上，如“顶针”状。

3. 幼虫 低龄幼虫身体和头部均为黑色，4 龄以后头部呈蓝黑色。老熟幼虫体长 50～60 毫米，背线黄白色，两侧有橙黄色和黑色相间条纹，各节背面有黑色毛瘤数个，其上生有许多黄白色的长毛。腹部暗灰色。

4. 蛹 初期黄褐色，后期变为黑褐色，体长 17～20 毫米。化蛹于黄白色丝质茧中。

【发生规律及习性】 黄褐天幕毛虫一年发生 1 代，以完成胚胎发育的幼虫在卵壳内越冬。翌年果树发芽后幼虫从卵壳里爬出，出壳期比较整齐，大部分集中在 3～5 天内。出壳后的幼虫先在卵块附近的嫩叶上为害。在辽西地区，幼虫于 5 月上中旬转移到小枝分杈处吐丝结网，白天潜伏网中，夜间出来取食，随着幼虫的生长，逐渐离开网幕，分散为害。离开网幕的幼虫遇振动即吐丝下坠。这时的幼虫食量剧增，常将叶片吃光。幼虫约于 5 月底老熟，多在叶背或树干附近的杂草上结茧化蛹，也有在树皮缝隙、墙角及屋檐下吐丝结茧化蛹者。蛹期 12 天左右。成虫发生盛期在 6 月中旬。成虫羽化后即可交尾、产卵。每头雌虫产卵 480 粒左右，卵多产于当年生枝条上。成虫昼伏夜出，有趋光性。黄褐天幕毛虫的寄生性天敌主要有寄生蝇和寄生蜂，以寄生于卵的黑卵蜂寄生率较高。

【防治方法】

1. 人工防治 在果树冬剪时，注意剪掉小枝上的卵块，予以集中烧毁。春季幼虫在树上结的网幕显而易见，可在幼虫分散以前及时捕杀。对分散以后的幼虫，可振树捕杀。

2. 药剂防治 防治的关键时期，是幼虫出壳后和分散为害以前。使用的药剂有：90％晶体敌百虫 1 000 倍液，50％辛硫磷乳剂 1 000 倍液，50％杀螟硫磷乳剂 1 000 倍液，80％敌敌畏乳剂 1 000 倍液，20%杀灭菊酯乳剂 1 500 倍液，25%灭幼脲悬浮剂 2 000 倍液，青虫菌粉剂 800 倍液。选喷以上药剂，将幼虫杀死。

（二十一）盗 毒 蛾

盗毒蛾（*Porthesia simillis*），又叫金毛虫，属鳞翅目毒蛾科。在我国大部分果区都有分布。寄主有苹果、梨、桃、李、杏、樱桃、山楂和梅等果树，以及杨、柳等林木。以幼虫危害叶片，严重时可将叶片吃光。

【危害状】 低龄幼虫取食叶片下表皮和叶肉，仅剩上表皮和叶脉，被害叶呈网状。大龄幼虫取食整叶，被害叶出现缺刻，有时仅剩主脉和叶柄。幼虫还可危害幼果，仅食果皮和浅层果肉。

【形态特征】

1. 成虫 白色。雌虫体长 18～20 毫米，翅展 35～45 毫米；雄虫体长 14～16 毫米，翅展为 30～40 毫米。复眼球形，黑褐色。触角羽毛状，雄虫较雌虫发达。前翅后缘近臀角处和近基部各有 1 个褐色至黑褐色斑纹，有的个体斑纹仅剩 1 个或全部消失。腹部末端有金黄色毛丛，雌虫的腹部较雄虫肥大。

2. 卵 扁圆形，直径为 0.6～0.7 毫米。初期为橘黄色或淡黄色，以后颜色逐渐变深，卵化前变为黑色。

3. 幼虫 老熟幼虫体长约 40 毫米。头黑褐色，身体杏黄色，背线红色。前胸背面两侧各有 1 个红色毛瘤，体背各节有 1 对黑色毛瘤，其上生有褐色或白色细毛。腹部第一节和第二节中间的两个毛瘤合并成带状毛块。

4. 蛹 长约 13 毫米，长圆筒形，黄褐色至褐色，体被黄褐色稀疏绒毛。

5. 茧 淡黄色至土黄色，丝质，较松散，其上被少量幼虫的体毛。

【发生规律及习性】 盗毒蛾在我国北方果区一年发生2代，以幼龄幼虫在枝干粗皮裂缝或枯叶内越冬。在华北地区，幼虫于4月下旬开始出蛰，首先危害花芽，然后危害叶片。5月下旬至6月上旬，幼虫老熟后在树皮缝隙内或卷叶中吐丝结茧化蛹，6月下旬出现成虫。成虫昼伏夜出，有趋光性，羽化后不久即交尾、产卵。卵多产于叶背或枝干上，数十粒聚集在一起呈块状，其上被有絮状绒毛，卵期7天左右。幼虫孵化后群集叶片上取食叶肉，2龄以后的幼虫开始分散为害。幼虫为害至7月中旬左右，老熟后化蛹。7月下旬至8月上旬发生第一代成虫，成虫交尾后产卵。幼虫孵化后仍危害叶片，约在10月初，幼虫生长至3龄左右时寻找适当场所，吐丝结薄茧越冬。

【防治方法】

1. 人工防治 刮除树干上的粗皮，清除枯枝落叶，以消灭在此越冬的幼虫。

2. 药剂防治 防治的关键时期，是春季幼虫出蛰后和各代幼虫孵化期。可选择下列农药进行喷雾：90%晶体敌百虫1 500倍液，50%敌敌畏乳剂800～1 000倍液，50%辛硫磷乳剂1 500倍液，20%杀灭菊酯乳剂1 500倍液，或其他菊酯类农药，25%灭幼脲悬浮剂2 000倍液，青虫菌800倍液。

（二十二）舞毒蛾

舞毒蛾（*Lymantria dispa*），又叫秋千毛虫，属鳞翅目毒蛾科。在我国各果产区都有发生。寄主植物有苹果、梨、山楂、桃、李、杏、樱桃和板栗等果树。

【危害状】 以幼虫危害叶片。被害叶出现孔洞或缺刻，幼虫暴食阶段可将叶片吃光，或仅剩主脉。

【形态特征】

1. 成虫 雌雄成虫差异较大。雌虫体长约25毫米，翅展55～75毫米，污白色，微黄。触角黑色，双栉齿状，前翅上有许多深浅不一的褐色波状横纹和斑点。腹部末端有黄褐色毛丛。雄虫较小，体长约20毫米，翅展40～55毫米，褐色。触角羽毛状。前翅的斑纹与雌虫相似，但颜色较深。

2. 卵 圆形或椭圆形，长约0.9毫米。初期为灰白色，以后逐渐变为紫褐色，有光泽。卵块上覆盖黄褐色短毛。

3. 幼虫 低龄幼虫黄褐色。老熟幼虫暗褐色，体长50～70毫米。头淡褐色，有暗褐色斑纹，头背面有一明显的“八”字形黑纹。身体暗褐色，背面黄褐色，体背两侧各有一列毛瘤。第一至第五节的毛瘤为蓝色，第六节至第十节的毛瘤为橘红色，其上着生深褐色短毛，身体两侧的毛瘤上着生黄褐色长毛。

4. 蛹 体长约20毫米，纺锤形，褐色，体表生黄褐色短毛，腹部末端有一钩状突起。

【发生规律及习性】 舞毒蛾一年发生1代，以卵在树干、墙角等处越冬。在华北地区，越冬卵于4月下旬孵化，5月下旬至6月中旬是幼虫危害盛期。初孵幼虫有群集为害的习性，白天群栖叶背不活动，受惊动可吐丝下垂，借风传播。夜间取食。2龄以后的幼虫分散取食。4龄以后的幼虫进入暴食阶段，食量很大。幼虫期长达2个月之久。老熟幼虫爬到隐蔽处结茧化蛹，有的幼虫吐丝卷叶，在其中化蛹。蛹期为10～15天。成虫在7月份羽化，有趋光性。雄成虫较活泼，白天在树冠内飞舞，并寻找雌虫交尾。雌虫飞行力不强，常静伏在树干上或树枝分杈处的下面，或在屋檐下等隐蔽处，等候雄虫前来交尾,并在此产卵。成虫产卵呈块状,每块有卵400～500粒,卵块表面覆盖黄色短毛。每头雌成虫产卵1～2块。产卵后的雌成虫常死在卵块附近。

【防治方法】

1. 人工防治　在成虫发生期,利用雌成虫不善飞行的习性,进行人工捕杀。冬、春季结合果树修剪,寻找卵块,予以捕杀。

2. 药剂防治　在幼虫发生期,喷布50%辛硫磷乳剂或80%敌敌畏乳剂1 500倍液,90%敌百虫晶体1 000倍液,25%灭幼脲悬浮剂2 000倍液,20%氰戊菊酯乳剂2 000倍液或其他菊酯类杀虫剂,杀灭幼虫。

(二十三)角斑古毒蛾

角斑古毒蛾(*Orgyia gonostigma*),又叫赤纹毒蛾,属鳞翅目毒蛾科。主要分布于我国东北、华北和西北地区,是危害果树花芽和叶片的常见害虫。除危害苹果外,还危害梨、桃、杏、李、山楂、樱桃和梅等果树,也危害杨、柳、栎、桦、榛、桤木、蔷薇和落叶松等林木。

【危害状】　幼虫危害花芽基部,吃成小洞,造成花芽枯死。叶片被害后,仅留下叶脉或叶柄。幼虫还可危害果实。被害果被咬成许多小洞,容易落果。

【形态特征】

1. 成虫　雌虫体长10～12毫米,长椭圆形,灰黄色。翅退化,只留痕迹。体上有深灰色短毛和黄白色茸毛。触角丝状。雄虫体长8～10毫米,灰褐色。触角羽状。前翅红褐色,翅前缘中部有白色鳞毛,近顶角处有一黄色斑,后缘角有一新月形白斑。

2. 卵 长约0.8毫米，近似馒头形，顶部凹陷，灰黄色。

3. 幼虫 体长约40毫米，头部灰黑色，上生细毛。体黑色，被黄色和黑色毛，亚背线有白色短毛，体两侧有黄褐色纹。前胸两侧和腹部第八节背面两侧各有一束黑色长毛，第一至第四腹节背面中央，各有一黄灰色短毛刷。

4. 蛹 雌蛹体长约11毫米，灰色。雄蛹黑褐色，腹部黄褐色，末端有长突起。蛹外包有幼虫体毛和其他杂物织成的丝质松散型虫茧。

【发生规律及习性】 角斑古毒蛾在东北地区一年发生1代，在中部地区一年发生2代，均以幼龄幼虫在枝干粗皮缝、翘皮下和土中越冬。在发生1代的地区，越冬幼虫在苹果树发芽后出蛰活动，上树危害嫩芽和幼叶，随着幼虫的生长，它的食量增加，可将全叶吃光。幼虫老熟后在被害叶上吐丝做茧化蛹，有的在枝杈和树干上做茧化蛹。蛹期1周左右。越冬代成虫发生期在7月份。雌成虫羽化后静候在茧里，雄成虫白天飞翔，与雌虫交尾。雌虫将卵产于茧内或茧附近，卵成块状。每块卵有170～450粒。卵块上覆盖雌虫体毛。卵期14～20天。幼虫孵出后继续危害叶片，经2次蜕皮后陆续进入越冬场所。在发生2代的地区，幼虫于苹果树发芽后出蛰上树为害。越冬代成虫发生期在6月份。六七月间为第一代幼虫危害期，第一代成虫发生期在8月份。8月下旬至9月上旬为第二代幼虫危害期。9月下旬以后，幼虫陆续进入越冬场所。

【防治方法】

1. 人工防治 在成虫发生期巡回检查，发现卵块及时消灭。

2. 药剂防治 在苹果树发芽后和开花前，结合防治梨叶斑蛾、卷叶虫等害虫，一并兼治。

（二十四）古 毒 蛾

古毒蛾(*Orgyia antigua*)，又叫褐纹毒蛾，属鳞翅目毒蛾科。在我国北方果树产区都有发生。是食叶性害虫。在苹果园普遍发生，但一般不造成灾害。寄主植物有苹果、梨、李、山楂和板栗等果树以及柳、杨、松等多种林木。

【危害状】 以幼虫危害叶片，小幼虫取食叶肉，剩下表皮，大幼虫把叶片全部食光。

【形态特征】

1. 成虫 雌虫体长 14 毫米左右，翅退化。体肥大，污白色，被灰黄色茸毛。雄虫较小，体长约 12 毫米，黄褐色。触角长栉齿状。前翅有 3 条自前缘伸向后缘的浓褐色波浪状条纹，臀角附近有一白色半月形斑。

2. 卵 圆形，稍扁，污白色，其上有一浅黑色小点。

3. 幼虫 老龄幼虫体长 35 毫米左右，体黄色。背线黑色。前胸侧面和腹部第八节背面两侧各有一束黑色长毛。腹部第一节至第四节背面各有一黄白色刷状毛丛。

4. 蛹 雌蛹纺锤形，较肥大，体长 15～21 毫米。雄蛹锥形，较细长，体长 10～12 毫米。均为浓褐色，有灰白色茸毛。蛹外包有灰黄色丝质虫茧，外附幼虫体毛和碎叶等杂物。

【发生规律及习性】 古毒蛾在东北北部地区一年发生 1 代，以卵在雌成虫的茧内越冬。在河北果区一年发生 3 代，各代幼虫危害盛期为：越冬代为 5 月上旬，第一代 6 月中下旬，第二代在 8 月上中旬。初孵幼虫先危害幼芽，稍大后取食叶片。幼虫有群聚为害习性，多在夜间取食。果树受害重时，叶片全部被吃光。幼虫经过五六次蜕皮后老熟，分别爬向粗枝分杈、树皮缝等处结茧化蛹。雄成虫飞翔力强，白天活动，并与雌成虫交尾。雌虫在茧内产卵,每头雌虫产卵150～300粒。

【防治方法】

1. 人工防治 结合果树冬剪,将茧内越冬卵刮下踩死。

2. 药剂防治 在幼虫危害期,喷布90%敌百虫晶体1 500倍液,或青虫菌800倍液,灭幼脲等杀虫剂,能有效杀灭幼虫。

(二十五)美国白蛾

美国白蛾(*Hyphantria cunea*),属鳞翅目灯蛾科。原产于美国和加拿大,1979年在我国辽宁省丹东地区首次发现,目前已分布在多个省份。美国白蛾食量很杂,寄主范围很广。据国外报道,其寄主植物达300种以上,国内初步调查也达100余种。苹果、梨、杏、李、樱桃、山楂和海棠等果树,都是其主要寄主植物。美国白蛾是国内外重要的检疫对象。

【危害状】 以幼虫群集结网,并在网内取食叶肉,残留表皮(彩图2-23)。网幕随幼虫龄期增长而扩大,长的可达1.5米以上。4龄后的幼虫分散为害,不再结网。因大龄幼虫食量大,2～3天就可将整株叶片吃光。

【形态特征】

1. 成虫 体长12～17毫米,翅展30～40毫米,白色。雄虫触角双栉齿状,黑色,越冬代成虫前翅上有较多的黑色斑点,第一代成虫翅面上的斑点较少。雌虫触角锯齿状,前翅翅面很少有斑点。

2. 卵 近球形,直径约0.6毫米,初产时淡黄绿色,近孵化时变为灰褐色。常数百粒成块产于叶片背面。单层排列。

3. 幼虫 老熟幼虫体长28～35毫米。体色变化较大,有红头型和黑头型之分,我国仅有黑头型。头黑色具光泽,胸、腹部为黄绿色至灰黑色，背部两侧线之间有一条灰褐色至灰黑色宽纵带，背中线、气门上线和气门下线为黄色。背部毛瘤黑色，体侧毛瘤为橙黄色，毛瘤上生有白色长毛。

4. 蛹　体长 8～15 毫米，暗红色，中央有纵向隆脊，臀棘 8～17 根。

【发生规律及习性】　美国白蛾在我国一年发生 2 代，以蛹在枯枝落叶中、墙缝、表土层和树洞等处越冬。翌年 5 月上旬出现成虫，5 月下旬出现幼虫，第一代幼虫发生期在 6 月中旬至 7 月下旬，盛期在 7 月中下旬。这一代的虫口数量不大，从 8 月上旬开始出现成虫。成虫产卵于叶片上。第二代幼虫发生期在 8 月中旬至 9 月中旬。成虫多在 17～23 时羽化，清晨 5 时前后交配。卵块产于叶片背面，每块有卵 300～500 粒，每头雌虫最高产卵量可达 2 000 粒。卵期约 7 天。这一代幼虫数量明显增加，幼虫孵化后不久即吐丝结网，群集网内为害。4 龄后分散为害，幼虫期 35～42 天。幼虫耐饥力很强，龄期越大，耐饥时间越长。7 龄幼虫耐饥饿时间最长的可达 15 天。幼虫老熟后下树寻找适宜场所结薄茧化蛹越冬。在幼虫数量大时，将树木叶片吃光后还可转移到大田取食玉米等作物。

美国白蛾有多种寄生性和捕食性天敌，能控制其发生，其中作用较大的有捕食性蜘蛛类与中华草蛉，寄生性天敌日本追寄蝇、舞毒蛾黑瘤姬蜂与广大腿蜂等。

【防治方法】

1. 加强检疫　美国白蛾以不同虫态附着在苗木、木材、水果及包装物上，通过运输工具进行远距离传播。为防止进一步扩散蔓延，首先要划定疫区，设立防护带。严禁从疫区调出苗木。一旦从疫区调入苗木，要严格进行检疫，发现有美国白蛾要彻底销毁。

2. 人工防治 幼虫期结网为害，很容易被发现。要经常巡回检查果园和果园周围的林地，发现幼虫网幕后摘除烧毁。

3. 药剂防治 在幼虫发生期，喷洒25%灭幼脲3号胶悬剂或25%苏脲1号胶悬剂1 000～1 500倍液，青虫菌6号1 000倍液，杀灭幼虫效果很好，且对捕食性和寄生性天敌安全；或喷洒50%杀螟硫磷乳剂1 000倍液，50%辛硫磷乳剂1 500倍液，90%晶体敌百虫乳剂800～1 000倍液或拟除虫菊酯类杀虫剂，消灭幼虫。

（二十六）人纹污灯蛾

人纹污灯蛾(*Spilactia subcarnea*)，属鳞翅目灯蛾科。在我国大部分果产区都有分布。在正常管理的果园，一般不造成危害。寄主有苹果、梨、桃、李和杏等果树。

【危害状】 幼虫危害叶片，大龄幼虫可将叶片吃光，仅剩叶脉或叶柄。幼虫还可危害果实。

【形态特征】

1. 成虫 体长约18毫米，雄蛾翅展40～60毫米，雌蛾翅展40～50毫米。头、胸部黄白色，被有较长鳞毛。触角褐色，复眼深褐色，足褐色。前翅黄白色，近基部有一个小黑点，前翅中部近内缘有4个黑点，排列成线状，停息时两翅合拢，黑点形成似“人”字纹。翅顶角处有2个小黑点。前翅反面有隐约可见的红色。后翅红色，缘毛白色。

2. 卵 灰白色，近似球形，数十粒或百余粒产在一起成块状。

3. 幼虫 初孵幼虫灰褐色。老熟幼虫体长46～55毫米，头和胸足黑褐色，各节具毛瘤，其上生黄褐色长毛。

4. 蛹 褐色，外被幼虫体毛和丝织成的虫茧。

【发生规律及习性】 人纹污灯蛾一年发生2代,以蛹越冬。第二年苹果树落花后出现越冬代成虫。成虫产卵于叶片上。幼虫孵化后取食叶片,将叶片吃成孔洞或缺刻。老熟幼虫做茧化蛹。第一代成虫发生在7~8月份。成虫再产卵发生下一代幼虫。到10月份,老熟幼虫寻找适当场所化蛹越冬。

【防治方法】 正常管理的果园,一般情况下不必对人纹污灯蛾进行专门防治,可在防治其他害虫时,一并兼治。

(二十七)梨剑纹夜蛾

梨剑纹夜蛾(*Acronictia rumicis*),属鳞翅目夜蛾科。在我国各果区都有分布。寄主有苹果、桃、李、杏、梨、梅和山楂等果树,以及杨与柳等林木。还可危害大豆和蔬菜等农作物。在管理粗放的果园,该虫发生较多。

【危害状】 以幼虫食害叶片。幼虫将叶片吃成孔洞或缺刻,甚至将叶脉吃掉,仅留叶柄。

【形态特征】

1. 成虫 体长约14毫米,头、胸部棕灰色,腹部背面浅灰色带棕褐色。前翅有4条横线,基部2条色较深,外缘有一列黑斑,翅脉中室内有1个圆形斑,边缘色深。后翅棕黄至暗褐色,缘毛灰白色。

2. 卵 半球形,乳白色,渐变为赤褐色。

3. 幼虫 体长约33毫米,头黑色,体褐色至暗褐色,具大理石样花纹,背面有一列黑斑,中央有橘红色点。各节毛瘤较大,其上生褐色长毛。

4. 蛹 体长约16毫米,黑褐色。

【发生规律及习性】 梨剑纹夜蛾一年发生3代,以蛹在土中越冬。越冬代成虫于翌年5月份羽化,成虫有趋光性和趋化性，产卵于叶背或芽上。卵呈块状，卵期9～10天。6～7月间为幼虫发生期，初孵出幼虫稍停片刻即将卵壳吃掉，然后取食嫩叶。幼虫早期群集取食，后期分散为害。6月中旬即有幼虫老熟。老熟幼虫在叶片上吐丝结黄色薄茧化蛹。蛹期10天左右。第一代成虫在6月下旬发生，仍产卵于叶片上。卵期约7天，幼虫孵化后危害叶片。8月上旬出现第二代成虫，9月中旬幼虫老熟后入土结茧化蛹。

【防治方法】

1. 人工防治 早春翻树盘，消灭越冬蛹。用糖醋液或黑光灯诱杀成虫。

2. 药剂防治 防治时期是各代幼虫发生初期。可喷布50%杀螟松乳剂或50%辛硫磷乳剂1 000～1 500倍液，80%敌敌畏乳剂1 000倍液，20%杀灭菊酯乳剂2 000倍液或其他除虫菊酯类杀虫剂，杀灭幼虫。

（二十八）桃剑纹夜蛾

桃剑纹夜蛾（*Acronictia ineretata*），又叫苹果剑纹夜蛾，属鳞翅目夜蛾科。我国各苹果产区都有分布。寄主有苹果、梨、桃、李、杏和樱桃等果树和一些林木。

【危害状】 桃剑纹夜蛾小幼虫群集叶背为害，取食上表皮和叶肉，仅留下表皮和叶脉，受害叶呈网状。幼虫稍大后将叶片食成缺刻，并啃食果皮，使果面上出现不规则的坑洼。

【形态特征】

1. 成虫 体长18～22毫米，体表被较长的鳞毛。体、翅灰褐色。前翅有3条与翅脉平行的黑色剑状纹，基部的1条呈树枝状，端部2条平行，外缘有1列黑点。后翅灰白色，外缘色较深。触角丝状，灰褐色。

2. 幼虫 老熟时体长约40毫米，头黑色，其余部分灰色略带粉红。体背有1条橙黄色纵带，纵带两侧每节各有2个黑色毛瘤，其上着生黑褐色长毛。

3. 蛹 体长约20毫米，初为黄褐色，后为棕褐色，有光泽。腹末有8根刺毛，背面2根较大。

【发生规律及习性】 桃剑纹夜蛾一年发生2代，以蛹在土中越冬。成虫于5～6月间羽化，发生期很不整齐。成虫昼伏夜出，有趋光性，产卵于叶面。5月中下旬发生第一代幼虫，幼虫为害至6月下旬便陆续老熟，吐丝缀叶，在其中结白色薄茧化蛹。第一代成虫于7月下旬出现，至8月下旬仍有成虫发生。成虫仍产卵于叶片上。第二代幼虫于8月上中旬发生，9月中旬开始陆续老熟，寻找适当场所化蛹越冬。

【防治方法】

1. 人工防治 春季翻树盘，可消灭在土中越冬的蛹。

2. 诱杀成虫 利用成虫对糖醋液和黑光灯的趋性，可以诱杀成虫。

3. 药剂防治 在幼虫发生期，可选择下列任何一种药剂喷雾：90%敌百虫晶体1 000倍液，20%氰戊菊酯乳油2 000倍液，50%杀螟松乳剂1 000倍液，杀灭幼虫。或在防治其他害虫时兼治。

（二十九）苹梢鹰夜蛾

苹梢鹰夜蛾（*Hypocala subsatura*），又叫苹果梢夜蛾，属鳞翅目夜蛾科。在我国大部分果产区都有分布。寄主有苹果、梨和柿等。在北方苹果产区属偶发性害虫，一般年份不会造成危害，在大发生年份对幼树生长影响很大。

【危害状】 以幼虫危害叶片，也可蛀食幼果。危害叶片时,常将苹果嫩梢叶片向上纵卷,在其中取食。被害梢顶端的几个叶片仅剩叶脉和絮状残余物。大龄幼虫将叶片咬成缺刻或孔洞。

【形态特征】

1. 成虫 体长18～20毫米,翅展34～38毫米。前翅正面紫褐色,外缘线和亚缘线棕色,反面有黑、黄色构成的花纹。后翅臀角处有2个黄色圆斑,中室处有1条黄色回形纹。

2. 卵 半球形,直径约0.3毫米,从顶端向下有放射状纵脊。初产出时淡黄绿色,以后卵顶部逐渐出现棕褐色。

3. 幼虫 老熟时体长30～35毫米,体较粗壮,光滑,毛稀而柔软。体色变化很大,一般头部黄褐色,体淡绿色,两侧各有1条淡黑色纹。有的个体头部黑色,体褐色,两侧的纵线明显。

4. 蛹 体长14～17毫米,红褐色至深褐色。

【发生规律及习性】 苹梢鹰夜蛾在我国北方大部分苹果产区,一年发生1代;在陕西关中地区有发生2代者。以蛹在果园土中越冬,翌年5月中旬开始羽化为成虫,一直到6月下旬,盛期在5月下旬。成虫昼伏夜出,有趋光性。产卵于新梢顶端第三至第五片叶的背面,单粒散产。幼虫发生初期在5月下旬,盛期在6～7月份。幼虫孵化后即危害新梢叶片,将叶片卷起,在其中取食,受惊扰时便从卷叶内逃逸下落。幼虫有转移为害习性,幼虫老熟后入土化蛹。在发生2代的地区,第一代成虫发生期在7～8月份。成虫继续产卵。幼虫危害叶片,老熟后入土化蛹。

【防治方法】

1. 人工防治 在幼树园发现幼虫为害时,可将其捏死。对于成虫,可利用它的趋光性进行诱杀。

2. 药剂防治 在幼虫发生初期，任选下列一种药剂喷雾：80％敌敌畏乳剂1 000倍液，50％辛硫磷乳剂1 500倍液，20％氰戊菊酯乳油2 000倍液，杀灭幼虫。一般情况下，在防治其他害虫时可以兼治该虫。

（三十）桑褶翅尺蠖

桑褶翅尺蠖(*Zamacra excavata*)，又叫核桃尺蠖。在我国北方果树产区都有分布，寄主植物有苹果、梨、山楂和核桃等果树。

【危害状】 以幼虫危害叶片，有时还危害幼果。叶片被害后出现孔洞或缺刻，严重者仅剩主脉或叶柄。幼果被害后出现孔洞。

【形态特征】

1. 成虫 体长17～20毫米，灰褐色或土褐色。翅面上有褐色和白色斑纹，外横线及内横线黑色，较粗。头部及胸部多毛。成虫静止时，四翅褶叠竖起，后翅向后并拢，平行呈燕尾状。足上有较长的鳞毛。腹部较大。

2. 卵 略呈椭圆形，长约1毫米。初期为银灰色，后变为深灰色。

3. 幼虫 体色变化较大。低龄幼虫体为蓝黑色或褐色。老熟幼虫体长38～50毫米，绿色，头部黄褐色，腹部第一节和第八节背面中央各有1对肉质状突起，第二节至第四节各有1个肉质状突起。幼虫停息时，头部和胸部弯曲在腹面。

4. 蛹 体长13～17毫米，初为翠绿色，后渐变为黄褐色至深褐色。

5. 茧 椭圆形，长17～23毫米，丝质，坚固，灰褐色，表面粘有土粒和碎物。

【发生规律及习性】 桑褶翅尺蠖一年发生1代,以蛹在茧内越冬。越冬茧大部分集中在根颈部的土中。3月中下旬为成虫发生期。成虫夜间活动,产卵于光滑的枝条上,常数十粒至数百粒密集排列在一起。初孵幼虫较活泼,分散危害叶片,有时啃食幼果。幼虫老熟后爬下树干,入土结茧化蛹越冬。

【防治方法】

1. 人工防治 成虫产的卵块极易被发现。在成虫发生期,及时剪掉带卵枝条或刮除卵粒,可减少害虫发生。

2. 药剂防治 防治的关键时期在幼虫发生初期。常用杀虫剂有:50%马拉硫磷乳油、50%杀螟硫磷乳油或50%辛硫磷乳油各1 000倍液,20%氰戊菊酯乳油或4.5%高效氯氰菊酯乳油3 000～4 000倍液,25%灭幼脲3号悬浮剂2 000倍液。

(三十一)苹果枯叶蛾

苹果枯叶蛾(*Odonestis pruni*),又叫苹毛虫,属鳞翅目枯叶蛾科。在我国大部分苹果产区都有分布。寄主有苹果、李、梨、梅和樱桃等果树。

【危害状】 以幼虫取食叶片,将叶片吃成缺刻,或将叶片吃光,仅剩叶柄。由于幼虫食量大,常造成危害。

【形态特征】

1. 成虫 体长22～30毫米,翅展50～57毫米。体形粗壮,触角栉齿状。全体橙黄色。前翅基部有1条内横线,中部有1条外横线,两条线呈弧形,色深,两线之间有1个白斑,在翅端部有1条锯齿状的外缘线。后翅色较浅。

2. 卵 近圆形,初产时绿色,后变为白色,表面有云状花纹。

3. 幼虫 老熟时体长约 60 毫米,两侧缘具长毛。头灰色,胴部青灰色或淡茶褐色。腹部第一节两侧各生 1 束黑色长毛,第二节背面有一蓝黑色横列短毛丛,第八节背面有 1 个瘤状突起。

4. 蛹 体长约 30 毫米,紫褐色,外被灰黄色纺锤形茧。

【发生规律及习性】 苹果枯叶蛾在东北及山东一年发生 1 代,在河南、陕西一年发生 2 代。以幼龄幼虫紧贴在树枝上或在枯叶内越冬。虫体颜色近似树皮,不易被发现。第二年苹果树发芽后,幼虫开始活动,白天静伏在枝条上,夜间取食叶片。在辽宁苹果产区,越冬幼虫 5 月份开始活动,6～7 月份幼虫开始陆续老熟。老熟幼虫吐丝缀合叶片做成白色茧,化蛹其中。7 月上旬出现成虫。成虫有趋光性,产卵于枝条上。幼虫孵化后为害一段时间,即进入越冬状态。在陕西关中地区,越冬代成虫于 6 月中下旬发生,第一代成虫发生期在 7 月下旬至 9 月份。

【防治方法】

1. 人工防治 结合冬季修剪,注意消灭在枝条上越冬的幼虫。

2. 药剂防治 一般情况下不必专门喷药,可在防治其他害虫时兼治。

(三十二)李枯叶蛾

李枯叶蛾(*Gastropacha quercifolia*),又叫苹果大枯叶蛾,属鳞翅目枯叶蛾科。其分布范围、寄主和危害性,与苹果枯叶蛾相似。

【形态特征】

1. 成虫 体长 25～45 毫米。翅展:雄虫为 41.8～66.1

毫米，雌虫为61.8～81.4毫米。身体粗壮，全体茶褐色，下唇须蓝黑色。前翅中部有波状纹3条，外缘锯齿状。后翅橙黄色，前缘膨大成半圆形，停息时伸出前翅之外，似枯叶。

2. 卵 近圆形，直径约1.5毫米，灰白色，表面有白色带状花纹。

3. 幼虫 幼龄时身体黑色，腹部第一节背面淡黄色，体毛长。老熟幼虫体长90～100毫米，暗褐色。胴部各节背面有瘤状突起。第十一节背面有1个角状小突起。

4. 蛹 体长约30毫米，深褐色，外被暗褐色或暗灰色丝质茧，并附有幼虫的体毛。

【发生规律及习性】 李枯叶蛾在辽宁苹果产区一年发生1代，在陕西关中地区一年发生2代，以幼龄幼虫贴在枝条上越冬。苹果树发芽后幼虫开始活动，夜间取食。在一年发生1代的地区，幼虫于6月上中旬老熟，吐丝缀叶结茧化蛹。成虫发生期在6月下旬至7月下旬。成虫有趋光性，产卵于枝条或叶片上，卵单产。幼虫孵化后取食一段时间，便在枝条上静伏越冬。在陕西关中地区，越冬幼虫于4月下旬开始活动，危害嫩芽和叶片，6月初幼虫老熟，并化蛹。越冬代成虫发生在6月下旬至7月份，第一代成虫发生期在8～9月份。

【防治方法】 防治李枯叶蛾，可参考苹果枯叶蛾的防治方法。

（三十三）绿尾大蚕蛾

绿尾大蚕蛾（*Actaas selene ningpoana*），又叫大水青蛾，属鳞翅目蚕蛾科。在我国大部分果产区都有分布。寄主有苹果、梨、海棠、桃、李、杏、樱桃和核桃等果树，以及杨与柳等林木。

【危害状】 以幼虫取食叶片。幼龄幼虫将叶片吃成孔洞或缺刻，大龄幼虫将叶片吃成缺刻或将叶片吃光，仅剩叶柄。

【形态特征】

1. 成虫 体长32～38毫米，翅展90～150毫米。豆绿色，被白色棉絮状鳞毛。触角羽毛状，黄褐色。头部及肩板基部前缘有暗紫色横纹。前翅前缘暗紫色，间有白紫色。前翅中室外有1个大型眼状透明斑，外缘有1条黄褐色横线。后翅中央也有1个大型眼状斑，臀角延长成尾状，长达40毫米。

2. 卵 扁圆形，直径约2毫米，初为绿色，后变为褐色。

3. 幼虫 幼龄时淡红褐色，长大后变为绿色。老熟时体长80～100毫米，体粗壮，体节近似六角形，头小，淡紫色。每个体节有4～8个绿色或橙黄色毛瘤，其上生有数根褐色短刺和白色刚毛。

4. 蛹 体长40～50毫米，初为红褐色，后为黑紫色。包被于椭圆形、丝质粗糙的茧内。茧灰色或黄褐色。

【发生规律及习性】 绿尾大蚕蛾在北方果区一年发生2代，在江西南昌可发生3代，在广东、广西和云南发生4代。以蛹越冬。在华北地区，成虫于5月份羽化。第一代幼虫发生期在5月下旬至8月上旬，老熟幼虫多于枝上粘叶结茧化蛹。第一代成虫于7～8月份发生，继续产卵繁殖。第二代幼虫发生期在7月下旬至8月下旬，幼虫老熟后爬到树干、其他植物或杂草上结茧化蛹，到10月上旬基本全部化蛹，进入越冬状态。在一年发生3代的地区，成虫发生期分别在7，8，9月份。成虫昼伏夜出，有趋光性，产卵于叶片或枝干上。由于成虫腹部较大，飞行不灵活，有时掉落地上，也可在杂草或土块上产卵。卵块呈堆状或数十粒排列。幼虫孵化后常群集取食。3龄以后，分散为害。食量较大，1头幼虫可取食100多个叶片。其特点是逐叶逐枝取食，仅剩叶柄。老熟幼虫吐丝做茧，化蛹其中，茧外粘有碎叶或草棍等物。

【防治方法】

1. 人工防治 清除果园的枯枝落叶和杂草，消灭在此越冬的蛹。人工捕杀成虫和幼虫。设置黑光灯诱杀成虫。

2. 药剂防治 幼虫发生期尤其是幼龄幼虫期，喷药防治效果最佳。常用杀虫剂对其都有较好的防治效果。

（三十四）枣桃六点天蛾

枣桃六点天蛾（*Marumba gaschkewitschi gaschkewitschi*），又叫桃天蛾，属鳞翅目天蛾科。分布在辽宁、河北、河南、山东、山西、湖北、陕西和四川等地的果产区。寄主有苹果、梨、桃、樱桃、李和杏等果树。

【危害状】 以幼虫危害叶片。幼龄幼虫将叶片吃成孔洞或缺刻，稍大的幼虫常将叶片吃掉大部分或仅剩下叶柄。由于幼虫食量大，能将叶片吃光。

【形态特征】

1. 成虫 体长36～46毫米，翅展82～120毫米。体、翅黄褐色至灰褐色。前胸背板棕黄色，胸部及腹部背线棕色，腹部各节间有棕色横环。前翅有4条深褐色波状横带，近外缘部分黑褐色，后缘近后角处有1个黑斑，其前方有1个小黑点。后翅枯黄至粉红色，外缘略呈褐色，近臀角处有2个黑斑。前翅腹面自基部至中室呈粉红色，后翅腹面呈灰褐色。

2. 卵 椭圆形，长约1.6毫米，绿色，有光泽。

3. 幼虫 老熟时体长80～84毫米，绿色或黄褐色。头部三角形，青绿色，两侧各有一条黄白至黄色斜条纹，第八腹节背面后缘有一个很长的斜向后方的尾角。

4. 蛹 体长约45毫米，黑褐色，臀刺锥状。

【发生规律及习性】 桃天蛾在东北和华北部分地区，一年发生1代，在河北南部及山东、河南等地，一年发生2代。以蛹在土中越冬。在发生1代的地区，成虫于6月份羽化，7月上旬开始出现幼虫，发生量大时，常将叶片吃光。幼虫为害至9月份，老熟后入土化蛹。在发生2代的地区，越冬代成虫发生期在5月中旬至6月中旬，第一代幼虫发生期在5月下旬至7月份，从6月下旬开始，就有幼虫陆续老熟入土化蛹。第一代成虫于7月份发生。第二代幼虫发生期在7月下旬，到9月上旬，幼虫开始老熟，并入土化蛹。成虫白天静伏于叶背，黄昏时开始活动，有趋光性。卵多产于枝干上的裂皮缝中，偶有产在叶上者。幼虫食量较大，常暴食叶片。老熟幼虫多在树冠下疏松的土中做土室化蛹，以4～7厘米深处较多。幼虫常被寄生蜂寄生。

【防治方法】

1. 人工防治 在幼虫发生期，发现有幼虫为害时，应仔细检查被害叶周围的枝叶上有无幼虫，如有，则应及时消灭。

2. 农业防治 春季深翻树盘，将在土中越冬的蛹翻至土表，使其被鸟类啄食或晒干。

3. 药剂防治 一般情况下，在防治其他害虫时兼治。常用杀虫剂对其都有较好的防治效果。

（三十五）梨叶斑蛾

梨叶斑蛾(*Illiberis pruni*)，又叫梨星毛虫，属鳞翅目斑蛾科。在我国北方大部分果产区都有分布，在管理粗放的果园发生较重。受害严重的树，发芽、开花都会受到严重影响，叶片被害后也影响树体生长发育。其寄主有苹果、梨、海棠、沙果、桃、李、杏、樱桃和山楂等果树。

【危害状】 幼虫危害花芽时，可钻蛀其中，将其食空。被害芽变黑枯死，并有黄褐色汁液流出。小幼虫危害叶片时，取食叶肉，使被害叶成筛网状。大幼虫吐丝将叶片从边缘包成饺子状，在其中取食。

【形态特征】

1. 成虫 体长10～12毫米，灰黑色。雄虫触角双栉齿状，雌虫为锯齿状。翅黑色，半透明，翅面有细短毛，翅缘浓黑色。

2. 卵 长约0.7毫米，扁椭圆形，初产时白色，近孵化时变为紫褐色。卵数十粒排列成块。

3. 幼虫 初孵幼虫淡紫色。2～3龄的幼虫为灰黄色，背面有5条紫褐色纵线。老熟幼虫体长约18毫米，黄白色，纺锤形。头黑色，常缩入前胸内。体背线黑褐色，体两侧各有10个圆形黑斑，排成一列。

4. 蛹 体长约12毫米，初化蛹时黄白色，近羽化时为黑褐色。腹部第三节至第九节背面有一列刺突。

【发生规律及习性】 梨叶斑蛾在东北和华北地区，一年发生1代；在中部和西部地区，一年发生1～2代。在各地均以低龄幼虫在树干粗皮裂缝、翘皮下或树干周围的土缝里结茧越冬。春季苹果树发芽时，越冬幼虫破茧而出，上树危害幼芽，花芽开放后危害花蕾。被害芽大多被食空枯死。苹果落花后，幼虫又转移到叶片上为害，把叶包成饺子状，在其中啃食叶肉，1头幼虫可为害6～8片叶。幼虫老熟后在包叶里结薄茧化蛹。蛹期约10天。在辽宁兴城地区，越冬代成虫发生期在6月中旬至7月中旬。成虫产卵于叶上，卵粒成块状排列。卵期7～8天。幼虫孵化后群集叶背取食叶肉，一般不卷叶。

在一年发生1代的地区，幼虫危害叶片约20天后，从8月上旬开始陆续离开叶片，转移到越冬场所结茧越冬。在陕西关中地区，越冬代成虫于5月下旬至6月中旬出现。成虫产卵发生第一代幼虫。这一代幼虫主要危害叶片，部分幼虫从6月下旬开始，逐渐转移到越冬场所越夏和越冬；有一部分幼虫，长大后转移到新叶上卷叶为害，并在卷叶里化蛹。在8月上中旬发生第一代成虫。成虫产卵发生第二代幼虫。幼虫为害一段时间后，于9～10月间陆续进入越冬场所越冬。

【防治方法】

1. 人工防治 结合果树冬剪，刮除树干上的老树皮，消灭越冬幼虫。

2. 药剂防治 在越冬幼虫出蛰后（苹果树发芽至花芽绽开前），往树上喷布50%辛硫磷乳剂1 000倍液，或90%敌百虫晶体1 000倍液，20%杀灭菊酯乳剂3 000倍液，或其他菊酯类杀虫剂，可有效消灭已经出蛰的越冬幼虫。在虫口密度大的情况下，在第一代幼虫发生初期喷药防治。在一年发生2代的地区，分别在第一代和第二代幼虫发生期喷药防治，使用的药剂及浓度，与开花前防治相同。

（三十六）大窠蓑蛾

大窠蓑蛾（*Clania variegata*），又叫大蓑蛾、大袋蛾，属鳞翅目蓑蛾科。分布于辽宁、河北、河南、山东及西南地区。寄主有苹果、梨、桃、李和杏等果树，以及泡桐、法国梧桐、刺槐、柳、樱花和桂花等林木和观赏植物。以幼虫危害叶片。

【危害状】 被害叶片出现孔洞或缺刻，幼虫潜伏在由碎叶片和幼虫吐丝结成的蓑囊中，蓑囊似草口袋，袋口与叶片或叶柄相连，吊挂其上。有时一片叶上有几头幼虫。

【形态特征】

1. 成虫 雌雄异型。雌虫体长25～27毫米，无足，无翅，形状似蛆。体柔软，乳白色，头小，黄褐色。体被淡黄色细毛，腹部肥大，尾端细小。雄虫有翅，体长15～18毫米，翅展26～35毫米。触角羽毛状。身体和足密生长毛。全体灰褐色至黑褐色，胸部颜色较深，背面有3条不明显的纵纹。前翅略狭长，近外缘有4～5个长形透明斑纹。

2. 卵 椭圆形，长约0.8毫米。初产出时乳白色，后渐变为淡黄色。卵壳柔软光滑。

3. 幼虫 初孵出幼虫头黑色，以后变为黄褐至黑褐色。老熟幼虫体长25～35毫米，中胸盾片黄褐色，其上有4条黑褐色纵纹，腹部颜色较深。体肥大，胸足发达，腹足短小。

4. 蛹 雌蛹体长25～30毫米，赤褐色至紫褐色，头、胸部的附肢全部消失。雄蛹体长15～20毫米，褐色至深褐色，头、胸部的附肢均存在。

蓑囊：纺锤形，长40～60毫米，宽10～15毫米，丝质，较疏松，外表被碎叶。

【发生规律及习性】 大窠蓑蛾在华中、华东地区和河北省，一年发生1代，在南京、南昌等地少数发生2代，在广州地区发生2代。以老熟幼虫在蓑囊内越冬，翌年5月上中旬化蛹，5月下旬羽化为成虫。雄虫羽化比雌虫早。雄虫羽化后即可交尾，在黄昏以后活动最盛，有趋光性。雌虫羽化后仍留在蓑囊内，经交尾后产卵于其中。成虫产卵盛期在5月下旬至6月上旬，卵期7天左右。幼虫孵化盛期在6月中旬。幼虫孵化后在蓑囊内停留2～7天，然后从蓑囊中爬出，吐丝下垂，随风飘散至寄主上。低龄幼虫取食叶片表皮，潜伏其中，并吐丝将蓑囊与叶片连缀，取食时将身体伸出蓑囊外，食毕缩入囊中。

蓑囊随幼虫生长而增大。在一年发生1代的地区,到9月下旬幼虫陆续老熟,转移到树枝上,吐丝将蓑囊端部缠绕在枝上,封闭囊口越冬。

【防治方法】

1. 人工防治 发现蓑囊应及时摘除,结合果树冬剪彻底清除越冬蓑囊。此外,还要清除果园周围防护林上的蓑囊。

2. 药剂防治 防治适期在幼虫孵化后脱囊分散期。此时幼虫耐药力低,易于防治。可选取下列药剂喷雾:90%晶体敌百虫500～800倍液,50%马拉硫磷乳油1 000倍液,80%敌敌畏乳油1 000～1 500倍液,50%辛硫磷乳油1 000倍液,青虫菌可湿性粉剂1 000倍液,喷杀幼虫。

(三十七)黑星麦蛾

黑星麦蛾(*Telphusa chloroderces*),又叫苹果卷叶麦蛾,属鳞翅目麦蛾科。在北方大部分果产区都有分布。管理粗放的果园发生较多,寄主有苹果、梨、桃、李、杏和樱桃等果树。以幼虫危害叶片(彩图2-24)。

【危害状】 幼虫吐丝连缀叶片成卷叶团,有时连缀几个新梢的叶片成一个大团,其中有白色细长丝质通道和虫粪。幼虫取食叶肉,剩下表皮和叶脉,使被害叶呈网状,并枯焦,严重影响树势。

【形态特征】

1. 成虫 体长5～6毫米,翅展约16毫米。灰褐色,胸部背面及前翅黑褐色,有光泽。前翅靠近前缘1/3处有1个淡黑褐色斑,翅中央有2个隐约可见的黑斑。后翅灰褐色。

2. 卵 椭圆形,淡黄色,有光泽。

3. 幼虫 老熟幼虫淡紫红色,体长10～11毫米,细长。

头、臀板和臀足褐色，前胸背板黑褐色，胴部背面有黄白相间的纵线。

4. 蛹 长约6毫米，长卵形，红褐色。腹部第七节后缘有暗黄色并排的刺毛。

【发生规律及习性】 黑星麦蛾在河北、陕西一年发生3代，在河南发生4代。以蛹在杂草、落叶和土石块下越冬。在陕西关中地区，成虫于4月中下旬羽化，产卵于新梢顶端未展开的叶片基部，单产或几粒卵产在一起。第一代幼虫于4月下旬或5月初出现，5月下旬开始化蛹，6月中旬为化蛹盛期。6月下旬发生第一代成虫。7月上中旬是第二代幼虫发生期，7月中旬开始出现第二代成虫。成虫产卵于叶片上，幼虫仍卷叶为害。在9月中下旬至10月份，幼虫老熟后落地化蛹。在山东烟台地区，第一代幼虫发生期为5月中下旬。成虫不善活动，白天常静伏在土块下，有微弱的趋光性。第一代幼虫在未展开的叶片上为害。叶片展开后，幼虫便吐丝连缀许多叶片做巢，有时1个虫巢内有数头乃至十余头幼虫群集为害。发生量大时，新梢叶片几乎全部受害，呈现一片枯黄。

【防治方法】

1. 人工防治 清除果园中的落叶和杂草，或在早春翻树盘，将杂草和落叶翻于土中，以消灭越冬蛹。

2. 药剂防治 防治的关键时期，是第一代幼虫发生期和其他各代幼虫发生初期。常用药剂有：50%杀螟硫磷乳油1 000倍液，80%敌敌畏乳油1 500倍液，90%晶体敌百虫1 000～1 500倍液，20%氰戊菊酯乳油3 000倍液，或其他菊酯类杀虫剂。

（三十八）淡褐巢蛾

淡褐巢蛾（*Swammerdamia pyiella*），又叫淡褐小巢蛾，属鳞翅目巢蛾科。分布于辽宁、山西、陕西和甘肃等省果区。其寄主有苹果、山楂和樱桃等果树。以幼虫危害花芽、花蕾、嫩叶和叶片。被害花芽不能正常开放，被害叶片光合作用功能降低。

【危害状】 幼虫在芽与枝条接触处吐丝结网，从芽顶端蛀入芽内取食。被害芽表面留有蛀孔，并在芽上吐丝结网。幼虫稍大后，吐丝将叶尖纵卷，在其中取食叶肉，仅留表皮和叶脉，使被害叶片呈网状。

【形态特征】

1. 成虫 体长4～5毫米，头顶有白色长鳞毛。前翅银灰色，其上有褐色鳞片，内缘、外缘和翅中部色较深，前缘近顶角处有1个白斑。后翅淡灰褐色，缘毛长。

2. 卵 椭圆形，稍扁平，中央隆起，淡绿色，半透明，表面有细小刻点。

3. 幼虫 体长约10毫米，头尾两端稍细，体中段稍粗。头淡褐色，体背中央有1条黄色条纹，两侧各有1条枣红色纹。

4. 蛹 体长约5.5毫米，黄褐色，外被梭形白色薄茧。

【发生规律及习性】 淡褐巢蛾在陕西关中和山西太谷地区，一年发生3代，以幼龄幼虫在树干粗皮裂缝、剪锯口、芽痕、叶痕和果台等处，结小白茧越冬。翌年春果树萌芽期，越冬幼虫开始出蛰，先危害花芽、花蕾和嫩叶，1头幼虫能危害数个芽。稍大的幼虫卷叶为害。幼虫老熟后在被害叶上吐丝结白色薄茧化蛹，化蛹盛期在5月上中旬。成虫发生期在5月中旬至6月上旬，盛期在5月下旬。成虫昼伏夜出，有趋光性。产卵于叶面叶脉凹陷处，个别产于叶背光滑处。卵多散产，也有少数卵聚集在一块。卵期约半个月。幼虫孵化后危害叶片。幼虫很活泼，受惊扰吐丝下垂，并有转移为害习性。老熟幼虫在叶片上结茧化蛹。以后各代成虫发生期分别为：第一代在7月上旬至8月中旬；第二代在8月下旬至9月上旬；第三代幼虫从9月下旬开始陆续越冬。在辽宁兴城地区，该虫以蛹在杂草、落叶和土缝中越冬。

【防治方法】

1. 人工防治 结合果树冬剪，刮除树干上的老翘皮和粗皮，清除枯枝落叶，可消灭越冬幼虫。

2. 药剂防治 防治的关键时期，是越冬幼虫出蛰上芽为害时，即花芽萌动期。可喷布90%敌百虫晶体1 000倍液，50%辛硫磷乳剂1 000倍液，80%敌敌畏乳剂800倍液，20%氰戊菊酯乳油3 000倍液。也可在防治其他害虫时兼治。

（三十九）苹果巢蛾

苹果巢蛾（*Yponomeuta padella*），俗称巢虫，属鳞翅目巢蛾科。分布于黑龙江、吉林、辽宁、河北、山西、宁夏、甘肃、青海、新疆和陕西等地果产区，尤以管理粗放的果园发生严重。寄主有苹果、沙果和海棠等。在大发生时，幼虫可将全树叶片食光，不仅影响当年果实产量和质量，而且还影响翌年花芽形成。

【危害状】 以幼虫危害花器和叶片。花器被害后出现孔洞或缺刻，残缺不全。幼虫危害叶片时，常将2～3片嫩叶卷在一起，取食叶肉，被害叶叶尖干枯。大龄幼虫吐丝拉网做巢，幼虫潜伏巢中取食叶肉，仅留表皮，有时将叶片吃成缺刻甚至将叶片吃光，仅残留枯黄干叶。一个网幕的叶片被食尽后，幼虫再转移至其他叶片为害，剩下的残余部分及网幕悬挂树上。

【形态特征】

1. 成虫 体长9～10毫米，翅展19～22毫米，白色，有丝质光泽。触角丝状，复眼黑色。中胸背板中央有5个黑点，两肩板上各有2个，共9个。前翅与体色同，其上有30～40个小黑点，后翅银灰色。

2. 卵 椭圆形，稍扁，长约0.6毫米，表面有纵向沟纹，数十粒排列成鱼鳞状卵块。卵块上覆盖着红褐色黏性物质，干后形成卵鞘。

3. 幼虫 老熟时体长约18毫米，头、前胸背板、胸足和臀板均为黑色。体节背面两侧各有1个较大的黑点。

4. 蛹 体长6～11毫米，黄褐色，末端有4～5根臀棘。外被白色薄茧。

【发生规律及习性】 苹果巢蛾一年发生1代，以初孵幼虫在卵鞘下越夏和越冬。在苹果花芽开放至花序分离期，幼虫开始出蛰。出蛰后的幼虫，先危害花芽和嫩叶，以后危害叶片。被害花芽出现孔洞，不能开放。幼虫危害叶片时，先吐丝将嫩叶缠缀在一起，食害叶尖，使被害叶片干枯。以后幼虫再吐丝连缀新叶筑巢，在其中取食叶肉和整个叶片，有时仅剩叶脉。当一个巢内无新叶可食时，再转移到别处新叶上织成更大的网幕。大龄幼虫不仅在巢内取食，而且还到巢外取食，有时还啃食果皮或新梢嫩皮。幼虫比较活泼，受惊动即迅速倒退，并吐丝下垂。幼虫期40余天。老熟幼虫在最后的巢中吐丝做薄茧化蛹。成虫于5月下旬至6月初羽化，6月中旬为羽化盛期。成虫白天栖于叶片间，夜间活动，从6月上旬开始产卵，6月下旬是产卵盛期。成虫喜产卵于2年生表皮光滑的枝条上，以树冠上部枝条较多。卵期 13 天左右，幼虫孵化后即在卵鞘内越夏或越冬。

【防治方法】

1. 人工防治 幼虫发生期在树上结的网幕很明显，结合果树夏剪或其他农事操作，及时剪除卷叶网幕，消灭其中的幼虫或蛹。

2. 药剂防治 秋季果树落叶后或早春发芽前，喷布 5 波美度石硫合剂或 99%机油乳剂 50～80 倍液，能杀死未出卵鞘的幼虫。在发生量大时，于苹果开花前 7～10 天，喷布 50%马拉硫磷乳剂 1 500 倍液，或 50%辛硫磷乳剂 1 500 倍液，90%敌百虫晶体 1 500 倍液，20%氰戊菊酯乳油 2 000 倍液，或其他菊酯类杀虫剂，杀灭幼虫。

（四十）金纹细蛾

金纹细蛾（*Lithocolletis ringoniella*），又叫苹果细蛾，属鳞翅目细蛾科。分布在辽宁、河北、山东、山西、陕西、甘肃和安徽等地果产区。寄主有苹果、海棠、梨、山荆子和李等果树。自 20 世纪 80 年代以来，该虫在各苹果产区发生严重，有的果园在生长季后期叶片被害率可达 100%，有时一个叶片上有虫斑达 15～20 个之多，使叶片功能严重丧失，并提早落叶。

【危害状】 幼虫潜于叶内取食叶肉。被害叶片上形成椭圆形的虫斑，表皮皱缩，呈筛网状，叶面拱起（彩图 2-25）。虫斑内有黑色虫粪。虫斑常发生在叶片边缘，严重时布满整个叶片。

【形态特征】

1. 成虫 体长 2.5～3 毫米，翅展 6.5～7 毫米，全身金黄色，其上有银白色细纹。头部银白色，顶端有两丛金黄色鳞毛。复眼黑色。前翅金黄色，自基部至中部中央有1条银白色剑状纹，翅端前缘有4条、后缘有3条银白色纹，呈放射状排列。后翅披针形，缘毛很长。

2. 卵 扁椭圆形，乳白色，半透明，有光泽。

3. 幼虫 体长约6毫米，细纺锤形，稍扁，各体节分节明显。幼龄时淡黄绿色，老熟后变为黄色。

4. 蛹 体长约4毫米，梭形，黄褐色。

【发生规律及习性】 金纹细蛾在辽宁、山东、河北、山西和陕西等地，一年发生5代，在河南省中部地区发生6代，以蛹在被害叶片中越冬。翌年苹果树发芽时出现成虫。在辽宁苹果产区，越冬代成虫发生始期在4月中旬，4月下旬为发生盛期。成虫多在早晨和傍晚前后活动，产卵于嫩叶背面，单粒散产。成虫产卵对苹果品种有一定的选择性，国光、富士和新红星着卵率较高，金冠和青香蕉着卵率低。幼虫孵化后，从卵与叶片接触处咬破卵壳，直接蛀入叶内为害。幼虫一生在被害叶片内生活，老熟后在虫斑内化蛹。成虫羽化时将蛹壳一半露出虫斑外面。以后各代成虫发生盛期为：第一代为5月下旬至6月上旬；第二代为7月上旬；第三代为8月上旬；第四代为9月中下旬。最后一代的幼虫于10月中下旬，在被害叶的虫斑内化蛹越冬。

【防治方法】

1. 人工防治 结合果树冬剪，清除落叶，集中烧毁，消灭越冬蛹。

2. 药剂防治 防治的关键时期，是各代成虫发生盛期。其中在第一代成虫盛发期(6月上中旬)喷药，防治效果优于后期防治。常用药剂有50%辛硫磷乳剂1 000倍液，80%敌敌畏乳剂800倍液，25%灭幼脲3号悬浮剂1 500倍液，20%氰戊菊酯乳油 2 000 倍液，或其他菊酯类杀虫剂。

3. 生物防治 金纹细蛾的寄生性天敌很多。其中以金纹细蛾跳小蜂数量最多，其发生代数和发生时期与金纹细蛾相吻合，产卵于寄主卵内，为卵和幼虫体内的寄生蜂，应加以保护和利用。

（四十一）旋纹潜蛾

旋纹潜蛾(*leucoptera scitella*)，又叫苹果潜叶蛾，属鳞翅目潜蛾科。在我国北方大部分苹果产区都有分布。寄主有苹果、沙果、海棠、山荆子和梨等果树。在管理粗放的果园发生严重，一般年份叶片受害率可达 20%。

【危害状】 以幼虫在叶片内潜食叶肉。被害处干枯，形似病斑，幼虫在虫斑内呈旋转形取食，并将虫粪排泄其中，形成黑色轮纹。严重时，一个叶片上有十几个虫斑，使叶片功能丧失，甚至提早脱落。

【形态特征】

1. 成虫 体长 2～2.5 毫米，翅展 6～6.5 毫米，体和前翅银白色，头顶丛生粗毛。触角丝状，银白色，稍带褐色。前翅狭长，翅端半部橙黄色，前缘和翅端有 7 条褐色纹，翅端下方有 2 个很大的深紫色或绛紫色斑。外缘和内缘具缘毛。后翅披针形，浅褐色，缘毛白色，很长。

2. 卵 扁椭圆形，长约 0.3 毫米。

3. 幼虫 老熟幼虫体长约 5 毫米，体形略扁。头黄褐色，前胸背板棕褐色。胸足暗褐色。头部较大，胴部各节间较细，略似念珠状。

4. 蛹 体长 3～4 毫米，纺锤形，略扁，淡黄褐色，羽化前变成黑褐色。

5. 茧 为丝质白色薄茧，梭形，长约4毫米，两端用丝连在叶片或树皮缝中，呈“工”字形。

【发生规律及习性】 旋纹潜蛾在辽宁、河北和山西等地，一年发生3～4代，在山东烟台和陕西一年发生4代，在河南一年发生4～5代。以蛹在丝质茧内越冬。越冬场所，有枝干裂皮缝和落叶中。在河北省，成虫于5月上旬开始羽化，成虫喜欢在晴朗的白天活动，有趋光性。多产卵于光滑的老叶背面，很少产于叶片正面。卵散产。5月下旬出现第一代幼虫。幼虫孵化后不出卵壳，从卵壳下直接蛀入叶肉，被害处最初出现黄褐色小圆点，以后成为椭圆形或不规则形虫斑。幼虫老熟后从虫斑脱出，吐丝下垂，随风飘至叶片或枝条上，寻找适当部位吐丝做茧化蛹。6月中旬出现成虫。第二代幼虫发生在7月上旬，7月中旬出现成虫。第一二代幼虫多在叶片上化蛹。第三代幼虫发生在8月上旬，8月下旬老熟，至10月上旬，老熟幼虫陆续到树皮缝或树叶下面吐丝结茧，化蛹越冬。

【防治方法】

1. 人工防治 结合果树冬剪，清除果园杂草和枯枝落叶，消灭越冬蛹。

2. 药剂防治 于第一代成虫发生盛期和各代幼虫发生期，喷布50%西维因可湿性粉剂800倍液，或50%辛硫磷乳剂1 000倍液，80%敌敌畏乳剂1 000倍液，25%灭幼脲3号悬浮剂1 500倍液，20%氰戊菊酯乳油2 000倍液，或其他菊酯类杀虫剂，杀灭成虫和幼虫。

（四十二）梨冠网蝽

梨冠网蝽（*Stephanitis nashi*），又叫梨军配虫，属半翅目网蝽科。在我国大部分落叶果树栽培区都有分布。寄主植物有苹果、梨、桃、山楂、樱桃和李等果树。该虫在山东、陕西发生较重，受害树叶片被害率达70%～90%。

【危害状】 梨冠网蝽以成虫和若虫在叶片背面刺吸汁液，被害叶片正面形成苍白色斑点，背面布满褐色排泄物（彩图2-26）。危害严重时，叶片变褐，呈铁锈色，失去光合作用功能，并很快干枯脱落，影响树势。

【形态特征】

1. 成虫 体长3～3.1毫米，宽1.6～1.8毫米，黑褐色。复眼红色，无单眼。触角4节，为体长的一半。前胸发达，向后延伸盖于小盾片之上，前胸背板两侧有两片圆形环状突起。前胸背面及前翅均布网状花纹，以两前翅中间接合处的"X"形纹最明显。后翅膜质，白色，透明。

2. 卵 卵椭圆形，长0.4～0.6毫米，一端弯曲，初产时淡绿色，半透明，后变为淡黄色。

3. 若虫 初孵若虫白色，透明，体长约0.8毫米；2龄若虫腹板黑色；3龄时出现翅芽，前胸、中胸和腹部第三至第八节两侧，有明显的锥状刺突。常群集在叶背为害，不太活动；4龄若虫行动活泼，5龄若虫腹部黄褐色，体宽阔、扁平，体长约2毫米，翅芽长约为体长的1/3。

【发生规律及习性】 梨冠网蝽在山东和陕西，一年发生3～4代，以成虫潜伏在落叶下或树干翘皮裂缝中越冬。翌年果树萌芽后出蛰，先危害花芽。4月下旬至5月上旬，为成虫出蛰高峰期，至6月上旬出蛰基本结束，历期45～50天。越冬成虫4月下旬开始产卵，一头雌虫可产卵400粒左右，每次产卵约20粒。卵产在叶背主脉两侧组织内，产卵处外表只能见到小黑点。卵期18～20天。若虫从5月中旬开始孵化，孵化盛期在5月下旬。初孵若虫不甚活动，常群集为害。若虫期为

13～15天。由于越冬代成虫出蛰期较长，造成以后各世代重叠发生。7～8月份是全年危害最重的时期。10月中下旬，成虫寻找适宜场所越冬。

【防治方法】

1. 诱杀成虫 9月份成虫下树越冬前，在树干上绑草把，诱集成虫越冬，然后解下草把集中烧毁。

2. 清园翻耕 结合果树冬剪，细致刮除老翘皮。清除果园杂草落叶，深翻树盘，可以消灭越冬成虫。

3. 药剂防治 在越冬成虫出蛰高峰期的4月下旬至5月上旬，或在第一代若虫孵化高峰期的5月下旬至6月上旬，在树上喷洒80%敌敌畏乳油1 000倍液，或48%乐斯本乳油2 000～3 000倍液，或20%氰戊菊酯乳油2 000倍液，均有很好的防治效果。

（四十三）苹果全爪螨

苹果全爪螨（*Panonychus ulmi*），又叫苹果红蜘蛛，属蛛形纲蜱螨目叶螨科（彩图2-27，28）。是世界性果树害螨。我国大部分苹果产区都有发生，尤以北方及沿海地区发生严重。据记载，寄主达90种以上，果树中主要有苹果、梨、沙果、桃、李、樱桃、扁桃和葡萄等。若螨和成螨均可危害植物的叶片和芽，使被害芽不能正常萌发，严重时枯死。叶片受害后，其同化量、叶绿素含量及叶片大小，都比未受害叶减少。据报道，受害叶片与未受害叶片相比，同面积叶重减少1.5%～2.5%，水分减少20%～20.5%，叶绿素减少21%～38%。

【危害状】 被害叶片初期出现灰白色斑点，后期叶片苍白，失去光合作用，严重时叶片表面布满螨蜕，远处看去呈现一片苍灰色，但不落叶。

【形态特征】

1. 成螨 雌螨体长约0.5毫米，近圆形，体背隆起，表面具明显的白色瘤状突起。体红色，取食后变为深红色。雄螨比雌螨略小，体长约0.3毫米，近卵圆形。身体末端稍尖细，初为橘红色，取食后变深红色。

2. 卵 圆形稍扁，似洋葱，顶端生1根短毛，表面密布纵纹。夏卵橘红色，冬卵深红色。

3. 幼螨、若螨 由卵孵出后称幼螨，体近圆形，背面已出现刚毛。3对足。越冬卵孵出的幼螨呈浅橘红色，取食后变暗红色；夏卵孵出的幼螨体色变化较大，初呈浅黄色或浅绿色，后变为橘红色到深红色。若螨4对足，体背刚毛明显，雌雄可分辨，体色较幼螨深，其他特征似成螨。

在幼螨变为若螨和若螨变为成螨之间，分别有一个和两个不活动的静止期，分别称为第一、第二和第三静止期。静止期螨的跗肢被一层膜状物包被，看上去呈半透明状。静止期螨不食不动，似昆虫的蛹期，蜕皮后进入下一个发育阶段。

【发生规律及习性】 苹果全爪螨在东北、华北及山东苹果产区，一年发生6～7代；在西北一年发生7～9代。以卵密布在短果枝、果台基部、芽周围和一二年生枝条的交接处越冬。翌年春当日平均气温达10℃（苹果花芽膨大）时，越冬卵开始孵化。苹果早熟品种初花期，是越冬卵孵化盛期。越冬卵孵化期比较集中，一般在2～3天内大部分卵已孵化，15天左右可全部孵化完毕。在辽宁苹果产区，越冬卵从4月下旬开始孵化，10～15天基本孵化完毕。此时正是国光品种花序分离期和元帅品种花蕾变色期。幼螨孵化后危害花蕾或幼叶，是喷药防治的关键时期。5月中旬前后（元帅苹果开花初期）出现大量成螨，成螨比较活泼，爬行迅速，产卵于叶片主脉附近。害螨喜欢在叶片正面活动,很少吐丝拉网。6月上旬开始出现第一代成螨,以后出现世代重叠。7~8月份,螨口密度最大,各虫态混合发生,是全年危害高峰期。在受害严重的树上,8月份就出现越冬卵。在一般情况下,从10月上旬开始,陆续出现越冬卵。

苹果全爪螨在沿海地区苹果园发生较重,受害严重的果树虽然不落叶,但叶片的光合作用大大降低。近年来,在有些果园,苹果全爪螨常与山楂叶螨混合发生,有的年份以苹果全爪螨为主,有的年份以山楂叶螨为主。在内陆苹果园,山楂叶螨往往发生量较大。

苹果全爪螨的繁殖力较高,完成一代平均历期10~14天。越冬代和第一代雌成螨产卵量较大,每头雌成螨平均产卵量分别为67.4和46.0粒。苹果全爪螨对多种杀螨剂已产生了抗药性,过去用量较大的有机磷杀螨剂和有机氯中的三氯杀螨醇,对它已不能控制危害。目前常用的杀螨剂新品种对它具有很好的防治效果。

【防治方法】

1. 保护天敌 苹果全爪螨的自然天敌很多,主要有深点食螨瓢虫、小黑花蝽、捕食螨等。通过合理施用化学农药,减少对这些天敌的伤害,可发挥天敌的控害作用。

2. 药剂防治 喷药关键时期在越冬卵孵化期(早熟品种开花初期)和第二代若螨发生期(苹果落花后)。常用药剂有:20%螨死净悬浮剂2 000倍液,15%哒螨灵乳油2 000倍液,20%哒螨酮可湿性粉剂3 000倍液,5%尼索朗乳油2 000倍液,20%三唑锡悬浮剂1 000倍液,10%浏阳霉素乳油1 000倍液,1.8%阿维菌素乳油5 000倍液。

在越冬卵基数较大的果园,于苹果发芽前喷布99.1%敌死虫乳油或 99%绿颖乳油 100 倍液，或 95%机油乳剂 80 倍液，消灭越冬卵，还可兼治蚜虫。

在果树生长期，可根据害螨发生数量的多少，决定是否喷药。在一般年份，6 月份以前每个叶片平均有活动态螨 3～4 头时开始喷药；7 月份以后，每叶平均有活动态螨 7～8 头时开始喷药，不达到此指标时可以不喷药。在世代重叠的情况下，以杀卵为主，选用杀卵效果好的杀螨剂，如螨死净、尼索朗等；以杀活动态螨或成螨为主时，选择杀成螨活性较强的杀螨剂，如哒螨酮、三唑锡、阿维菌素和浏阳霉素等。

（四十四）山楂叶螨

山楂叶螨（*Tetranychus vinnensis*），又叫山楂红蜘蛛，属蛛形纲蜱螨目叶螨科（彩图 2-29）。在我国北方及中、南部各果区都有发生，在山东南部、华北及西北地区发生严重。寄主植物主要有苹果、梨、桃、李、杏和樱桃等果树。

【危害状】 以幼螨、若螨和成螨危害叶片。常群集在叶片背面的叶脉两侧，并吐丝拉网，在网下刺吸叶片的汁液。被害叶片出现失绿斑点，甚至变成黄褐色或红褐色，光合作用降低，严重者枯焦，乃至脱落。

【形态特征】

1. 成螨 雌成螨椭圆形，长约 0.54 毫米，宽 0.28 毫米，深红色。体背前端稍隆起，后部有横向的表皮纹。刚毛较长，基部无瘤状突起。足 4 对，淡黄色。冬型雌成螨鲜红色，夏型雌成螨初期为红色，以后逐渐变为深红色。雄成螨体长 0.43 毫米，末端尖削，初期浅黄绿色，后期变为浅绿色，体背两侧各有一个大黑斑。

2. 卵 圆球形，淡黄色。

3. 幼螨 3对足。初孵化时体为圆形，黄白色，取食后呈浅绿色。若螨4对足，前期体背开始出现刚毛，体背两侧出现明显的黑绿色斑纹。后期可区分雌雄。

【发生规律及习性】 山楂叶螨一年发生6～10代，以受精雌成螨在果树主干、主枝的翘皮下或缝隙内越冬。在果树萌芽期，越冬雌成螨开始出蛰，爬到花芽上取食为害，有时一个花芽上有多头害螨为害。果树落花后，成螨在叶片背面为害，这一代发生期比较整齐，以后各代出现世代重叠现象。6～7月份高温干旱季节适于叶螨发生，为全年危害高峰期。进入8月份，雨量增多，湿度增大，加上害螨天敌的影响，害螨数量有所下降，危害随之减轻。受害严重的果树，一般在8月下旬至9月上旬就有越冬型雌成螨发生，到10月份，害螨几乎全部进入越冬场所越冬。

山楂叶螨在树冠内的为害分为三个阶段：

第一阶段为树冠内膛为害繁殖阶段。在这一阶段，害螨集中在内膛为害，繁殖速度不快，大多数害螨集中在少量叶片上，有时一个叶片上有上百头害螨。

第二阶段为向树冠外围扩散阶段。这个阶段为6月下旬至7月上旬。这时的害螨繁殖速度加快，在适宜温湿度条件下，10天左右就可完成一代。因害螨数量较大，内膛的被害叶片出现落叶现象。大量害螨向树冠外围的叶片上扩散。此时出现全年危害的高峰。

第三阶段为虫口密度下降阶段。这个阶段为7月下旬至9月中旬。7～8月份的降水量会明显影响虫口密度的增加，主要原因是高温高湿条件下害螨易被霉菌寄生，造成虫口密度下降。从9月上旬开始，田间出现大量捕食螨。这些捕食螨对害螨有明显的抑制作用。受害严重的树，从9月上旬就开始落叶，此时陆续产生越冬型雌成螨。

近年来，山楂叶螨在我国北方苹果产区的害螨种类中，仍是优势种。其主要原因是其对环境的适应性强，尤其是高温干旱年份，适于其种群繁殖。害螨对农药抗药性的增加，也是其猖獗为害的主要因素。许多研究表明，山楂叶螨对多种有机磷杀螨剂和三氯杀螨醇等，已经产生抗药性，这些杀螨剂已不能有效控制山楂叶螨的危害。另外，因对一些杀螨剂新品种的使用技术不当，也易引起害螨迅速产生抗药性。害螨的天敌是控制害螨发生的主要自然因素。在喷药次数多，用药量大的果园，天敌的数量很少，不足以控制害螨危害，而在喷药次数少或采用选择性农药的果园，害螨的自然天敌数量多，对控制害螨发生起着重要作用。

【防治方法】

1. 人工防治 秋季害螨越冬前，在树干中下部绑草把，诱集成螨在此越冬。至冬季或翌年早春，将其解下烧掉，消灭在此越冬的雌成螨。结合果树冬剪，刮除树干或主枝上的翘皮，消灭在此越冬的成螨。

2. 农业防治 加强栽培管理，增施有机肥，避免偏施氮肥，以提高果树的耐害性。

3. 保护天敌 果园内自然天敌种类很多，在喷药少的果园，天敌对控制害螨危害起着重要的作用。保护天敌的最好方法，是不用高毒和剧毒农药，尽量减少喷药次数。有条件的地方，还可以释放捕食螨。

4. 药剂防治 化学防治的关键时期，在果树萌芽期和第一代若螨发生期(果树落花后)。常用药剂有50%硫悬浮剂200～400倍液(果树萌芽期)，20%螨死净悬浮剂3 000倍液，15%哒螨灵乳油2 000倍液，1.8%阿维菌素乳油4 000倍液。

如果在这个时期防治效果不好，在6月中旬以前要注意及时喷药防治，以压低虫口密度。常用杀螨剂有15％哒螨灵乳油2 000倍液，10％浏阳霉素乳油1 000倍液，73％克螨特乳油3 000倍液，20％螨死净悬浮剂2 000倍液，1.8％阿维菌素乳油或其复配剂3 000～4 000倍液。

（四十五）二斑叶螨

二斑叶螨（*Tetranychus ulticae*），又叫白蜘蛛，属蛛形纲蜱螨目叶螨科（彩图2-30）。寄主植物有苹果、梨、桃、李、杏和樱桃等果树，以及多种花卉、蔬菜与豆类等，多达200余种。二斑叶螨是20世纪80年代中期从国外传入我国的新害螨。目前，在我国大部分落叶果树栽培区几乎都有分布。

【危害状】 以成螨和若螨危害叶片。被害叶片初期仅在中脉附近出现失绿斑点，以后逐渐扩大，出现大面积的失绿斑。虫口密度大时，叶螨可吐丝拉网，成螨有时将卵产于丝网上，受害严重的叶片枯黄，提前脱落。

【形态特征】

1. 成螨 雌成螨椭圆形，长约0.5毫米，灰绿色或黄绿色。体背两侧各有1个褐色斑块，斑块外侧呈不明显的3裂。越冬型雌成螨体色为橙黄色，褐斑消失。雄成螨身体呈菱形，长约0.3毫米，黄绿色或淡黄色。

2. 卵 圆球形，直径约0.1毫米。初期为白色，逐渐变为淡黄色，有光泽。孵化前出现2个红色眼点。

3. 幼螨和若螨 幼螨半球形，黄白色，复眼红色，有3对足。若螨椭圆形，黄绿色，体背显现褐斑，有4对足。

【发生规律及习性】 二斑叶螨一年发生10余代。以雌成螨在树干翘皮下、粗皮缝隙中、杂草、落叶中及土缝内越冬。春季当日平均气温上升到10℃时，越冬雌成螨开始出蛰。出蛰后的雌成螨先在花芽上取食为害，成熟后开始产卵繁殖。成螨产卵于叶片背面。幼螨孵化后即可刺吸叶片汁液。在6月份以前，害螨在树冠内膛为害和繁殖。在树下越冬的雌成螨，出蛰后先在杂草或果树根蘖上危害繁殖，到6月份以后，逐渐向树上转移。从7月份开始，害螨逐渐向树冠外围扩散，繁殖速度加快。在螨口密度大时，成螨可大量吐丝，并借此进行传播。由于害螨在夏季高温季节繁殖速度快，经常出现世代重叠现象，故在夏季能看到各个虫态。到8月下旬，害螨的天敌增多，对其发生有一定影响。到10月份，就有雌成螨开始越冬。

二斑叶螨自传入我国以来，先是在北京的花卉上发现，继而在北京、河北昌黎、甘肃天水和山东招远等地的苹果树上发现。近年已有发生报道的地区，有新疆、山西、河南、辽宁和山东等省（自治区），几乎遍及北方落叶果树产区。这种害螨在国内的传播速度之快，是外来入侵有害生物传播史上少见的。

凡是在害螨已经发生的地区，果农普遍反映难以防治。其主要原因有以下几个：一是害螨寄主范围广。这种害螨除危害果树（包括多种落叶果树）外，还危害多种蔬菜（如豆类、瓜类、辣椒、番茄、茄子等）、花卉和农作物（如大豆、花生、玉米、高粱、小麦等）。尤其是在果园间作这些作物时，害螨发生更重。二是这种害螨对环境的适应性强，繁殖速度快。据研究，气温在20℃～25℃条件下，每头雌成螨平均产卵最高达130余粒，日最高产卵量达15粒；完成一代平均历期为8～10天。在相同条件下，二斑叶螨雌成螨平均产卵量比山楂叶螨高29.1%～39.4%；完成一代的平均历期缩短4.8天。这是二斑叶螨成为优势种群的主要原因。三是害螨的抗药性强。据研究，二斑叶螨对我国使用的一些杀螨剂老品种，如有机磷、三氯杀螨醇等，已普遍产生抗性，这些药剂已不能用于防治二斑叶螨。对近年来推广的一些杀螨剂新品种如阿维菌素和哒螨灵等，在有些地区也有防治效果下降的现象，主要表现在使用浓度逐年增加，才能获得理想的防治效果。因此，合理使用新型杀螨剂，是延缓害螨产生抗药性的有效措施。

【防治方法】

1. 农业防治 及时清除果园杂草，并将锄下的杂草深埋或带出果园，可消灭在杂草上危害和繁殖的害螨。不要在果园间作豆类蔬菜。如果已经种植这类蔬菜，应注意防治其上的害螨。

2. 生物防治 在果园种植紫花苜蓿或三叶草，能够蓄积大量害螨的天敌（主要是小黑花蝽、食螨瓢虫、捕食螨、各种蜘蛛等），可有效控制害螨的发生。有条件时可人工释放捕食螨。

3. 药剂防治 在果树萌芽期（害螨出蛰期），喷布50%硫悬浮剂300倍液，或1.8%阿维菌素乳油3 000～4 000倍液，20%三唑锡悬浮剂1 000～2 000倍液，或25%倍乐霸可湿性粉剂1 000～2 000倍液。在喷布树冠的同时，也要注意将药液喷于树干或由根颈处萌生的根蘖上。在果树生长期，由于有世代重叠现象，所以喷药时要根据各虫态多少选择使用药剂。在以卵为主的情况下，选择杀卵活性高的杀螨剂，如5%尼索朗乳油1 000～2 000倍液，20%螨死净悬浮剂2 000倍液。在以成螨为主发生的情况下，可用1.8%阿维菌素乳油3 000～4 000倍液，25%倍乐霸可湿性粉剂或20%三唑锡悬浮剂1 000～2 000倍液，15%哒螨灵乳油2 000倍液，5%霸螨灵乳油2 500倍液，10%浏阳霉素乳油1 000倍液，或用与这些杀螨剂复配而成的混剂。

（四十六）李始叶螨

李始叶螨（*Eotetranychus pruni*），属蛛形纲蜱螨目叶螨科。是我国西部地区，特别是新疆和甘肃的苹果、梨等果树上的主要害螨。还可危害杏、山楂和核桃等果树。据报道，被害严重的树，单果重可下降 10.9%，可溶性固形物含量下降 2.5%，单株产量损失 11.8%～32.7%，翌年花芽形成还可受到影响。

【危害状】 若螨和成螨均可危害叶片和花芽。受害芽不能正常开绽，萎缩脱落。叶片受害初期出现失绿斑点，严重时变成黄绿色，功能丧失，以至枯焦脱落。导致树势衰弱，果实变小皱缩，品质低劣。

【形态特征】

1. 成螨 雌螨体长 0.3～0.4 毫米，宽 0.14～0.16 毫米，椭圆形。越冬型和夏型雌螨体色差异较大。夏型体色为浅黄绿色，身体两侧有三四块黑褐色斑纹。越冬型橘黄色，体背两侧的色斑消失，背刚毛细长。雄螨体长 0.28～0.3 毫米，宽 0.13 毫米，略呈菱形，体色、背毛与雌螨相同。

2. 卵 圆形，直径约 0.11 毫米，初产出时晶莹透明，后逐渐变成淡黄至橙黄色。

3. 幼螨和若螨 幼螨近圆形，淡黄色，微透明，3 对足。若螨 4 对足，长椭圆形，淡黄绿色，体背两侧的斑纹可见。

【发生规律及习性】 李始叶螨在新疆和甘肃一年发生 9 代，在新疆阿克苏地区一年可发生 11～12 代。以雌成螨在主干、主侧枝的翘皮下、根际周围的土缝、石块或枯枝落叶中群集越冬。春季当气温上升到 10.4℃时，越冬雌成螨开始出蛰。新疆地区约在 4 月上旬出蛰，甘肃张掖地区在 4 月中旬为出蛰始期，4月下旬至5月初是出蛰盛期，5月中旬出蛰结束。出蛰后的雌成螨，先爬到花芽上吸食汁液，果树展叶后在叶片背面为害并产卵。4月末开始产卵。第一代幼螨孵化盛期在5月中旬。这一代发生比较整齐，以后各世代有重叠现象。在全年中，5～6月份种群数量增加缓慢。7月上旬至8月中旬为全年发生最重的时期，此期各虫态并存，世代重叠。8月20日以后，种群数量开始下降，9月上中旬出现越冬雌成螨。李始叶螨主要在叶片表面主侧脉两侧取食产卵。随着数量的增多，逐渐扩散到叶背全部，有的爬到叶正面为害。害螨有吐丝拉网的习性，可吐丝下垂，随风飘荡，进行传播。

在甘肃张掖地区，李始叶螨的主要天敌有银川盲走螨、中华草蛉、普通草蛉、丽草蛉、小花蝽、二星瓢虫和深点食螨瓢虫等，其中银川盲走螨对害螨的控制效果最好，应加以保护利用。

【防治方法】

1. 人工防治　从8月下旬开始，在树干上束草把，诱集成螨越冬，入冬后解下草把烧掉。结合果树冬剪，刮除树干和主枝上的翘皮，消灭在此越冬的雌成螨。

2. 药剂防治　药剂防治的关键时期，是越冬雌成螨出蛰期和第一代幼、若螨发生期。所使用药剂参考山楂叶螨防治的用药。

（四十七）果 苔 螨

果苔螨（*Bryobia rubrioculus*），又叫苜蓿红蜘蛛，属蛛形纲蜱螨目叶螨科。分布在辽宁、华北、华东、华中和西南大部分地区及新疆等地区。寄主有苹果、梨、桃、李、杏和樱桃等果树。这种害螨过去曾经是我国落叶果树上的主要害螨之一，20世纪70年代以后，在大部分果区很少造成危害，甚至绝迹，但在局部果区仍有发生。

【危害状】 若螨和成螨均可危害花芽和叶片，还可危害幼果。花芽受害后变色枯黄，不能正常开放，严重时枯死。叶片受害初期，出现失绿斑点，受害严重时变得苍白，光合功能降低，但不脱落。幼果受害后，生长受阻。

【形态特征】

1. 成螨 仅有雌螨，无雄螨。雌螨体长约0.6毫米，宽约0.45毫米，椭圆形，体扁平，红褐色，取食后变为深绿色。前部背面前缘有4个明显的前额突起，其上各生1根刚毛。体背面有横向波状皱纹，表面具有一些圆形小颗粒。第一对足长于身体，故也称"长腿红蜘蛛"。

2. 卵 圆球形，表面光滑。夏卵红色，越冬卵暗红色。

3. 幼螨和若螨 初孵幼螨为橘红色，取食后变为绿色，3对足。若螨初为褐色，取食后变为绿色，4对足。

【发生规律及习性】 果苔螨在北方一年发生3～5代，在山东一年最多可发生7代，在陕西关中一年发生4～6代，在江苏一年发生8～10代。以卵在枝条阴面、枝条裂皮缝、枝杈和果台等处越冬。春季日平均气温达7℃以上时，越冬卵开始孵化。从苹果物候期来看，花芽萌动时是卵孵化初期，国光苹果初花期是卵孵化盛期。在陕西关中地区，4月中旬(国光苹果盛花期)就可出现成螨，并开始出现第一代卵。此时还有部分越冬卵尚未孵化，这是造成以后世代重叠的主要原因。在山东及河北昌黎等地，越冬成螨于5月中下旬发生，6～7月份是全年发生的最盛期，危害也最重。在山东，7～8月份还可出现第二次危害高峰期。越冬卵的出现时期，因果树受害程度不同而有差异，最早在5月下旬就有发生，一般在8月份以后大量出现。成螨比较活泼,多集中在叶片正面为害,并常在叶和果枝上爬行,产卵于叶柄、果枝、果台和果实萼洼等处。幼、若螨常集中在叶面基部为害,并在叶柄和主脉凹陷处静止蜕皮,发生量大时,叶片上出现许多白色螨蜕和静止若螨。害螨无吐丝习性。

【防治方法】 果苔螨的防治时期和用药种类,参考苹果全爪螨防治的有关内容。

三、枝干和根系害虫

(一)苹果绵蚜

苹果绵蚜(*Eriosoma lanigerem*),又叫苹果绵虫,属同翅目绵蚜科。国内仅分布在辽宁、山东、云南和西藏等地的部分苹果栽培区。主要危害枝条、树干和根部(彩图 2-31,32)。受害严重者树体衰弱,结果少,果个小,着色差,还导致早期落叶,对果实产量和质量影响很大。该虫除危害苹果外,还危害花红、海棠和山荆子。该虫为国内检疫对象。

【危害状】 苹果绵蚜集中于剪锯口、病虫伤疤周围、主干、主枝裂皮缝、枝条叶柄基部和根部为害。虫体上覆盖棉絮状物,易于识别。被害枝条出现小肿瘤,肿瘤易破裂。有时果实萼洼、梗洼处也可受害,影响果品质量。根部受害后形成肿瘤,使根坏死,影响根的吸收功能。

【形态特征】

1. 成虫 无翅胎生雌蚜体长约 2 毫米,红褐色。头部无额瘤,复眼暗红色,触角 6 节。腹部背面覆盖白色绵毛状物。有翅胎生雌蚜体长较无翅胎生雌蚜稍短。有 1 对前翅,翅透明,中脉分叉。头、胸部黑色，触角6节。腹部暗褐色，绵毛物稀疏。有性雌蚜体长1毫米左右。头、触角和足均为黄绿色，触角5节。腹部红褐色，稍有绵毛物。

2. 卵 椭圆形，长径约0.5毫米，初产出时为橙黄色，后渐变为褐色。

3. 若虫 体略呈圆筒形，赤褐色，与无翅胎生雌蚜相似，体表覆盖白色棉絮状物。

【发生规律及习性】 苹果绵蚜在辽宁大连一年发生13代，在山东青岛发生17～18代，在云南昆明可发生21代。均以一二龄若虫越冬。越冬部位分布在苹果树枝干裂缝、病虫伤疤边缘、剪锯口周围、一年生枝芽侧、根蘖基部和浅土层的根上。在辽宁大连地区，越冬若虫于4月上旬开始活动，先在越冬处为害，从5月上旬开始向周围扩散，转移到嫩枝叶腋、芽基部等处为害。蚜虫成熟后，便可进行孤雌胎生繁殖，同时出现少数有翅雌蚜，向周围树上迁移。6月份是全年繁殖为害最盛期。苹果绵蚜发生严重的树，枝条上布满蚜虫并有大量白色绵毛状物出现，被害部位肿胀成瘤。7～8月份气温较高时，不利于蚜虫繁殖，同时还有大量天敌活动(主要是日光蜂)，对苹果绵蚜的发生起到明显的抑制作用，使虫口减少，种群数量下降。到9月中旬至10月份，气温下降，又适于苹果绵蚜的繁殖，这时可产生大量有翅胎生雌蚜迁飞扩散，日光蜂和其他天敌数量减少，虫口又回升，出现第二次危害高峰。进入11月份，气温下降，若虫陆续进入越冬状态。

在山东胶东地区，苹果绵蚜在树冠上的扩散期，从5月中旬开始，6月中旬为盛期。7月下旬至8月中旬，虫口数量明显减少。此时，大部分蚜虫被其天敌日光蜂所寄生。

在云南昆明地区，春季3月份气温上升到5℃～8℃，越冬蚜虫开始活动为害，并以孤雌胎生方式繁殖后代，每代历期8～25天。全年危害盛期是4～6月份和10～11月份。

在果树根部发生的苹果绵蚜，主要集中在浅层根系处，深层数量很少。一般在砂地果园发生量较大，危害也重。

苹果绵蚜对苹果品种的选择性差异不大，目前栽培的大部分品种都可被寄生。苹果绵蚜的近距离传播，以有翅蚜迁飞和田间管理人员携带为主；远距离传播，主要靠苗木、接穗、果实和包装物等的运输而实现。

【防治方法】

1. 加强检疫 严禁从苹果绵蚜疫区调运苹果苗木和接穗，防止苹果绵蚜传入非疫区。如必须从疫区引种苗木或采集接穗时，须经检疫部门检疫后才准予运出。一旦从疫区带进有蚜苗木或接穗，要进行严格的灭蚜处理。如果灭蚜不彻底，要全部销毁。

2. 清除越冬虫源 在苹果树发芽前彻底清除根蘖。刮除枝干上的粗裂老皮，集中烧毁。在发现剪锯口和病虫伤疤处有绵蚜时，用40%氧化乐果乳剂15倍液涂刷，可有效消灭在此越冬的蚜虫。

3. 药剂防治 在苹果绵蚜发生严重的果园，在蚜虫从越冬场所向树冠上扩散时，及时往树上喷药。常用药剂有40.7%或48%乐斯本乳剂1 500倍液，10%吡虫啉可湿性粉剂2 000倍液，2.5%扑虱蚜可湿性粉剂1 000倍液，5%啶虫脒可湿性粉剂2 000倍液，22%吡·毒乳油2 000倍液。在幼树园，可将吡虫啉埋于树下，利用其内吸作用，杀死树上的蚜虫。

（二）朝鲜球坚蜡蚧

朝鲜球坚蜡蚧（*Didesmococcus koreanus*），又叫朝鲜球坚蚧、杏球蚧或桃球蚧，属同翅目蜡蚧科。全国各果产区都有分布。寄主植物有苹果、梨、桃、李、杏和樱桃等果树。

【危害状】 以若虫和雌成虫危害枝条（彩图 2-33）。初孵若虫还可爬到小枝、叶片或果实上为害，2 龄以后的若虫群集固定在枝条上吸取汁液，随着若虫的生长，虫体逐渐膨大，并分泌蜡壳。被害树生长不良，树势衰弱。

【形态特征】

1. 成虫 雌成虫无翅，介壳半球形，横径约 4.5 毫米，高约 3.5 毫米。初期的介壳质软，黄褐色；后期硬化，呈红褐色至紫褐色，表面有明显皱纹，有 2 列凹陷的小刻点。雄成虫有 1 对翅，透明，翅脉简单。头部赤褐色。腹部淡褐色，末端有 1 对尾毛和 1 根性刺。介壳长椭圆形，背面有龟甲状隆起。

2. 卵 椭圆形，长约 0.3 毫米，橙黄色。近孵化时，显出红色眼点。

3. 若虫 长椭圆形，初孵化时红色，越冬若虫椭圆形，背上具龟甲状纹，浓褐色。足和触角均发达。

4. 蛹 仅雄虫有蛹。裸蛹，长约 1.8 毫米，赤褐色，腹部末端有黄褐色刺突。蛹外包被长椭圆形茧。

【发生规律及习性】 朝鲜球坚蜡蚧一年发生 1 代，以 2 龄若虫在枝条裂缝和芽痕处越冬。翌年 3 月上旬开始活动，群集在枝条上为害。4 月上旬，虫体固定，逐渐膨大，并排泄黏液。4 月中旬，雌雄虫体分化明显，雄虫分泌蜡质做茧，化蛹其中。雌虫继续为害。4 月下旬至 5 月上旬，雄成虫羽化并与雌成虫交尾。交尾后的雌成虫身体迅速膨大，5 月中旬前后为产卵盛期，卵产于雌成虫介壳下面。5月下旬至6月上旬，为若虫孵化盛期。初孵出若虫从母体介壳中爬出，分散到小枝条上为害，以2年生枝条上较多。虫体上常分泌白色蜡质绒毛。果树落叶前，若虫转移到枝条上，以叶痕和缝隙处较多。这时若虫生长很慢，越冬前蜕一次皮，10月中旬以后，以2龄若虫在其分泌的蜡质下越冬。

【防治方法】

1. 人工防治 在成虫产卵前，用抹布或戴上劳动布手套将枝条上的雌虫介壳捋掉。

2. 药剂防治 果树发芽前喷药，可防治越冬若虫。常用药剂有：5波美度石硫合剂，合成洗衣粉200倍液，5%柴油乳剂，99.1%敌死虫乳油或99%绿颖乳油（机油乳剂）50～80倍液。果树生长期喷药的关键时期，是若虫孵化期，在华北地区为5月中旬至6月上旬。常用药剂有：0.3～0.5波美度石硫合剂，80%敌敌畏乳剂1 000倍液，合成洗衣粉300倍液，2.5%溴氰菊酯乳油2 500倍液，48%乐斯本乳剂2 000倍液，52.5%农地乐乳油2 000倍液，25%扑虱灵可湿性粉剂1 000倍液。

（三）日本球坚蚧

日本球坚蚧（*Eulacanium kunoensis*），又叫日本球蚧，属同翅目蚧科。分布于山东、河北、河南、辽宁、陕西、山西和江苏等地。寄主范围广，主要有苹果、梨、海棠、沙果、桃、李、杏、梅、樱桃和山楂等，还危害洋槐等林木。

【危害状】 以若虫和雌成虫吸食枝干和叶片的汁液，虫口密度大时，寄主枝条上常雌虫介壳累累，果树生长不良，树体衰弱，严重者枝条枯死。该虫排泄蜜露，常导致煤污病发生，影响光合作用，且易招引吉丁虫等次生害虫危害。

【形态特征】

1. 成虫 雌成虫介壳略呈圆球形，直径为4～6毫米，下面圆而稍弯，体背表面密布一层白色蜡粉，体壁黑褐色或枣红色。肛板上方背中央两侧有两行大型凹陷刻点，每行5～6个。雄虫介壳长扁圆形，由蜡层和蜡毛构成，表面呈毛毡状。雄成虫体长约2毫米，淡橘红色，头部黑色，触角丝状，10节，微紫色。中胸盾片漆色。前翅淡白色，后翅退化，窄而小。腹部背面可见8节，末端着生淡紫色性刺，其基部两侧各有一根白色细蜡毛。

2. 卵 卵圆形，淡橘红色，背面略隆起，腹面稍凹陷，被白色蜡粉。

3. 若虫 初孵出若虫椭圆形，扁平，橘红色，体背中央一条暗灰色背线，腹末有2条长刚毛，触角和足均发达。夏季在叶片上固着为害的若虫，体极扁平，初期橘红色，后期淡黄白色，体表被一层透明蜡层。

4. 蛹 长椭圆形，体背显著隆起，淡黑褐色，初期翅芽、足、触角呈肉芽状，后期渐变为裸蛹。

【发生规律及习性】 日本球坚蚧一年发生1代，以2龄若虫在枝条上越冬，芽腋及其附近较多，在直径13毫米以上的枝条上一般很少寄生。翌年3月上旬果树萌芽期，越冬若虫即在原处开始为害、发育。4月中旬出现成虫，雌雄交尾后雄虫即死亡。雌虫体背迅速膨大成球状，并逐渐硬化。雌成虫于5月上旬开始产卵，卵产于虫体下。5月中旬开始孵化出若虫，5月下旬为孵化盛期。初孵若虫沿枝条爬行，最后全部到叶片背面固着为害，体背被有极薄蜡层，秋末离开叶片以前蜕皮为2龄，迁回枝条上越冬。雌雄虫均为3龄。每头雌虫可产卵

2 500 粒左右。

【防治方法】

1. 药剂防治 在早春果树发芽前喷布5波美度石硫合剂或5%柴油乳剂，消灭越冬若虫。4月上中旬雌虫虫体膨大前，喷布80%敌敌畏乳剂1 000倍液混800倍煤油；或用1%洗衣粉混1%煤油。亦可在初孵出若虫分散转移期，喷洒40.7%或48%乐斯本乳油2 000倍液，52.5%农地乐乳剂2 500倍液，25%扑虱灵可湿性粉剂1 000倍液。

2. 保护和利用天敌 该虫的主要天敌，有黑缘红瓢虫和多种跳小蜂。在天敌发生期，避免使用广谱性杀虫剂，可减少对天敌的伤害。必要时可适当引放天敌。

（四）褐盔蜡蚧

褐盔蜡蚧（*Parthenolecanium corni*），又叫东方盔蚧、水木坚蚧，属同翅目蜡蚧科。全国各果产区都有分布。寄主有苹果、梨、桃、李、杏、山楂和葡萄等。以若虫和雌成虫刺吸枝条和叶片的汁液。

【危害状】 越冬后的若虫和雌成虫，固定在枝条上为害，分泌黏性物质，落在枝、叶或果实上呈油状，导致霉菌寄生。当年的若虫在叶片背面吸食汁液。被害树生长发育不良。

【形态特征】

1. 成虫 雌雄异型。雌虫圆形或椭圆形，体长6.0～6.3毫米，黄褐色至褐色，体背有纵脊，边缘有放射状隆起线。雄虫体长1.2～1.5毫米，红褐色。有一对翅，黄色，网状透明。翅展3.0～3.5毫米。腹部末端有2根白色蜡丝。

2. 卵 长椭圆形，长约0.2毫米，乳白色，表面被有蜡粉。

3. 若虫　初孵出若虫粉红色，眼红色，足、触角和尾毛俱全。2 龄若虫扁椭圆形，体表有极薄的蜡壳，在叶片上为害的若虫淡黄色，越冬若虫赤褐色。3 龄以后的若虫，其触角、足和尾毛全部消失，逐渐形成柔软光滑的灰黄色介壳。

4. 蛹　仅雄虫有蛹。体长 1.2～1.7 毫米，暗红色。

【发生规律及习性】　褐盔蜡蚧一年发生 1～2 代，以 2 龄若虫在枝条裂缝、叶痕处越冬。翌年春果树发芽时，转移到枝条上固定取食，虫体迅速膨大。成虫在 5 月份产卵，卵产于介壳下。卵期 20～30 天。5 月下旬孵化若虫。初孵出若虫分散到枝条或叶片上为害。到 10 月份，在叶片上为害的若虫迁回枝条上，寻找适当场所越冬。在大多数情况下，成虫行孤雌生殖，仅在李树上发现雄成虫。

【防治方法】

1. 人工防治　参考朝鲜球坚蜡蚧的人工防治。

2. 药剂防治　防治的关键时期，是越冬若虫出蛰活动期，即果树发芽前。常用药剂有：5 波美度石硫合剂，99.1%敌死虫乳剂或 99%绿颖乳油 200 倍液，合成洗衣粉 200 倍液。若虫已固定在枝条或叶片上后，喷 5.7%百树菊酯乳油 1 500 倍液，防治效果较好。

（五）草履硕蚧

草履硕蚧（*Drosica corpulenta*），又叫草履蚧，属同翅目硕蚧科。全国各果树栽培区都有分布。寄主有苹果、梨、桃、李、杏和核桃等果树，以及柳树等林木。以雌成虫和若虫刺吸树体汁液（彩图 2-34）。

【危害状】　被害树主干和主枝上常密布大量雌成虫和若虫，虫体分泌白色絮状或粉状物。被害树树势衰弱，叶片生长不良，严重时早期落叶。

【形态特征】

1. 成虫 雌雄异型。雌虫扁椭圆形，似鞋底状，长约10毫米，无翅，灰褐色或灰红色，背面隆起，有横皱褶和纵沟，被白色蜡粉。头龟甲状，口器针状，位于腹面两足之间。触角短小，略呈丝状。雄虫体长约5毫米，翅展约10毫米。头、胸部黑色，触角念珠状，各节着生细毛。有一对翅，黑色。腹部紫黑色。

2. 卵 椭圆形，长约1.2毫米，淡黄色，产于卵囊内。卵囊为白色絮状物，长椭圆形。

3. 若虫 与雌成虫相似，惟体小，色较深。

4. 蛹 仅雄虫有蛹。圆筒形，长约5毫米，褐色。外被絮状物。

【发生规律及习性】 草履硕蚧一年发生1代，以卵和初孵出若虫在树干基部土里越冬。越冬卵在1～2月份孵化。初孵出若虫暂时栖息在卵囊内，果树发芽时爬行上树为害。危害盛期在4～5月份。若虫群集在树皮缝、树枝分杈处为害。第一次蜕皮后，开始分泌灰白色蜡质物和黏液。雄虫老熟后在树皮缝或土缝处结茧化蛹，于5月中下旬至6月下旬羽化为成虫。成虫交尾后雄虫死亡。雌成虫继续为害至6月下旬，再陆续下树钻入根颈周围5～10厘米深的土缝中，分泌絮状物做卵囊，产卵其中。卵在卵囊内越夏、越冬。

【防治方法】

1. 人工防治 在树干基部堆土，可阻止若虫出土。在树干基部绑塑料薄膜，不留缝隙，可阻止若虫上树。

2. 药剂防治 在苹果树发芽前若虫开始上树时，喷洒5波美度石硫合剂。在苹果树生长期，可喷布50%敌敌畏乳剂

1 000 倍液，或 20%氰戊菊酯乳剂 3 000 倍液。5 月份若虫为害期，在树干上距地面 40 厘米处刮去 10 厘米宽的一圈老皮，用 40%乐果乳油和水按 1∶2 的比例配成药液，涂于刮皮处，涂药后用塑料薄膜带包扎好。

3. 保护和利用天敌 草履硕蚧的主要天敌有黑缘红瓢虫和龟纹瓢虫等。避免在这些天敌活动盛期喷药，是保护天敌的最好方法。

（六）梨潜皮细蛾

梨潜皮细蛾（*Acrocercops astaurota*），又叫梨潜皮蛾，属鳞翅目细蛾科。是危害树枝和树干表皮的常见害虫。在全国大部分苹果树产区都有分布。苹果树受害部位树皮爆裂，影响树体生长发育，在一般情况下，虽然不直接引起死枝死树，但为病虫提供了良好的越冬场所。寄主植物除苹果树外，还有梨、李、海棠和板栗等果树。

【危害状】 梨潜皮细蛾幼虫潜入枝干表皮下为害，蛀食成不规则弯曲虫道。被害树表皮易破裂并剥离，被害处粗裂。

【形态特征】

1. 成虫 体长 4～5 毫米。头部白色，复眼红褐色，触角丝状，基半部白色，端半部褐色。胸部背面和前翅均为银白色。前翅上有 7 条金黄色横带，每横带两边为黑色。后翅灰褐色。前后翅缘毛长。

2. 卵 长约 0.1 毫米，扁椭圆形，半透明，背面有网状花纹。

3. 幼虫 初孵幼虫体扁平，头黄褐色。胸部较腹部宽大，腹部第一节收缩窄小，其余各节有齿状突，节间明显。大龄幼虫体圆筒形，稍扁，胸部和腹部前几节宽度相近。腹足退化。

4. 蛹 体长5～6毫米,初期为浅黄色,近羽化时变为黄褐色。蛹外包有丝质黄褐色茧,茧长约9毫米。

【发生规律及习性】 梨潜皮蛾在东北地区一年发生1代,华北和西北地区一年发生2代,以3～4龄幼虫在为害部位越冬。翌年苹果树花芽萌动后,越冬幼虫开始活动后,在越冬部位继续串食。在辽宁西部地区,越冬幼虫于4～5月间开始活动取食。幼虫老熟后,多在剥离表皮下做薄茧化蛹。蛹期18～28天。7月间发生成虫。成虫夜间活动,白天在枝叶上栖息,产卵于枝条上,一般在1～3年生枝上产卵较多。卵多产在枝条表皮光滑、茸毛较少的部位。卵期5～7天。幼虫孵化后直接蛀入表皮下潜食,其虫道呈弯曲线条状。随着虫龄的增大,虫道也逐渐加宽,虫道弯曲合并连片,致使被害表皮剥离和爆裂。幼虫为害约两个月后,于10月下旬开始越冬。

在山东胶东地区,越冬幼虫从3月下旬开始出蛰,6月中旬至7月中旬出现越冬代成虫,8月中旬至9月中下旬发生第一代成虫。在陕西关中地区,越冬幼虫于3月下旬至4月上旬开始活动,6月中下旬出现越冬代成虫,8月中旬至9月上旬发生第一代成虫。

【防治方法】

1. 人工防治 梨潜皮细蛾幼虫危害状明显可见,结合果树冬剪,刮除翘皮,消灭在此越冬的幼虫。

2. 药剂防治 在越冬代成虫发生盛期,往树上喷布80%敌敌畏乳剂或50%杀螟硫磷乳剂1 500倍液,杀灭产卵前的成虫。在发生严重的果园,第一次喷药后7～10天再喷一次。为确定正确的防治适期,在幼虫化蛹期,每3天检查一次幼虫化蛹和成虫羽化情况。当成虫羽化率达30%时,开始喷药。

（七）星天牛

星天牛（*Anoplophora chinensis*），又叫白星天牛，属鞘翅目天牛科（彩图2-35，36）。在我国大部分果产区都有分布。寄主植物有苹果、梨、花红、桃、杏、樱桃、柑橘和枇杷等多种果树，还危害杨、柳、桑、榆、洋槐等多种树木。

【危害状】 幼虫在树干基部根颈处为害，木质部被蛀成许多虫道，被害处排出成堆木屑和虫粪。破坏树体养分、水分的输导，严重时导致死树。

【形态特征】

1. 成虫 体长19～39毫米，宽6～13.5毫米。漆黑色，有时略带金属光泽。触角鞭状，11节，基部两节黑色，其余各节均为黑白两色；雄虫触角超过体长1倍。前胸背板宽大于长，侧刺突粗壮。鞘翅表面具有5排约40块白色斑纹，鞘翅基部密生多个颗粒状突起。这是与光肩星天牛的主要区别。

2. 卵 长5～6毫米，长椭圆形，乳白色，孵化前渐变为黄褐色。

3. 幼虫 老熟幼虫体长45～67毫米，乳白色。头部黑褐色。前胸背板有两个似飞鸟形的褐色斑纹。

4. 蛹 长约30毫米，乳白色，渐变为黑色。

【发生规律及习性】 星天牛在我国1～2年完成1代，以幼虫在树干基部虫道内越冬。在华北地区，老熟幼虫于4月间在根颈部的虫道端部做蛹室化蛹。蛹期18～20天。成虫在6月初羽化，先在树上取食叶片和细枝嫩皮，经补充营养后交尾。成虫产卵前期为10～15天，寿命40～45天。成虫多在主干距地面30～50厘米范围内产卵，产卵前将树皮咬成一个横沟槽，然后产卵于刻槽皮层下，并涂以褐色胶质物，产卵处表皮隆起呈“T”字形。每头雌虫可产卵70余粒。卵期10～15天。幼虫孵化后先在皮层和木质部间向下蛀食，至根颈处迂回蛀食。经1～2个月后，开始蛀入木质部，向根颈蛀食10～15厘米，又返回向上蛀食。木质部的虫道多充满木屑。幼虫为害至11月份，停止取食即越冬。

【防治方法】

1. 人工防治 在早晨摇动树枝，使成虫坠落，捕捉杀死。巡回检查果园，发现产卵伤痕，用石块敲打，或用刀子挖除。

2. 药剂熏杀 检查发现排粪孔后，掏尽木屑虫粪，然后塞入56%磷化铝片剂1/4片，或塞入浸有敌敌畏乳油的棉球，用泥土封闭所有排粪孔，熏杀幼虫，效果较好。

3. 树干涂白 在6～8月间成虫产卵期，往树干上涂白涂剂，能防止成虫产卵。

（八）光肩星天牛

光肩星天牛（*Anoplophora glabripennis*），属鞘翅目天牛科。在我国分布非常普遍。寄主植物有苹果、梨、山楂、桃、李、樱桃和梅等果树。

【危害状】 以幼虫在枝干皮层和木质部内蛀食，破坏树体养分输导，削弱树势，受害果树叶黄，叶小，严重时引起死树。

【形态特征】

1. 成虫 体长17.5～39毫米，宽5.5～12毫米，体黑色，有光泽。触角11节，较长，第一节和第二节黑色，其余各节端部2/3黑色，基部1/3具淡蓝色绒毛。鞘翅基部光滑无颗粒，翅面具多个大小不等的白色斑点，略呈不规则5横列。

2. 卵 长椭圆形，长5.5～7毫米，略弯，初为乳白色，孵化前呈淡黄色。

3. 幼虫 体长50～60毫米，乳白色至淡黄白色，头大部缩入前胸内，前胸背板后半部具褐色“凸”字形斑。足退化。

4. 蛹 体长20～40毫米，初期为乳白色，羽化前变为黄褐色。

【发生规律及习性】 光肩星天牛1～3年发生1代，均以幼虫在隧道内越冬。在北方，老熟幼虫于4月中下旬在蛀道内化蛹，蛹期11～20天。成虫羽化后经数日取食补充营养，交尾后10～15天开始产卵。成虫产卵前先把树皮咬成“T”形裂口，将卵产于其中。卵期16天左右。初孵幼虫先在皮层和木质部间向下蛀食，经1～2个月后蛀入木质部，串食成不规则的虫道，虫体长大后向根颈部蛀食，并向外蛀一排泄孔。木质部的隧道内多充满木屑。幼虫从11月份开始越冬。

【防治方法】

1. 人工防治 早晨摇动树枝，捕杀落地成虫。发现产卵伤痕，用石块敲打或用刀子挖除。发现蛀道，用铁丝刺杀幼虫。

2. 药剂熏蒸 发现蛀孔后，掏出虫粪和木屑，塞入56%磷化铝片剂1/4片，或塞入蘸有敌敌畏乳油的棉球，然后用黄泥封闭所有孔口。

3. 枝干涂白 在成虫产卵之前，往主干和主枝上涂刷1∶10∶40的硫黄石灰混合剂(硫黄∶生石灰∶水)防止成虫产卵。涂剂中加入适量的触杀性药剂，防治效果更好。

(九)粒肩天牛

粒肩天牛(*Apriona germari*)，又叫桑天牛、桑干黑天牛、褐天牛，属鞘翅目天牛科(彩图2-37)。全国各地均有分布，但以中部和西部地区发生较多。寄主植物有苹果、梨、李、樱桃、海棠、山楂、柑橘、无花果和枇杷等果树，以及桑、杨、柳、榆和柞等林木。

【危害状】 成虫食害嫩枝皮层和叶片，产卵时将枝干树皮咬伤，造成危害；幼虫在枝干皮下和木质部内蛀食，破坏输导组织，影响水分和养分的输送，削弱树势。受害枝易折断，重者全株枯死。

【形态特征】

1. 成虫 体长26～51毫米，宽8～16毫米。体大，黑褐色，密被灰黄色绒毛，体背青棕色，腹面棕黄色，基半部灰白色。前胸背板前后横沟间有不规则的横皱或横脊，侧刺突粗壮。鞘翅基部1/4～1/3处密布许多黑色光亮颗粒状突起。

2. 卵 长6～7毫米，椭圆形，稍弯曲，初产出时乳白色，后渐变为淡褐色。

3. 幼虫 体长60～80毫米，圆筒形，乳白色，无足。头黄褐色，大部分缩在前胸内。第一胸节宽大，背面有“小”字形凹陷纹。腹部第三节至第十节背面有圆形突起。

4. 蛹 体长30～50毫米，纺锤形，淡黄色，腹部第一节至第六节背面有刚毛一对，翅芽达第三腹节，尾端轮生刚毛。

【发生规律及习性】 粒肩天牛在我国北方地区2～3年完成1代，在广东一年发生1代。以幼虫在被害枝干内越冬。6～7月间，老熟幼虫在蛀道内的两端填塞木屑做室化蛹。蛹期15～25天。成虫羽化后先在蛹室内停留5～7天，然后咬一羽化孔钻出。成虫发生期在7～8月份。成虫多在晚间活动，取食树枝嫩皮和叶片，经10～15天补充营养后开始交尾、产卵。喜欢选择2～4年生、直径为10～15厘米的枝条中部或基部产卵。成虫产卵前，先将表皮咬成“U”形伤口，然后产卵于伤口内。每处产卵1粒，偶有4～5粒。每头雌虫可产卵100～

150 粒，产卵期约 40 余天。卵期 10～15 天。幼虫孵化后在韧皮部与木质部之间，向枝条上方蛀食约 1 厘米，然后蛀入木质部再向下蛀食。幼虫稍大后即蛀入髓部，开始时每蛀 5～6 厘米，即向外蛀一排粪孔，并随着虫体的增大，排粪孔之间的距离也逐渐加大。隧道内无粪便与木屑。

【防治方法】

1. 人工防治 成虫发生期，组织人力捕杀成虫。在成虫产卵期，经常检查枝干，发现产卵伤口，可用刀挖除卵和幼虫。发现新排粪孔时，用铁丝刺到隧道底部，上下反复几次，可刺杀幼虫。及时清除死树和死枝，以消灭虫源。

2. 药剂熏蒸 6～9 月份发现排粪孔后，先清除排粪孔的粪便和木屑，然后塞入 56%磷化铝片剂 1/4 片，再用黄泥封闭孔口，或塞入蘸有敌敌畏乳油的棉球，封闭所有排粪孔口，杀虫效果均良好。

3. 枝干涂药 初龄幼虫期，用 80%敌敌畏乳油 10～20 倍液，涂抹产卵刻槽，杀死幼虫效果较好。

（十）顶斑瘤筒天牛

顶斑瘤筒天牛（*Linda fraterna*），又叫苹果枝天牛，属鞘翅目天牛科（彩图 2-38）。分布于辽宁、河南、山东、山西、四川、贵州、云南、江苏、江西、浙江、湖北、湖南、广东、广西、福建和台湾等省、自治区。寄主植物有苹果、梨、桃、樱桃、杏、李和梅等。

【危害状】 主要以幼虫危害枝条，常将木质部蛀空，被害枝上有排粪孔，严重被害的枝条易枯死。成虫可取食枝条嫩皮和叶片。

【形态特征】

1. 成虫 体长 11～17 毫米，宽 2～4 毫米，长圆筒形。头、前胸背板、小盾片和体腹面均为橙黄色；触角、鞘翅和足黑色，触角第四节至第六节基部橙黄色。头顶两侧各有一个显著的黑斑点，有时两斑点接近或相互连接。前胸背板宽略大于长，两侧中后方各有一个瘤状突起。鞘翅狭长，前半部刻点粗大，后半部刻点细密。足较短，后足腿节不超过腹部第二节。

2. 卵 长椭圆形，长约 2 毫米，乳白色。

3. 幼虫 老龄幼虫体长 28 毫米，橙黄色，前胸背板具倒"八"字形沟纹。腹部第一节至第七节腹面具椭圆形泡突。

4. 蛹 体长 11～17 毫米，淡黄色，头顶有 1 对突起，近羽化时复眼、触角、翅芽和足呈黑色。

【发生规律及习性】 顶斑瘤筒天牛一年发生 1 代，以老熟幼虫在被害枝内越冬。翌年 4 月中旬至 5 月下旬化蛹，蛹期 15～20 天。5 月上旬至 6 月上旬成虫羽化。成虫白天活动取食，卵多散产于 1 年生枝条皮层内，产卵前先用口器将嫩梢皮层咬成环沟状伤口，再从环沟向枝梢上方咬一纵沟，将卵产于其中。卵期 9～13 天。6 月上旬幼虫开始孵化。初孵出幼虫先在环沟上部蛀食幼嫩的木质部，不久蛀入髓部并向下蛀食，多把髓部蛀空，隔一定距离向外咬一排粪孔，并有黄褐色粪便排出。幼虫危害至 10 月份即陆续老熟，在隧道端部越冬。

【防治方法】

1. 人工防治 在成虫发生期，组织人力捕杀成虫；经常在果园巡回检查，发现有顶部叶片变黄枯萎的枝梢，或有排粪孔的小枝时，应及时剪除并予烧毁。

2. 药剂防治 在成虫发生期，结合防治其他害虫，喷洒 50％杀螟硫磷乳剂 1 500 倍液，或 30％桃小灵乳油 2 000 倍液，80%敌敌畏乳剂 1 000 倍液，杀灭该虫。

（十一）苹果小吉丁

苹果小吉丁（*Agrilus mali*），又叫苹果吉丁虫，属鞘翅目吉丁虫科。是危害枝干的主要害虫。分布于黑龙江、吉林、辽宁、内蒙古、山西、陕西和甘肃等省、自治区的果区，一般在山地果园尤其是管理粗放的幼树园，发生较重。受害严重的树易引起死枝或死树，甚至毁园。寄主植物有苹果、沙果和海棠等果树。

【危害状】 以幼虫蛀食枝干，被害部位皮层呈黑褐色，凹陷，常有褐色黏液渗出，严重时皮层开裂，甚至枯死。

【形态特征】

1. 成虫 身体紫铜色，具金属光泽。雌虫体长 7～9 毫米，雄虫体长 6～8 毫米。头短而宽。复眼大，呈肾形。触角锯齿状，11 节。前胸背板横长方形，比头略宽，腹板中央有一突起伸向后方，与中胸愈合。腹部背板 6 节，蓝黑色，有光泽。鞘翅尖削，在近端部合拢处有不甚明显的浅黄色茸斑两个。

2. 卵 椭圆形，长约 1 毫米，初产出时乳白色，后渐变为黄褐色。

3. 幼虫 老龄幼虫体长 16～22 毫米，体扁平，乳白色。头小，褐色，大部分缩入前胸内，外面只见口器。前胸特别膨大，中后胸较小，腹部 11 节，第七节最宽，前后各节均逐节缩小，末节有 1 对褐色齿状尾铗。

4. 蛹 体长约 7 毫米，初期为乳白色，渐变为黑褐色。

【发生规律和习性】 苹果小吉丁在辽宁、河北、甘肃和陕西等地一年发生 1 代，而在黑龙江和山西雁北等地三年完成 2 代。以幼虫在枝干被害处的皮层下越冬。在辽宁地区，翌年

3月中下旬幼虫开始活动为害，串食皮层，虫道里充满褐色虫粪。被害部位皮层枯死、凹陷干裂，表面呈黑褐色，其上常有由通气孔溢出的红棕色胶液及其干涸后形成的黄白色胶状滴。随着幼虫的生长，危害也加剧，一般在5月下旬至6月上旬幼虫开始老熟，蛀入木质部做虫室，并于其中化蛹。前蛹期10天左右，蛹期10～12天。成虫羽化后，在蛹室停留8～10天，并把被害皮层咬一孔道，顺孔道爬出。成虫于6月下旬出现，7月中旬到8月上旬为盛发期。成虫寿命较长，一般为20～30天。成虫在早晚和阴天不爱活动，多在枝干或叶片上静伏。白天，特别是中午暖和时，绕树飞舞。成虫有假死习性，受惊动立即缩足下坠落地。成虫有取食叶片补充营养的习性，但食量不大，只取食叶缘，将叶缘咬成许多缺刻。经过8～24天的取食后，开始产卵。卵多产在枝干阳面的嫩皮上或芽的侧面，每处产卵1～3粒。卵期10～13天。幼虫孵化后立即蛀入表皮为害。在表皮里钻蛀的隧道不规则，弯曲如线。随着虫龄的增大，幼虫往皮层深处蛀入，一直为害至11月中旬，才开始越冬。

此虫在陕西凤县和甘肃天水部分地区，虽然也是一年发生1代，但有时以老龄幼虫在木质部里越冬。翌年春幼虫不经取食直接化蛹。5月中旬出现成虫，5月下旬至6月下旬是成虫发生盛期。有少数幼虫到8月份才化蛹，9月上旬才出现成虫。

【防治方法】

1. 植物检疫 该虫在有些地区尚未发生。如果做好苗木和接穗的检疫，就能有效防止该虫的传播和蔓延。

2. 人工防治 在果树落叶后或春季果树发芽前，往被害处(有黄白色胶滴外溢处)涂抹煤油和敌敌畏乳油混合液，即1千克煤油加0.1千克80%敌敌畏乳油，搅匀后用刷子涂抹，能杀死其中的幼虫。

3. 药剂防治 在成虫发生期，往树上喷布50%辛硫磷乳剂1 500倍液或80%敌敌畏乳剂1 500倍液，能消灭成虫，并可杀死卵及刚蛀入表皮层的幼虫。

（十二）梨金缘吉丁

梨金缘吉丁（*Lampra limbata*），又叫梨吉丁虫，属鞘翅目吉丁虫科。分布于东北、华北、西北以及长江流域。在长江流域和黄河故道及山西、陕西等地发生较重。主要寄主有苹果、梨、杏和山楂等果树。

【危害状】 幼虫在枝干的韧皮部和木质部之间蛀食。被害处外表组织变褐，虫道内充满褐色虫粪和木屑，疏导组织受到破坏，树势衰弱，严重时导致枝干枯死。

【形态特征】

1. 成虫 体长16～18毫米，宽约6毫米。翠绿色，前胸背板及鞘翅外缘红色，有金属光泽。头部额面有粗刻点，中央呈倒“Y”字形隆起。触角11节，黑色，锯齿状。前胸背板密布细刻点，中间宽，外缘弧形，背面有5条蓝色纵线纹，中间的粗而明显，两侧的较细。小盾片扁梯形，鞘翅上有10余条纵沟，中间的较明显，翅端锯齿状。

2. 卵 椭圆形，长约1.5毫米，宽约0.8毫米。初产时乳白色，以后渐变为黄褐色。

3. 幼虫 初孵化时乳白色，老熟时黄白色，体长30～60毫米，头赤褐色，无足。前胸膨大，背板中部有一个“人”字形凹纹。

4. 蛹 为裸蛹，黄白色，长约14毫米，宽约8毫米。

【发生规律及习性】 梨金缘吉丁一年发生的代数，因地区不同而异。在南方地区一年发生1代，在北方地区两年完成1代。以不同龄期的幼虫在被害处越冬。翌年春季，幼虫继续在被害处取食为害。老熟幼虫于4月中旬在隧道内化蛹。成虫于4月下旬羽化，5月下旬为羽化盛期。在气温较低的情况下，成虫羽化后暂不出洞，当气温合适时才出外活动。成虫取食叶片和嫩枝以补充营养，遇低温阴雨天气以及早晚时常静伏叶上，遇振动即下坠落地，假死不动。成虫在5月底开始产卵，卵产于枝干翘皮下或伤口处。每头雌成虫可产卵20～100粒。幼虫孵化盛期在6月上中旬。初孵幼虫先在皮层蛀食，随着龄期的增大，逐渐蛀入形成层，并出现弯曲的隧道，其间塞满虫粪和木屑。幼虫为害至秋季，便在隧道内越冬。

【防治方法】

1. 人工防治 加强栽培管理，增强树势，避免造成伤口，能提高树体的抗虫性和耐害力。结合冬季刮树皮，刮除在树皮浅层危害的幼虫。利用成虫的假死习性，在成虫发生期于早晨实行人工捕杀。在幼虫发生期，发现有幼虫危害状时，用刀及时挖出其中的幼虫。

2. 药剂防治 在成虫发生期，用80%敌敌畏乳剂1 000倍液喷雾，可消灭成虫。在虫口密度不大的情况下，可在防治其他害虫时兼治。

（十三）皱小蠹

皱小蠹（*Scolytus rugulosus*），又叫小蠹虫，属鞘翅目小蠹科。分布于我国新疆的喀什、和田、阿克苏、吐鲁番、乌鲁木齐和伊犁等地。寄主有苹果、梨、桃、海棠、李、杏、樱桃和梅等蔷薇科果树。20世纪70年代末期，曾在新疆喀什大量发生，使杏、李、苹果、桃和梨等果树严重受害，死株率达5.6%～40.6%。

【危害状】 成虫在韧皮部和木质部间蛀食1～2厘米长的母坑道，并产卵于母坑道两侧。幼虫孵化后向四周蛀食为害，形成放射状的子坑道，达120多条。核果类果树受害后易引起流胶，并造成韧皮部和木质部分离，使水分、养分的运输受到阻碍，轻者影响树势和产量，重者则导致整株枯死。

【形态特征】

1. 成虫 雌虫体长2.7～3.0毫米，雄虫体长2.0～2.1毫米。全体黑色，无光泽。额部微突起，额面有纵向条状皱纹。前胸背板长略大于宽，背板表面刻点深大，前缘和两侧的刻点常紧密相连成串。鞘翅长为前胸背板长的1.5倍，末端稍窄。鞘翅上的刻点沟凹陷不明显。腹部鼓起，从侧面看，腹部末端连同鞘翅端部形成明显的锐角。

2. 卵 长椭圆形，长0.3～0.6毫米。初产时为乳白色，半透明，近孵化时仍为乳白色。

3. 幼虫 初孵幼虫乳白色，头部黄褐色，取食后腹部背面显淡棕色。老熟幼虫体长3～4毫米，前胸特别膨大。

4. 蛹 体长2.2～3.0毫米，初期为乳白色，复眼鲜红色。以后蛹体逐渐变为黑色。腹部背面生有2列刺状突起。

【发生规律及习性】 皱小蠹在新疆一年发生2代，以幼虫越冬。翌年3月中旬，越冬幼虫开始取食活动。4月初开始化蛹，化蛹盛期在4月下旬，蛹期平均为15.3天。成虫于4月下旬开始羽化，盛期在5月上中旬。成虫羽化后开始产卵，每雌平均产卵24.7粒。成虫寿命平均为13.1天。第一代卵发生期在4月下旬至6月中旬，盛期在5月中旬，卵期平均为6.9天。5月下旬为幼虫发生盛期。幼虫孵化后从母坑道两侧向外蛀食。第一代幼虫平均发育历期为49.3天，幼虫老熟后从7月上旬开始化蛹，中旬为化蛹盛期。第一代成虫羽化盛期在7月下旬，第二代卵发生盛期在7月底至8月初，幼虫发生盛期在8月上中旬，11月中旬幼虫进入越冬状态。幼虫在木质部内或在韧皮部与木质部之间的子坑道末端化蛹。

【防治方法】

1. 增强树势 一般树龄长、栽培管理差的果园，易遭受皱小蠹危害。因此，加强果树管理，增强树势，是防治皱小蠹危害的根本措施。

2. 人工防治 结合果树冬剪，剪除被害枝，挖除被害枯死的树，予以集中烧毁，消灭越冬虫源。在成虫发生期，在果园栽插长2米、直径2～2.5厘米的苹果或桃树的木棍，能诱集成虫在上面产卵，待成虫发生期过后，将木棍收集起来集中处理或烧毁。

3. 药剂防治 在3月下旬至4月上旬，用煤油和50%辛硫磷乳剂按10∶1混合后，涂抹在枝干被害处，可消灭在其中越冬的幼虫。

（十四）苹果透翅蛾

苹果透翅蛾(*Conopia hector*)，又叫苹果小透羽，属鳞翅目透翅蛾科(彩图2-39)。全国各苹果产区都有分布。寄主植物有苹果、梨、桃、李、杏和樱桃等果树。

【危害状】 以幼虫钻蛀枝干。幼虫多在枝干分杈处或伤口附近的韧皮部蛀食，有时可达到木质部。树皮被害初期，在表面流出水珠状黏液，以后逐渐变为黄褐色，并混有木屑，在树皮下形成不规则的蛀道，其中充满虫粪。

【形态特征】

1. 成虫 体长约12毫米，蓝黑色。有光泽，头后缘环生黄色短毛。触角丝状，较粗，黑色。翅透明，翅脉黑色。前足基节外侧、后足胫节中部和端部、各足跗节均为黄色。腹部第四节和第五节背面后缘，各有1条黄色横带，腹部末端具毛丛。雄虫毛丛呈扇状，边缘黄色。雌虫腹部末端的毛丛分为两簇，亦为黄色。

2. 卵 扁椭圆形，长约0.5毫米。初期为乳白色，渐变为黄色至淡褐色。

3. 幼虫 初孵幼虫乳白色。老熟幼虫体长约22毫米，头黄褐色，其余部分为乳白色至淡黄色。背线浅红色。胸足、腹足俱全。

4. 蛹 体长约13毫米，黄褐色至黑褐色。头部稍尖。腹部3～7节背面后缘，各有一排小刺。腹部末端有6个小刺突。

【发生规律及习性】 苹果透翅蛾一年发生1代，以幼龄幼虫在蛀道内结薄茧越冬。第二年果树萌芽期，幼虫开始活动，继续取食为害，并从虫孔排出红褐色木屑，堆积在虫孔周围。幼虫老熟后在为害处向外咬一个圆形羽化孔，但不咬破表皮，然后吐丝连缀粪便和木屑，在其中做茧化蛹。幼虫化蛹期从4月下旬到7月中旬。5月中旬开始出现成虫，直到8月上旬，盛期在6月中旬至7月中旬。成虫多在白天活动，取食植物的花蜜，产卵于枝干粗皮缝隙、伤疤边缘和枝干分杈等粗糙部位。成虫喜欢在衰弱树上产卵。幼虫孵化后即蛀入皮层为害，到11月份停止为害，结茧越冬。

【防治方法】

1. 人工防治 加强栽培管理，增强树势，避免造成伤口，以减少成虫产卵的机会。在果树生长季节，发现幼虫为害时，用快刀刮除被害处的树皮，挖出其中的幼虫。为不伤害树皮，也可在被害处用80%敌敌畏乳油100倍液，或用煤油加药剂涂抹，能消灭树皮浅层的幼虫。

2. 药剂防治　在成虫发生期，往树干上喷药，能消灭成虫和卵。常用药剂有50%杀螟硫磷乳油1000倍液，或20%氰戊菊酯乳油2000倍液。

（十五）芳香木蠹蛾

芳香木蠹蛾（*Cossus cossus*），又叫柳蠹蛾，属鳞翅目木蠹蛾科。该虫在我国大部分苹果产区都有分布。其寄主植物，有苹果、桃、李、杏和核桃等果树。

【危害状】　初孵幼虫在树干根颈部群集蛀食皮层，在韧皮部和木质部之间形成不规则的虫道，常造成大块树皮剥离。大龄幼虫分散蛀入树干木质部或根部，造成自上而下的隧道，被害处有虫粪和木屑。受害树生长衰弱，叶片发黄，严重时整株死亡。

【形态特征】

1. 成虫　体长30～37毫米，翅展60～85毫米，身体粗壮。触角栉齿状。胸部背面褐色，被黄褐色鳞毛。翅上密布许多黑色波状横纹，前翅的横纹较后翅的明显。

2. 卵　近卵圆形，长约1.5毫米，初期乳白色，后期变为暗褐色。

3. 幼虫　老熟幼虫体长约80毫米，略扁，身体背面紫红色，有光泽，腹面淡红色至黄色。头部紫黑色，前胸背板有2块黑褐色大斑。

4. 蛹　体长30～40毫米，暗褐色。腹部第二节至第六节背面各有两排刺，前排较粗长，后排细短，第七节至第九节只有一排刺。蛹外包有长椭圆形丝质虫茧，长50～70毫米。

【发生规律及习性】　芳香木蠹蛾在我国大部分地区两年完成1代，在有的地区三年完成1代。以幼虫在蛀道内或在土中越冬。翌年春果树发芽时，低龄幼虫继续为害，老熟幼虫在4～6月份陆续化蛹。在蛀道内化蛹的幼虫，化蛹前先在隧道内向外蛀一个圆形羽化孔。在土中化蛹的幼虫，其茧外常粘有土粒。蛹期2～6周。成虫从5月中旬开始出现，发生盛期在6～7月份。成虫昼伏夜出，趋光性不强，产卵于树干基部的树皮缝内。卵呈块状或成堆，每块卵数十粒。卵期1周左右。幼虫孵化后蛀入皮层为害。长大后蛀入木质部，为害至秋末开始越冬。

【防治方法】

1. 人工防治 发现幼虫为害时，挖出在树皮下群集的幼虫。对于已蛀入木质部的幼虫，找到虫道后，用注射器注入80%敌敌畏乳油25倍液，然后用泥土堵塞孔口。

2. 药剂防治 于成虫产卵期，在树干上喷布50%辛硫磷乳油或80%敌敌畏乳油50倍液，以杀死初孵出的幼虫。

（十六）大青叶蝉

大青叶蝉（*Tettigela viridis*），俗称浮尘子，属同翅目叶蝉科。在全国各地均有分布。寄主有苹果、梨、桃、李和杏等多种果树和林木。成虫产卵时，以其锯状产卵器刺破枝条表皮，产卵于其中，造成枝条失水而枯死。幼树受害较重。

【危害状】 成虫用产卵器刺破枝条表皮，产卵处呈月牙状翘起。卵粒排列整齐。被害严重时，枝条遍体鳞伤。在冬季低温和春季干旱时，枝条失水，导致抽条。1～3年生枝受害较重。

【形态特征】

1. 成虫 体长7.5～10毫米，头黄褐色，头顶有2个黑点，触角刚毛状。前胸前缘黄绿色，其余部分深绿色。前翅绿色，革质，尖端透明；后翅黑色，折叠于前翅下面。身体腹面和足为黄色。

2. 卵 长卵形，稍弯曲，长约1.6毫米，乳白色。

3. 若虫 幼龄若虫体灰白色。3龄以后变为黄绿色，出现翅芽，老龄若虫似成虫，但无翅，体长约7毫米。

【发生规律及习性】 大青叶蝉一年发生3代，以卵在枝条表皮下的组织内越冬，翌年4月份孵化为若虫。若虫孵化后即转移到农作物和杂草上为害，在这些寄主上繁殖两代。第三代若虫危害晚秋作物和蔬菜，夏季一般不危害果树。到9月下旬，成虫飞至秋菜园为害。到10月中下旬飞至苹果园，在枝条上产卵。果园间作白菜、萝卜、胡萝卜和甘薯等多汁作物时，苹果树受害就重。如果及早将这些作物收获或清除，苹果树受害就会明显减轻。果园杂草丛生，苹果树受害也重。

【防治方法】

1. 人工防治 在成虫产卵之前，在幼树主干上刷白涂剂，可阻止成虫产卵。白涂剂的配制方法是：生石灰25%，粗盐4%，石硫合剂1%～2%，水70%，还可加入少量杀虫剂。及时清除果园杂草，最好是在杂草种子成熟前，将其翻于树下作肥料。

2. 农业防治 幼树园避免间作大白菜、萝卜、胡萝卜和甘薯等多汁晚熟作物。如果间作这些作物时，应在9月底以前收获。

3. 药剂防治 发生数量大时，10月上中旬于成虫产卵前或产卵初期，喷药防治成虫。除在树上喷药外，还应对苹果树行间的杂草上喷药。常用药剂有：20%氰戊菊酯乳油2000倍液，80%敌敌畏乳剂1000倍液，50%辛硫磷乳剂1000倍液。

（十七）蚱　蝉

蚱蝉（*Cryptotympana atrata*），俗称知了，属同翅目蝉科（彩图 2-40）。全国各地都有分布。寄主有苹果、梨、桃、李、杏和樱桃等果树，以及榆、柳和杨等多种林木。以成虫在枝条上产卵造成危害，幼树受害较重。成虫还刺吸嫩枝汁液，使树势衰弱。若虫在土中生活，刺吸树根汁液。

【危害状】 成虫用锯状产卵器刺破 1 年生枝条的表皮和木质部，刺口处的表皮呈斜线状翘起，剖开翘皮即可见卵。被产卵的枝条干枯死亡。

【形态特征】

1. 成虫 体长 44～48 毫米，翅展约 125 毫米。体黑色，有光泽，被黄褐色稀疏绒毛。头小，复眼大，头顶有 3 个黄褐色单眼排列成三角形。触角刚毛状。中胸发达，背部隆起。翅透明，翅脉黄褐色至黑色。雄虫腹部第一节和第二节的腹面，有 2 个耳形片状发音器。雌虫腹部末端有发达的产卵器。

2. 卵 梭形，长约 2.5 毫米，头端比尾端略尖，乳白色。

3. 若虫 老熟时体长约 25 毫米，黄褐色。体壁坚硬，前足发达，适于掘土，称为开掘足。前胸背板缩小，中胸背板膨大，胸部两侧有发达的翅芽。

【发生规律及习性】 据报道，蚱蝉在山东四年完成 1 代，以卵在枝条上或以若虫在土中越冬。越冬卵翌年 6 月份孵化为若虫，落地入土。若虫一生在土中生活。到了秋天，转移到深层土中越冬，第三年春暖时节，又回到表层土中取食。在华北地区，从 6 月下旬开始，老熟若虫从土中钻出，出土前先在土表掘一个小孔，待傍晚时钻出。出土后的若虫，爬到树干上或枝条上，于第二天清晨羽化为成虫。初羽化的成虫乳白色，翅柔软，2～3 小时后翅全部展开，虫体变黑。若虫出土数量与降雨关系密切，每当降雨后即有大量若虫出土。七八月份是成虫发生盛期。成虫趋光性很强，白天活动，雄成虫在树上鸣叫，数量多时，鸣叫声响成一片。成虫从 7 月下旬开始产卵，8 月份为产卵盛期。卵多产在直径为 4～5 毫米的当年生枝条上。雌成虫用锐利的产卵器刺破表皮和木质部，造成爪状裂口，产卵其中，卵粒排列整齐。在一个枝条上产卵多达 100 余粒。成虫寿命长达 2 个多月。

【防治方法】

1. 人工防治 冬季修剪时，彻底剪掉有卵枝条，集中烧毁。在若虫出土盛期，每天傍晚在树下进行捕杀。

2. 火光诱杀 在成虫发生盛期，夜晚在树下点火，摇动树干，成虫受惊后便飞向火堆，可将成虫烧死，或趁机进行人工捕杀。

（十八）东北大黑鳃金龟

东北大黑鳃金龟（*Holotrichia diomphalia*），又叫大黑金龟子。分布于东北和华北等地区。寄主植物繁多，包括果树、林木和农作物。以幼虫危害植物根系，尤以在苗圃内发生严重，常造成缺苗断垄。

【危害状】 成虫取食果树叶片或花器。幼虫取食树根皮层和根系，造成苗木死亡。

【形态特征】

1. 成虫 体长 16～21 毫米，长椭圆形，黑色或黑褐色，有光泽。触角鳃叶状，黑色。前胸背板宽约为长的 2 倍。鞘翅长度约为前胸宽的 2 倍，其上密布刻点，每个鞘翅上有 3 条纵隆起线。前足胫节的外侧有 3 齿，各足上有爪 1 对。

2. 卵 椭圆形，长约3.5毫米。初期为白色，略有光泽。

3. 幼虫 老熟幼虫体长约35毫米，身体弯曲，乳白色，头部赤褐色，有光泽。胸足发达，腹足退化。

4. 蛹 椭圆形，长约20毫米。初期为黄白色，后变为橙黄色。

【发生规律及习性】 东北大黑鳃金龟在东北和华北地区，需1～2年完成1代，在河南及山东西南部则一年发生1代。在东北地区，以幼虫和成虫在土中越冬。河南有报道，幼虫、蛹和成虫都可越冬。成虫发生期在5～7月份，夏季闷热天气的傍晚，成虫发生量较多。成虫可取食植物的叶片，喜欢在松软而湿润的土中产卵，故在果树苗圃内产卵较多，危害也重，经常造成缺苗断垄。

【防治方法】

1. 人工防治 在苗圃内发现有被害幼苗时，及时在幼苗周围将幼虫挖出。

2. 药剂防治 在幼虫发生量大的苗圃内，用50%辛硫磷乳剂300倍液，或48%乐斯本乳剂300倍液，顺垄浇灌，杀灭该虫，还可兼治其他地下害虫。

第三章　苹果主要病虫害的预测预报

苹果病虫害的预测预报，是了解田间苹果病虫害的发生动态和指导适期用药的依据，是苹果病虫害防治不可缺少的基础性工作。如果没有病虫害的准确预测与预报，那么在苹果病虫害防治中，就不仅会失去有利的时机，而且会盲目用药，因而达不到应有的防治效果，以至造成巨大的经济损失。

因此，加强对苹果树重要病虫害的测报工作，甚至建立预测的计算机模型，用于防治病虫害，这对于加强苹果病虫害防治的及时性、针对性和有效性，是十分必要的。

一、桃蛀果蛾（桃小食心虫）发生的测报

（一）越冬幼虫出土时期的预测预报

在有代表性的苹果园，选上年受害重的树 5 株。春天将树盘内杂草除净，打碎土块，将地面搂平。从 5 月上中旬开始，在每株树干附近地面放置 10 多块瓦片或砖头，每天中午和傍晚收集爬入瓦片、砖头下结夏茧的幼虫。按照时间先后和树号顺序，作好幼虫出土记录。当幼虫数量突然增加时，即开始预报第一次地面喷药时间。虫量大时，经 10～15 天再喷药一次。

（二）成虫发生期的预测预报

在具有代表性的苹果园中，从 5 月中旬开始，在 5～10×

667 平方米的园地内，将桃小食心虫性信息素水碗诱捕器 10 个，均匀挂在树冠外围距地面 1.5 米的高度，碗内水中加少量洗衣粉，并在水面以上 1 厘米处悬吊 1 枚性激素诱芯。之后，每日早晨检查记载各号碗内落水桃小食心虫成虫的数量。当诱到第一头成虫后，即开始进行田间产卵情况的调查。

（三）树上喷药适期的预测预报

在上年受害重的果园中，选择 5 株结果较多的苹果树。所选的树，最好是金冠或富士品种。从田间诱到第一头成虫后开始，每 3 天调查一次，每次按树冠的东、南、西、北、中五个部位，每株树随机调查 200 个果，用放大镜观察萼洼花器残存物上，是否有桃小食心虫的卵，以果为单位计算卵果率〔卵果率(%)＝卵果数/调查总果数×100%〕。

卵果率的树上喷药标准，与苹果销售价格和用药成本有着直接关系。参考 1988 年国家标准局颁布的标准，大体是：每 667 平方米产量在 1 000 千克以下的，卵果率的防治指标为 1.8%；产量为 1 000～1 500 千克者，防治指标为 1.3%～1.5%；产量为 1 500～2 000 千克的，防治指标为 1.0%；产量为 2 000～3 000 千克的，防治指标为 0.7%；产量在 3 000 千克以上的，防治指标为 0.5%。

二、苹果蠹蛾发生的测报

（一）第一次喷药期的预测预报

苹果蠹蛾的发育起点温度为 9℃，结合本地天气预报，当春季 9℃以上有效积温达到 230℃时，正是第一代卵孵化期，也是树上开始第一次喷药的适期。

(二)树上喷药期的预测预报

选择有代表性的苹果园,即以往发生苹果蠹蛾虫害重的果园 5～10×667 平方米,设 10 个苹果蠹蛾性外激素诱捕器,其具体的操作方法同桃小食心虫诱捕器的设置。将诱捕器分别于 5 月上旬、7 月上旬和 9 月上旬,挂于所选择的苹果园内,每日调查诱捕器中的雄蛾数。因该虫每年发生 2～3 代,需喷药 3 次,故可在诱到的每代成虫数量突然增加时,喷药进行防治。

三、梨小食心虫发生的测报

(一)成虫发生期的预测预报

梨小食心虫在各地每年的发生代数不同。在辽宁、山东和河北,每年发生 3～4 代,在河南、安徽、江苏、陕西及晋南地区,每年发生 4～5 代。加之该虫在果树生长前期一般主要危害桃梢,从生理落果期后,即当年 2 代成虫才开始危害苹果。所以,从 6 月份以后开始,预测苹果园的成虫发生期。在 5×667 平方米果园范围内,均匀悬挂糖酸液诱捕器 10 个。配制糖酸液时,将红糖、醋、白酒和水四者按 1∶4∶0.5∶10 的比例进行调配。糖酸液调好后,将其放入罐头瓶内,挂于树冠外围。此后,每日早晨按诱捕器编号,调查、记录各诱捕器诱到的梨小食心虫成虫的数量。从诱到成虫后开始,即进行树上查卵的工作。也可用梨小食心虫性激素诱捕器,诱捕雄成虫。当达到诱蛾高峰时,开始进行树上查卵。

（二）田间喷药期的预测预报

在有代表性的苹果园，选择以往梨小食心虫发生重的苹果树10株，每株随机调查100个果中的卵果数。每3天调查一次。当平均卵果率达到1%～1.5%时，即开始进行喷药防治。相隔20多天以后，当卵果率再次达到防治指标时，即进行第二次喷药。

四、苹果叶螨（苹果全爪螨）发生的测报

（一）苹果叶螨越冬卵孵化期的预测预报

在苹果树萌芽前，临近越冬卵开始孵化时，有代表性地剪取带有越冬卵的小枝5～10段，每段长5厘米左右，分别钉在10厘米×20厘米的白色木板上，并在距枝段1厘米范围处涂一层凡士林，以防孵化的幼螨逃逸。再将小木板背阳挂在苹果树树冠中，每日定期调查记载孵化的幼螨数。当越冬卵孵化基本结束，即开始喷洒选择性杀螨剂。

（二）谢花后苹果树上叶螨发生量的预测预报

在有代表性的果园和品种上，用对角线方式选择5株调查树，从苹果谢花后，每隔5～7天调查一次，每次在树上的东、西、南、北、中五个方位，各调查2片叶，用肉眼或放大镜观察10片叶上的活动态螨数量（包括幼螨、若螨和成螨），并按调查日期分树记录。谢花后至6月底前，平均每叶活动态害螨

达 3～5 头，7 月份及以后达 7～8 头，即开始喷杀螨剂。

五、山楂叶螨发生的测报

（一）越冬雌成螨上芽为害期的预测预报

在苹果树开花前，以对角线方式选择 5 株有代表性品种调查树，当越冬雌成螨开始上芽为害时，在每株树树冠内膛和主枝中部，随机调查 10 个芽，按树号统计芽上的越冬雌成螨数。当越冬雌成螨上芽为害到达盛期，并在叶片背面刚开始见到卵时，立即喷洒杀螨剂。

（二）落花后树上活动态螨数量的预测预报

山楂叶螨在落花后树上活动态螨数量的测报方法和防治指标，参考苹果叶螨。在苹果叶螨和山楂叶螨混合发生的地区，6 月底前达 4～5 头/叶，6 月底后达 7～8 头/叶活动态螨的防治指标，是苹果叶螨和山楂叶螨活动螨相加的数量。调查时，不用将两种叶螨区分开。

六、二斑叶螨发生的测报

（一）二斑叶螨上芽为害期的预测预报

在上年二斑叶螨发生重的果园，用对角线方式选择有代表性品种且具根蘖的 5 株苹果树，对每株树只保留一株根蘖，而将其余的剪掉。从根蘖萌芽时开始调查,至果树开花时结束,用放大镜每天调查一次各萌蘖苗所有叶片和茎干上二斑叶螨出蛰的越冬雌成螨数,并随后用针剔除杀死。当连续 3 天有出蛰越冬雌成螨时,即进行喷药。

(二)苹果生长期二斑叶螨发生量的预测预报

苹果生长期二斑叶螨发生量的预测预报,可参考苹果叶螨发生量的预测预报方法。

七、棉褐带卷叶蛾(苹果小卷叶蛾)发生的测报

(一)越冬幼虫出蛰期的预测预报

在棉褐带卷叶蛾越冬幼虫出蛰前,用对角线方式选上年发生重的 5 株有代表性树,每两天调查一次。在每株调查树的内膛和外围调查 100 个叶丛,统计百叶丛平均幼虫头数。防治效果达到 80%～85%的防治指标时,其百叶丛有幼虫头数相应为:每 667 平方米产苹果 500 千克者为 5.9～7.5 头;每 667 平方米产苹果 1 000 千克者为 3.0～3.7 头;每 667 平方米产苹果 1 500 千克者为 2.5～2.6 头;每 667 平方米产苹果 2 000 千克者为 1.5～1.9 头;每 667 平方米产苹果 2 500 千克以上者为1.2～1.5 头。

(二)成虫发生期的预测预报

在上年发生棉褐带卷叶蛾虫害重的苹果园,在落花后第

一代成虫即将发生期，挂10个苹果小卷叶蛾性信息素诱芯制成的水碗诱捕器，样式与桃小食心虫性诱捕器相同。也可以用糖醋液代替。要求均匀悬挂在5×667平方米左右的果园中，每天早晨调查一次诱捕器中的雄蛾数量，随后挑出。当棉褐带卷叶蛾雄蛾连续出现4～5天时，即可第一次释放赤眼蜂，进行生物防治；或者在雄蛾数量突然增加后4～5天，进行药剂防治。

八、金纹细蛾发生的测报

在上年发生较重的有代表性苹果园，用对角线方法选择五个观测点，在每个点上选2株调查树，在每株树的树冠外围各挂1个金纹细蛾性诱捕器。金纹细蛾性诱捕器的制作方法和悬挂方法同桃小食心虫性诱捕器。从果树发芽开始悬挂，每天早晨检查记载一次各诱捕器内的金纹细蛾成虫数，随后捞出，并将每天诱蛾合计总数制成柱形图，以判断成虫发生高峰期。当虫量开始下降时，即进行喷药防治。以后对金纹细蛾每个世代的喷药防治，均可采用此种方法，并参考田间的危害数量，进行防治。

九、苹果贮藏期轮纹烂果病烂果率的预测预报

苹果轮纹烂果病菌，在生长期侵染苹果后，部分于采收前在树上腐烂，还有一部分在贮藏期腐烂。提前预测不同苹果园贮藏期的苹果烂果率的高低，对选择贮藏用果果园和地区，具有重要经济意义。

在苹果生长期喷洒防治轮纹烂果病最后一次杀菌剂前后，将拟收购或贮藏用的无病好苹果，按果园或村、镇，各混合取样 100 个以上，在室内用清水洗净，然后置于盛有 500 毫克/升乙烯利溶液的保湿容器内，再将容器放于 25℃～27℃恒温箱内，进行病菌诱发。经过 15 天以后，调查各样品果的烂果率，比较拟贮藏的各果园或村、镇果的烂果率，以提前决定贮藏或收购果的地块或村镇。一般当样品果的烂果率高于 10％时，就不能用做贮藏用果，而应在采收后尽早销售和食用，防止以后大量腐烂。

十、苹果树腐烂病药剂防治的预测预报

了解每个地区及农户的苹果树腐烂病发病动态，并指导对其进行药物防治，应在有代表性的病区进行，取样量不少于总株数的 5％。果农则要对自己的苹果树全部取样。调查时间在每年春季腐烂病发病盛期之后，至少连续调查 3 年。不同地区的发病调查，选在有代表性果园或地块进行，按取样量，隔几行调查一行。进行时，要逐一调查每株苹果树的新生病块数、重犯病块数和原有旧病疤块数。

然后，分别统计新生病块病株率(％)(有新生病块的株数/调查株数×100％)，病块重犯率(％)(重犯病块数/旧病疤块数×100％)，发病株率(％)(有腐烂病的株数/调查总株数×100％)，每株平均发病块数〔发病总块数(新生病块＋重犯病块)/调查总株数×100％〕。

根据统计结果的不同情况，进行不同的处理。当一个地区或一个果园的发病株率达 10％左右时，则应将腐烂病作为主要对象进行防治。当新生病块的病株率达 30％或处于逐年上

升的趋势时，除了应加强栽培管理外，在每年春天果树发芽前，还应喷洒铲除性杀菌剂，预防该病的发生；当病块重犯率超过10%时，应改进腐烂病刮治方法，或改换病疤涂剂品种，并适当增加涂药次数。

十一、苹果斑点落叶病专用药剂使用适期的预测预报

在苹果斑点落叶病的田间发病动态中，感病品种从田间始见病斑，到病害进入急增期，多有5～7天甚至更长一些的间隔期，从急增期进入发病盛期还有10多天至1个月左右的间隔时间。而常用专用杀菌剂多抗霉素（包括宝丽安）和扑海因等药剂的田间有效期，仅有10天左右，而且因病菌容易变异，每年喷药次数不能过多，应控制在3～4次之内。所以确认用药适期，对提高防治效果和减少用药次数及延缓病菌产生抗药性，有重要意义。

在有代表性苹果园，用对角线方法选用感病品种5～10株，在每株的东、南、西、北、中五个方位，各选2个外围延长枝，挂布条作标记，每5天调查一次。每次要调查每株树10个枝条全部叶片的病叶率和每叶平均病斑数。高感品种在病叶率达5%～8%、中感品种病叶率在10%～15%时，进行专用防治药剂的第一次喷洒；高感品种在病叶率达30%、中感品种在病叶率达50%左右时，进行专用药剂的第二次喷洒。之后再根据病情和严重程度，在秋梢生长阶段喷1～2次专用杀菌剂。

第四章　苹果病虫害的综合防治

一、病虫害综合防治的提出

自第二次世界大战后，随着有机化学合成农药的不断出现及其在农业生产中被广泛应用，农作物许多成灾性病虫害得到迅速控制，快捷、方便与效果显著等优点很快显示出来，化学防治成为病虫害防治工作中一种不可缺少的依赖性手段。但是，长期依赖有机合成农药，病原体和害虫产生明显的抗药性，导致不得不另寻新药，造成大量消耗能源和原材料，使地球资源日益减少。同时，使用有机化学农药过程中也大量杀伤天敌，使原来靠天敌可以自然控制的次要性害虫种群不断上升，暴发成灾。此外，由于田间连年投放有机化学品，其中有些是分解很慢的高残留化学品，造成土壤、饮用水、空气等明显污染和鱼类、水生微生物、鸟类、蜂类及大量天敌昆虫显著减少与失衡。尤其是农药对食品的污染，直接导致人类的健康受损害。面对使用化学农药带来的诸多副作用，需要一种既可以把化学农药的不良副作用减少到最小限度，又能有效控制病虫害的新方法。由此，产生了“综合防治”或称“综合治理”的新概念。

综合防治是从生物与环境的整体观念出发，本着以预防为主的指导思想和安全、有效、经济、简易的原则，因地因时制宜，合理应用农业的、化学的、生物的、物理的方法，以及其他有效的生态手段，把病虫害控制在不足为害的水平，以达到保证人、畜健康和增加生产的目的。

二、苹果病虫害的发生特点

(一)苹果园生态系统比较稳定

苹果树成园后,有生产价值的阶段,在目前的栽培管理模式下,一般多在二三十年以上,与当年种当年收的一年生大田作物,在生长、发育、结实年限上截然不同。苹果树从栽植后到整片园失去生产意义,有一个较长的过程。其间园内和园外,逐渐形成一个较完整的,相对独立、稳定的生态环境,采用常规措施较难打破,所以苹果园更需从开始建园就注意创造一个好的生态环境。

(二)病虫害种类繁多,危害严重,经济损失较大

据有关记载,我国苹果树上的病害种类有100余种,危害较重的有近10种。虫害有700余种,危害较重的有10多种。经过常规防治后,常年造成的经济损失占产值的35%左右。果实同谷物的种子相比,抗性明显偏低,加之经济效益较高,所以,防治指标和防治效果要求更为严格。在防治过程中,使用化学农药次数更多,且同期往往存在多个防治对象和多种天敌,科学合理用药更为重要。

(三)重要病虫害的控制和消灭难度大

由于苹果树是多年生作物,且受害部位较为固定,经多年适应,形成相对稳定的生态系统,许多重要病虫一旦传入,就

很难对它进行控制，更难将它消灭。

（四）病虫的相互作用加重危害程度

苹果树上的病虫害种类繁多，相互依存，相互促进，加重危害现象十分常见。例如苹果树受缺素症等非侵染性病害和病毒病害的危害，导致树势衰弱后，常诱发腐烂病、枝干轮纹病等侵染性病害的发生。因此，预防苹果腐烂病和枝干轮纹病，就必须从建园、栽植无毒健苗、改良土壤和加强肥水管理、增强苹果树的树势做起。

（五）树体生育阶段不同，病虫的优势种群也明显不同

果树的幼树阶段，枝叶稀少，通风透光较好，首先发生的是毛虫类、蚜螨类等食叶性害虫和叶斑病等。不久进入初果期，食花类、食果类害虫逐渐增多，在靠近荒山、杂树林的果园蛀干性害虫也逐渐增多。进入盛果期后，果树枝繁叶茂，光照条件差，树冠内湿度较大，叶果表面易结露，果实轮纹烂果病、炭疽病、褐斑病、斑点落叶病，以及食心虫、卷叶虫危害加剧，蚜、螨类也不同季节往不同部位迁徙和繁殖。这就增加了防治的艰巨性和复杂性。

苹果病虫害的上述发生特点，可以明显看出，苹果的病虫害防治，单纯依靠化学方法是不行的，必须首先采用农业防治、生态防治和生物防治等措施，建立起有利于寄主而不利于病虫的生态环境条件，以增强果树的抗性，同时将病虫的发生量，自然控制到最低限度，在必须用药时，才能有选择地科学合理地使用化学农药。

三、苹果病虫害综合防治的要求

（一）允许害虫存在于经济危害水平之下

综合防治的目的是控制害虫的危害，允许害虫在经济受害水平以下存在，以维持生态的多样性和稳定性。保留下来的害虫，供各种天敌作为食料或中间寄主，以便将天敌保留下来，使其生存和繁衍，稳定其自然控制能力。

（二）按照指标（经济阈值）决定用药时机

苹果园生态系统，由众多生物和非生物成分组成，是动态的体系。栽培的品种及其更替，水肥条件的变化，管理方式的变革，都会影响到苹果树对病虫害的抗性和补偿能力，导致病虫种群数量的改变。同时，防治费用和苹果市场价格的高低，均关系到每次喷药后的净利润的多少，所以必然影响到药剂防治指标的变化。因此，苹果病虫害综合治理的方案，也要随之而改变。只有经常调查病虫、天敌和气候条件的变化动态，按照经济阈值来决定苹果病虫害的防治时机和防治手段，才能达到最好的经济和生态效益。

（三）要充分发挥生态系统的自然控制能力

综合防治要求要以生态系统中自然控制能力为基础，其中天敌和农业措施尤为重要。并且要求各种技术手段要相互协调，共同增效。凡削弱或破坏自然控制力量的方法，都必须要尽可能地减少使用。

（四）要保护环境和果品的食用安全

综合防治特别强调保护环境和果品的食用安全。根据环保的要求和果品食用的安全性，要少用或不用农药，以减少化学农药对生物圈的副作用和对环境的污染，确保水果食用的安全，确保人类现在和子孙后代的长期安全性。

因此，在设计综合防治方案时，应优先采用农业、生物、生态和物理的防治方法，最大限度的减少化学农药用量。即使是使用化学防治，也要选用高效、低毒、低残留农药，有条件的限制使用中等毒性农药，同时要保证最后一次用药距果实采收期，有相当的间隔期，以保障采收前果实上的农药在田间充分分解和去毒。

四、苹果病虫害综合防治成效好

20 世纪 70～80 年代，以中国农业科学院果树研究所为技术依托，农业部全国植保总站，先后组织辽宁、陕西、河北、河南、山东、山西及甘肃天水等省、市，推广应用苹果园病虫综合防治技术，注意发挥整个技术系统的功能，采用各种相互衔接、互为补充的技术对策，充分发挥天敌的自控期作用和寄主抗性，加强农业防治，使农药费用下降 24.3%，病虫损失减少 67.5%，单位面积产值提高 29.5%，投入、收益比值达 1∶7.5，提高 49.8%。主要害虫桃小食心虫减少 80%，卷叶虫害果率减少 52.9%，轮纹烂果病率减少 50%，腐烂病发病株率减少 40%，创造了显著的经济效益和社会效益。

苹果生产的实践表明，进行病虫害的综合防治，具有良好的生态效益、经济效益和社会效益，是一条可以长期坚持的成功之路。

五、可持续治理是病虫害综合防治的新特点

农业有害生物可持续治理是病虫害综合防治的基本新思路。1972 年在瑞典斯德哥尔摩第一次人类环境会议上，通过了《联合国人类环境宣言》，成为人类对生存环境认识的转折点。1983 年联合国成立了世界环境与发展委员会，1987 年该委员会首次提出了可持续发展的概念，指出了以持续发展的原则来迎接人类面临的挑战。1992 年联合国在巴西里约热内卢召开的“环境与发展大会”上，指明了可持续发展的含意，即持续发展是既能满足当代人需要，又不对后人满足其需要的能力构成危害的发展。

我国也走可持续发展之路。在“可持续发展”是新世纪农业主题的大背景下，我国进行农作物病虫害的综合防治，必须坚持可持续发展的治理方向。没有可持续发展的农作物病虫害防治，就很难实现农业的可持续发展。我国果树植保工作，将从有害生物的综合治理(IPM)步入有害生物可持续控制(SPM)的新阶段，逐步实现有机农业和生态农业的目标。

六、果品质量安全是苹果病虫害综合防治的基本要求

(一)苹果农药残留量超标问题不容忽视

在我国的苹果生产中，农药残留问题较为普遍，有些农药

超标突出，主要是高毒和有机磷农药用量大，次数多。

据刘炳海1993年调查，山东省的农药使用次数多、用量大的苹果园，甲基对硫磷和乙基对硫磷的总超标率为7.6%，果实中滴滴涕的超标率达到75.6%。2000年，冯建国等对山东苹果主产区苹果农药残留量普查结果，在检测的12种农药中，除甲基对硫磷、倍硫磷、甲基托布津3种农药未检出外，其余9种农药均有检出。其中滴滴涕和对硫磷的残留量超标，超标率分别为10.81%和3.33%。李鹏琨对河南省的苹果和桃子农药残留量进行检测，结果表明，六六六、滴滴涕检出率分别达94.4%和30.55%，对硫磷超标率高达22.2%。

另据新华社报道，2001年12月我国有50个集装箱，计2万吨出口苹果因农药残留量超标而被拒收，造成重大的损失。

因此，有效控制和消灭病虫危害，防止农药对苹果的污染，是科学防治苹果病虫害的双重艰巨任务。

（二）食品安全生产模式是苹果病虫害综合防治的鲜明目标

为了防止包括农药在内的有毒有害物质对食品的污染，保证食品质量的安全，当前，世界各国对食品安全生产，采取了几种主要的模式并实行了相应的认证制度。苹果生产自然也不例外。

1. 有机农业及有机食品

这种模式要求在整个农业生产活动中，不使用农药、化肥和其他人工合成品，只以生物学方法和采用耕作、栽培技术，达到培肥地力和防治病虫害的目的。严格按照有机农业方式生产出来的食品被称为有机食品。

2. 生态农业及生态食品

这种模式强调在生产中实行农牧业混合经营、轮作、浅耕和保持水土，同时特别重视病虫害的生态防治，减少人为措施对环境的压力，实现持久性发展。由此生产出的食品称为生态食品。

3. 绿色食品

这是我国在农业可持续发展的全球性大背景下，建立起来的具有中国特色的生态农业或有机农业模式。

绿色食品是经专门机构认定，许可使用绿色食品标志的无污染、安全和优质的营养食品。绿色食品的特点，是在生产中合理利用生物之间的生态关系，在追求产量的同时，实现资源的利用、养、保相结合的循环利用，最大限度地保持农业生态系统的稳定性和平衡性。其中AA级绿色食品，在产地环境质量符合规定标准的同时，在生产过程中还不准使用任何有害化学合成物质。A级绿色食品，也只允许限量使用规定的化学合成物质。

我国绿色食品的认证工作始于1990年，由中国绿色食品发展中心组织实施。

4. 无公害食品

无公害类食品，是指农作物（包括水果）在生长、环境、生产过程及包装、贮存、运输中未被农药、化肥和重金属等有害物质污染，或虽有轻微污染，但符合国家规定的有关标准的食品。其产地的环境（土壤、大气、灌溉水）质量标准、生产技术规程和产品质量标准，经有关部门考查、测试和评定，符合规定标准，并经省农业厅批准，在农业部备案，发给相关证书和标志，方可成为无公害食品（果品）。

2003年，我国成立了专门从事无公害农产品及相关农业投入品认证的农业部农产品质量安全中心。产地认证由各省相关机构承担。通过产地认证的生产基地，方可申请无公害食品认证。

以上安全食品生产的不同等级的模式及生产标准，对于苹果生产，特别是对于苹果病虫害的无公害防治，是非常鲜明的奋斗目标，具有积极的指导作用和推动作用。逐步地认真执行和落实好这些模式的标准及其生产规程，就能有效而又科学地防治苹果病虫害，不断提高苹果生产的经济效益和社会效益。

（三）按照无公害生产的要求，搞好苹果病虫害综合防治

苹果病虫害综合防治，与苹果无公害生产，二者相辅相成，目标是完全一致的。要进行苹果无公害生产，就要综合防治苹果病虫害；搞好了苹果病虫害的综合防治，也就基本实现了苹果无公害生产。因此，必须从无公害的目标出发，进行苹果病虫害综合防治。

1. 园地环境条件要合格

优良的园地，是苹果树生长健壮的基础，也是实现苹果病虫害有效防治的有利条件。无公害苹果的产地要选在环境条件好的苹果生产基地，果园周围不能有工矿企业，要远离城市、公路和机场等交通要道，果园周围不能堆放工业废渣和生活垃圾，严禁用工业废水、未经处理的城市污水灌溉，从而具有并保持良好的生态条件。

（1）**无公害苹果园的空气质量指标**　包括空气中总悬浮颗粒物（TSP）、二氧化硫（SO_2）、氮氧化物（NO_x）和氟化物（F）的含量，应符合国家无公害果品生产基地的规定（表 4-1，GB3095—1996）。

表 4-1 无公害苹果园空气环境指标

项　目	监测方法	浓度限值	
		日平均	1小时平均
总悬浮颗粒物	GB/T15432 重量法	≤0.30 毫克/立方米	—
二氧化硫	甲醛吸收-副玫瑰苯胺分光光度法	≤0.15 毫克/立方米	≤0.5 毫克/立方米
二氧化氮(NO_2)	GB/T15435，撒尔茨曼法	≤0.12 毫克/立方米	≤0.24 毫克/立方米
氟化物(F)	GB/T15433 滤膜·氟离子选择电极法	≤7 毫克/立方米	≤20 毫克/立方米

注：1. 所列项目为标准状态

2. 日平均指为任何一日的平均浓度

3. 1 小时平均为任何 1 小时的平均浓度

（2）园土有害重金属含量在最高限值以下　苹果园土壤中的有害重金属，包括镉、汞、砷、铅、铬和铜等六种，其检测方法和含量限值要符合表 4-2 的规定(GB 15618—1995)。

表 4-2 无公害苹果园土壤有害重金属检测方法及其最高含量限值

项　目	检　测　方　法	含量限值(毫克/千克)		
		pH＜6.5	pH6.5～7.5	pH＞7.5
镉	GB/T17143，石墨炉原子分光光度法	0.3	0.3	0.6
总汞	GB/17136，冷原子吸收分光光度法	0.3	0.5	1.0
总砷	GB/17134，二乙基二硫代氨基甲酸银分光光度法	40.0	30.0	25.0
铅	GB/17141，石墨炉原子分光光度法	250	300	350
铬	GB/17137，火焰原子吸收分光光度法	150	200	250
铜	GB/17138，火焰原子吸收分光光度法	150	200	200

(3)灌溉水中污染物含量在最高限值以下 苹果园灌溉水的质量标准,包括水的酸碱度和总汞、总镉、总砷、总铅、铬(六价)、氟化物、氰化物和石油类的含量,其检测方法和浓度限值,要符合表 4-3 的规定(GB 5084—1992)。

表 4-3 无公害苹果园灌溉水质量的检测方法及有害物质浓度限值

项　目	检　测　　方　法	深度限值
pH 值	GB/T6920,玻璃电极法	5.8～8.5
总　汞	GB/T7468,冷原子吸收分光光度法	≤0.001 毫克/升水
总　砷	GB/T7485,二乙基二硫代氨基甲酸银分光光度法	≤0.10,毫克/升水
总　镉	GB/T7467,二苯碳酰二肼分光光度法	≤0.005 毫克/升水
总　铅	GB/T7475,原子分光光度法	≤0.10 毫克/升水
铬(六价)	GB/T7467,二苯碳酰二肼分光光度法	≤0.10 毫克/升水
氟化物	GB/T7484,离子选择电极法	≤3.0 毫克/升水
氰化物	GB/T7487,第二部分:氰化物的测定	≤0.50 毫克/升水
石油类	GB/T16488,红外光度法	≤10 毫克/升水

2. 科学使用化学农药

无公害苹果生产中科学使用化学农药,主要是根据防治对象及天敌与果树生长情况正确选择农药品种,确定用药时期与合理混用技术,以及作用性质不同药剂的交替使用。用药时应积极选用高效、低毒、低残留和选择性较强的农药,严禁使用高毒、高残留农药。

(1)严格遵守国家关于禁用、限用农药的规定 我国农业部 2002 年第 194 号文公告,公布了国家明令禁止使用 18 种(类)农药名单:六六六,滴滴涕,毒杀芬,二溴氯丙烷,杀虫脒,二溴乙烷，除草醚，艾氏剂，狄氏剂，汞制剂，砷、铅类，敌枯双，氟乙酰胺，甘氟、毒鼠强、氟乙酸钠和毒鼠硅等。

国家在同一文件中，还公布了在蔬菜、果树、茶叶、中草药生产上不得使用的19种高毒农药名单：甲胺磷，甲基对硫磷，对硫磷，久效磷，磷胺，甲拌磷，甲基异柳磷，特丁硫磷，甲基硫环磷，治螟磷，内吸磷，克百威，涕灭威，灭线磷，硫环磷，蝇毒磷，地虫硫磷，氯唑磷，苯线磷。

对于国家所明令禁用的或在一定范围内禁止使用的农药，要坚决不用。以免给国家和人民造成不良的后果。

(2)**遵守科学安全用药的准则**　无公害苹果生产园的科学、合理、安全用药，也就是苹果病虫害综合防治中的科学、合理、安全用药。主要包括药剂品种选择、防治指标、使用方法、用药浓度、限制使用次数、使用适期，用药期间的自然条件及最后一次用药距采收期的间隔天数。我国自1987年以来，先后发布了六项安全、合理使用农药的国家标准(GB 8321.1—5，GB 4285—89)，涉及苹果、梨、葡萄、桃和山楂等五种落叶果树，其中无公害苹果生产的常用药剂品种及使用准则如表4-4所示，必须坚决照办。

表4-4　无公害苹果生产常用化学农药及其使用准则

农药名称	剂型及含量	稀释倍数	防治对象	最后用药距采收天数	每年最多使用次数
灭幼脲(3号)	25%可湿性粉剂	1000～2000	金纹细蛾、苹果小卷叶蛾	21	3
氟虫脲(卡死克)	5%乳油	1000～1500	叶螨	30	2
二氯苯醚菊酯(氯菊酯)	10%乳油	1000～2000	桃小食心虫	30	3
甲氰菊酯(灭扫利)	20%乳油	2000～3000	桃小食心虫、叶螨	30	3

续表 4-4

农药名称	剂型及含量	稀释倍数	防治对象	最后用药距采收天数	每年最多使用次数
克螨特	73%乳油	2000～3000	叶　螨	30	3
乐　果	40%乳油	800～1 000	蚜虫、卷叶虫	7	2
氯氟氰菊酯（功夫）	2.5%乳油	2000～3000	桃小食心虫	21	2
氯氰菊酯（灭百可）	25%　乳　油 4000～5000	桃小食心虫	21	3	
噻螨酮（尼索朗）	5%乳油	2000～2500	叶　螨	30	2
三唑锡	25%可湿性粉剂	1500～2000	叶　螨	14	3
杀螟硫磷	50%乳油	1000～1500	桃小食心虫、叶螨	14	3
氰戊菊酯（速灭杀丁）	25%油	3000～4000	桃小食心虫、梨小食心虫	14	3
双甲脒	20%乳油	1000～1500	叶　螨	30	3
顺式氰戊菊酯（来福灵）	5%乳油	2000～3000	桃小食心虫	14	2
四螨嗪（阿波罗）	50%悬浮剂	4000～5000	叶　螨	30	2
联苯菊酯（天王星）	10%乳油	3000～5000	桃小食心虫、叶螨	10	3
辛硫磷	50%乳油	300（地面喷洒）	桃小食心虫	7	4
溴氰菊酯（敌杀死）	2.5%乳油	3000～4000	桃小食心虫、梨小食心虫	30	3
百菌清	75%可湿性粉剂	600	黑星病、早期落叶病	20	4
多抗霉素（宝丽安）	10%可湿性粉剂	1000～1500	斑点落叶病、霉心病	7	3
氯苯嘧啶醇（乐必耕）	6%可湿性粉剂	1000～1500	黑心病、白粉病、炭疽病	14	3
异菌脲（扑海因）	50%可湿性粉剂	1000～1500	斑点落叶病、霉心病	15	3

注：表中所列农药，除辛硫磷为树盘内地面表土喷雾外，其他均为树上喷雾

我国农药安全使用准则的制定,一直滞后于生产发展的需要和实际用药情况,至目前,尚处在不断补充、修改和完善之中。除表4-4所列的无公害苹果生产中常用药剂品种和使用准则外,2001年9月3日发布的国家农业行业标准(NY/T5012—2001)无公害食品苹果生产技术规程中,列出了苹果无公害生产允许使用的其他杀虫、杀螨、杀菌剂及其使用准则,如表4—5所列,在生产中也必须贯彻执行,一一落实。

表4-5 无公害苹果生产允许使用的其他化学农药及其使用准则

农药名称	剂型及含量	毒性	稀释倍数	防治对象
阿维菌素	1.8%乳油	低毒	5000～6600	叶螨、金纹细蛾
苦参碱	0.3%水剂	低毒	800～1000	蚜虫,叶螨
吡虫啉	10%可湿性粉剂	低毒	4000～5000	蚜虫、金纹细蛾
杀蛉脲	20%悬浮剂	低毒	8000～10000	金纹细蛾、桃小食心虫
马拉硫磷	50%乳油	低毒	1000	蚜虫、卷叶虫、叶螨
浏阳霉素	10%乳油	低毒	1000	叶　螨
速螨酮(扫螨净)	1%乳油	低毒	1500～2000	叶　螨
扑虱灵	25%可湿性粉剂	低毒	1000～2000	介壳虫、蚜虫
蚜灭磷(蚜灭多)	40%乳油	中毒	1000～1500	苹果绵蚜及其他蚜虫
毒死蜱(乐斯本)	48%乳油	中毒	1000～2000	桃小食心虫、蚜虫、卷叶虫
抗蚜威(辟蚜雾)	50%可湿性粉剂	中毒	1300～1600	蚜　虫
敌敌畏	80%乳油	中毒	1000～1500	卷叶虫、巢蛾、蚜虫等
代森锰锌(大生、喷克)	80%可湿性粉剂	低毒	800～1000	轮纹烂果病、斑点落叶病

续表 4-5

农药名称	剂型及含量	毒性	稀释倍数	防治对象
甲基硫菌灵	70%可湿性粉剂	低毒	800～1000	轮纹烂果病、褐斑病
多菌灵	50%可湿性粉剂	低毒	600～800	轮纹烂果病、褐斑病
氟硅唑	40%乳油	低毒	6000～8000	白粉病、黑星病、轮纹烂果病
三唑酮	15%乳油	低毒	1200～2000	白粉病、锈病、黑星病
三乙磷酸铝	80%可湿性粉剂	低毒	700～800	轮纹烂果病、斑点落叶病
波尔多液	倍量或多量式悬浮剂	低毒	200～240	轮纹烂果病、褐斑病
硫悬浮剂	50%悬浮剂	低毒	100～400	白粉病、霉心病
硫酸铜	水溶液	低毒	100～150 灌根	圆斑根腐病
石硫合剂	水溶液	低毒	3～5 波美度	轮纹病、白粉病、腐烂病

(3)**有限使用植物生长调节剂**

科学地有限地使用植物生长调节剂，既有利于苹果无公害生产，也有利于病虫害的综合防治。但是无公害苹果生产，禁止使用对环境造成污染和对人体、树体健康有危害作用的植物生长调节剂，如比久(B_9)，萘乙酸，2,4 —二氯苯氧乙酸(2,4-D)等。允许有限度地使用的植物生长调节剂，有赤霉素、乙烯利、矮壮素、6-苄基腺嘌呤和苄基腺嘌呤等。但每年最多使用 1 次，并且要距采收期 2 0 天以上。

3. 严格执行苹果农药残留限量的国家标准

苹果上用以防治病虫害的农药的残留量，是衡量苹果食用后是否对人体安全、是检验其是否达到无公害果品要求的主要内容。其具体标准是，采用国家规定的统一检测方法，测定出的农药残留量,不能超过国家规定的限量标准。我国苹果的农药残留标准如表 4-6 所示。

表 4-6 苹果农药残留限量的国家标准

农药名称	残留限量（毫克/千克）	标准号	农药名称	残留限量（毫克/千克）	标准号
滴滴涕	≤0.1	GB 2763—81	粉锈宁	≤0.2	GB 14972—94
六六六	≤0.2	GB 2763—81	四螨嗪	≤1	GB 15194—94
倍硫磷	≤0.5	GB 4788—94	氟氰戊菊酯	≤0.5	GB 15194—94
甲拌磷	不得检出	GB 4788—94	克菌丹	≤15	GB 15194—94
杀螟硫磷	≤0.5	GB 4788—94	敌百虫	≤0.1	GB 16319—1996
敌敌畏	≤0.2	GB 5127—1988	亚胺硫磷	≤0.5	GB 16320—1996
对硫磷	不得检出	GB 5127—1998	苯丁锡	≤5	GB 16383—1996
乐　果	≤0.1	GB 5127—1998	除虫脲	≤1	GB 16333—1996
马拉硫磷	不得检出	GB 5127—1998	代森锰锌	≤5	GB 16333—1996
辛硫磷	≤0.05	GB 14868—94	克螨特	≤4	GB 16333—1996
百菌清	≤1.0	GB 14969—94	噻螨酮	≤0.5	GB 16333—1996
多菌灵	≤0.5	GB 14870—94	三氟氯氰菊酯	≤0.2	GB 16333—1996
二氯苯醚菊酯	≤2.0	GB 14873—94	三唑锡	≤2	GB 16333—1996
乙酰甲胺磷	≤0.5	GB 14872—94	丁硫克百威	≤2	GB 16333—1996
甲胺磷	不得检出	GB 14873—94	杀螟丹	≤1	GB 16333—1996
二嗪磷	≤0.5	GB 14928.1—99	毒死蜱	≤1	GB 16333—1996
抗蚜威	≤0.5	GB 14928.2—94	双甲脒	≤0.5	GB 16333—1996
溴氰菊酯	≤0.1	GB 14928.4—95	溴螨酯	≤5	GB 19333—1996
氰戊菊酯	≤0.2	GB 14928.5—94	异菌脲	≤10	GB 19333—1996

续表 4-6

农药名称	残留限量（毫克/千克）	标准号	农药名称	残留限量（毫克/千克）	标准号
呋喃丹	不得检出	GB 14928.7—94	甲霜灵	≤1	GB 19333—1996
水胺硫磷	≤0.02	GB 14928.8—94	杀扑磷	≤2	GB 19333—1996
喹硫磷	≤0.5	GB 14928.10—94	灭多威	≤1	GB 19333—1996
草甘膦	≤0.01	GB 14968—94	百草枯	≤0.2	GB 19333—1996
西维因	≤2.5	GB 14971—94	稻丰散	≤1	GB 19333—1996
克菌丹	≤0.005	GB 14969—94	噻菌灵	≤0.1	GB 19333—1996

通过科学手段、检测单位的检测，达到以上标准的，就是苹果无公害果品，就可以上市供销售。否则就不能作为无公害食品上市。因此，在选择药剂、施用时间和施药方法上，都要从符合以上标准来确定。这样苹果病虫害的防治，也就达到了起码的要求，苹果无公害生产的要求，才落到了实处。